土木建筑工人职业技能考试习题集

建筑油漆工

姜　婷　主编

中国建筑工业出版社

图书在版编目（CIP）数据

建筑油漆工/姜婷主编 . —北京：中国建筑工业出
版社，2014.6

（土木建筑工人职业技能考试习题集）

ISBN 978-7-112-16858-3

Ⅰ.①建… Ⅱ.①姜… Ⅲ.①建筑工程—油漆—
技术培训—习题集 Ⅳ.①TU767-44

中国版本图书馆 CIP 数据核字（2014）第 098696 号

土木建筑工人职业技能考试习题集

建筑油漆工

姜　婷　主编

*

中国建筑工业出版社出版、发行（北京西郊百万庄）

各地新华书店、建筑书店经销

北京永峥印刷有限公司制版

北京云浩印刷有限责任公司印刷

*

开本：850×1168 毫米　1/32　印张：9⅜　字数：250 千字

2014 年 9 月第一版　2014 年 9 月第一次印刷

定价：**30.00** 元

ISBN 978-7-112-16858-3

（25443）

本习题集根据现行职业技能鉴定考核方式，分为初级工、中级工、高级工三个部分，采用填空题、选择题、简答题、计算题、实际操作题的形式进行编写。

本习题集主要以现行职业技能鉴定的题型为主，针对目前土木建筑工人技术素质的实际情况和培训考试的具体要求，本着科学性、实用性、可读性的原则进行编写。可帮助准备参加技能考核的人员掌握鉴定的范围、内容及自检自测，有利于建筑工程工人岗位等级培训与考核。

本书可作为土木建筑工人职业技能考试复习用书，也可作为广大土木建筑工人学习专业知识的参考书，还可供各类技术院校师生使用。

＊　　　＊　　　＊

责任编辑：胡明安
责任设计：张　虹
责任校对：刘　钰　赵　颖

前　　言

　　随着我国经济的快速发展，为了促进建设行业职工培训、加强建设系统各行业的劳动管理，开展职业技能岗位培训和鉴定工作，进一步提高劳动者的综合素质，受中国建筑工业出版社的委托，我们编写了这套"土木建筑工人职业技能考试习题集"，分10个工种，分别是：《木工》、《瓦工》、《混凝土工》、《钢筋工》、《防水工》、《抹灰工》、《架子工》、《砌筑工》、《建筑油漆工》、《测量放线工》。本套习题集根据现行职业技能鉴定考核方式，分为初级工、中级工、高级工三个部分，采用填空题、选择题、简答题、计算题、实际操作题的形式进行编写。

　　本套书的编写从实践入手，针对目前土木建筑工人技术素质的实际情况和培训考试的具体要求，以贯彻执行国家现行最新职业鉴定标准、规范、定额和施工技术，体现最新技术成果为指导思想，本着科学性、实用性、可读性的原则进行编写，本套习题集适用于各级培训鉴定机构组织学员考核复习和申请参加技能考试的学员自学使用，可帮助准备参加技能考核的人员掌握鉴定的范围、内容及自检自测，有利于建筑工程工人岗位等级培训与考核。本套习题集对于各类技术学校师生、相关技术人员也有一定的参考价值。

　　本套习题集的内容基本覆盖了相应工种"岗位鉴定规范"对初、中、高级工的知识和技能要求，注重突出职业技能培训考核的实用性，对基本知识、专业知识和相关知识有适当的比重分配，尽可能做到简明扼要，突出重点，在基本保证知识连贯性的基础上，突出针对性、典型性和实用性，适应土木建筑工人知识与技能学习的需要。由于全国地区差异、行业差异及企业差异较大，使用本套习题集时各单位可根据本地区、本行业、本单位的具体情况，适当增加或删除一些内容。

本书由广州市市政职业学校的姜婷主编。怀化市鹤城区交通建设质量安全监督管理站谢芬参编。

在编写过程中参照了部分培训教材，采用了最新施工规范和技术标准。由于编者水平有限，书中难免存在若干不足甚至错误之处，恳请读者在使用过程中提出宝贵意见，以便不断改进完善。

编者

目 录

第一部分 初级建筑油漆工

1.1 填空题

1. 房屋设计一般分为三个方面：建筑设计、结构设计和设备设计。一套完整的房屋施工图即由这三部分组成：<u>建筑施工图、结构施工图和设备施工图</u>。

2. 各类的建筑工程<u>施工图样</u>虽然名称各不相同，但是它们是确定工程施工成本及科学的安排工程作业计划的主要依据。

3. 建筑平面图里各种门、窗位置，代号和编号都有特定的符号代替，比如门的代号用<u>M</u>表示，窗的代号用<u>C</u>表示，编号数用<u>阿拉伯数字</u>表示。

4. 建筑工程图样主要是采用粗细和线型不同的<u>图线</u>来表达设计内容的。

5. 建筑工程图图线的线型一般分<u>实线</u>、<u>虚线</u>、<u>点画线</u>、折<u>断线</u>、<u>波浪线</u>五种。

6. 尺寸标注包括<u>尺寸界线</u>、<u>尺寸线</u>、<u>尺寸起止符号</u>和<u>尺寸数字</u>等。

7. 建筑工程由施工单位组织各工种，按施工图样施工。

8. 涂料工程的施工主要依据<u>建筑施工图</u>，它包括总说明、<u>总平面图</u>、<u>平面图</u>、<u>立面图</u>、<u>剖面图</u>及采用的建筑标准图集，对有些有特殊要求的室内装饰还应有室内装饰效果图。

9. 用来表明建筑构配件、建筑材料及设备等的图形符号是<u>图例</u>。

10. 房屋建筑工程初步设计、技术设计中主要供有关部门及经办人员用来做研究、审查设计方案及编制工程预算用。

11. 投影主要由光线（投影线）、物体、地面（投影面）三要素构成。

12. 在同一个投影面上用不同的投影面来正确反映物体的形状和大小。

13. 建筑施工图上标高尺寸数字都以（米）m 为单位。

14. 定位轴线是确定建筑物或构筑物各个组成部分平面位置的重要依据。

15. 一般的房屋建筑由基础、柱梁和墙体、楼地面、屋面、楼梯和门窗等部分组成。

16. 在立面图上，门窗应按标准规定的图例画出，门窗立面图中的斜细线表示的是开启方向的符号。

17. 在立面图上，门窗应按标准规定的图例画出，门窗立面图中的斜细线，细实线表示向外开，细虚线表示向内开。

18. 标注建筑物两端的定位轴线及其编号，在立面图中一般只画出两端的定位轴线及其编号，以便与平面图对照。

19. 平面图中不易表明的内容，如施工要求、砖及灰浆的强度等需用文字说明。

20. 建筑立面图里，立面图的比例常与平面图一致。

21. 施工图上图样的比例，应为图形与实物相对应的线性尺寸之比。

22. 断（截）面的剖切符号，应只用剖切位置线表示，用粗实线绘制。

23. 在建筑图纸里，引出线是用细实线绘制的水平直线、斜线或折线，用以表示图纸内某一部位的尺寸、标高和文字说明。

24. 对称符号用细实线绘制在对称中心线的两端。

25. 连接符号是用折断线表示需要连接的部位，以折断线两端靠图样一侧的大写拉丁字母表示连接编号。

26. 指北针在建筑总平面图和首层建筑平面图上，一般都画有指北针，表示建筑物的朝向。

27. 定位轴线是用来确定房屋主要结构或构件的<u>位置</u>及其的<u>尺寸</u>。

28. 定位轴线是确定建筑物或构筑物各个组成部分<u>平面位置</u>的重要依据。

29. 房屋建筑工程设计一般分<u>初步设计</u>、<u>技术设计</u>和<u>施工图设计</u>三个阶段。

30. 房屋建筑工程设计的<u>初步设计</u>和<u>技术设计</u>是主要供有关部门及经办人员研究、审查、设计方案及编制工程概算用。

31. 房屋建筑工程设计的<u>施工图设计</u>表达的内容一般会比较详细，是组织、指导施工及编制施工预算，从事各项经济、技术管理的主要依据。

32. 结构施工图包括首页图、<u>总平面图</u>、<u>平面图</u>、<u>立面图</u>、剖面图和构造详图等。

33. 设备施工图，包括给排水、采暖通风、电器照明等设施设备的<u>布置平面图</u>和详图。

34. 总平面图中用<u>实线</u>表示新建房屋的平面轮廓；用虚线表示原有房屋。

35. 所有建筑工程都必须经专业工程技术人员进行设计，并绘制出整套建筑工程<u>施工图纸</u>。由施工单位组织各工种按其施工。

36. 在建筑施工图中图样内剖切符号包括<u>剖面剖切</u>符号和<u>断</u>（截）面剖切符号。

37. 在建筑施工图中，索引符号用于索引<u>施工图样</u>中的某一局部或构件。

38. 在总平面图图例中图例"＝＝＝＝"表示的是<u>计划扩建</u>的道路。

39. 在总平面图图例中图例"＿＿＿＿＿"表示的是<u>原有</u>的道路。

40. 建筑总平面图是将拟建工程四周一定范围内的新建、拟建、原有和拆除的建筑物、构筑物连同其周围的地形地物状况，用水平投影的方法和相应的图例所画出的图样。

41. 一般根据原有建筑物或道路定位，标注定位尺寸。修建成片住宅、较大的公共建筑物、工厂或地形复杂时，用<u>坐标</u>来确定房屋及道路转折点的位置。

42. 在建筑总平面图里，用指北针和风向频率玫瑰图来表示建筑物的朝向。

43. 在建筑总平面图里，平面图中的尺寸分为<u>外部尺寸</u>和<u>内部尺寸</u>。

44. 在建筑总平面图例，尺寸里的外部尺寸一般沿<u>横向</u>和<u>竖向</u>分别标注在图形的下方和左方。

45. 房屋建筑的<u>平面图</u>就是一栋房屋的水平剖视图。

46. <u>平面图</u>可以说明建筑物各部分在水平方向的尺寸和位置，却无法表明它们的高度。

47. <u>剖面图</u>能说明建筑物内部高度方向的布置情况。

48. 断面轮廓线应用<u>粗实线</u>表示，钢筋混凝土构件的断面可涂黑表示。

49. 建筑工程图样主要是采用粗细和线型不同的图线来表达设计内容的。

50. 各种建筑工程施工图样，一般都是用图样<u>图例</u>、符号、索引号和数字按制图规定和标准绘制表达的。

51. 建筑工程图中粗实线，线宽为 b，一般用途为主要可见<u>轮廓</u>线。

52. 由于建筑物的组成和构造比较复杂，在设计图中为了简洁地表达设计意图，故常用一些规定的<u>图线</u>以及符号和记号来表明。

53. 常用建筑材料粉刷图例符号为 ⊡⊡⊡⊡ 。

54. 建筑工程图中波浪线，线宽为 $0.35b$，一般用途为构造层次的<u>断开</u>界线。

55. 在阳光下，物体会在地面上形成影子，这种现象称为<u>投影</u>。

4

56. 常用建筑材料玻璃图例符号为 ▤ ，包括平板玻璃、磨砂玻璃、夹丝玻璃、钢化玻璃等。

57. 建筑工程中许多建筑图，如平面图、立面图、剖面图等，都是正投影图。

58. 假设光线是互相平行的，并且光线与地面又是垂直的，这时物体的投影就会与其外形相等。利用这种原理画出的物体的图形，就称为正投影图。

59. 建筑工程施工图中，剖切符号表示剖面的剖切位置和剖视方向，采用粗实线绘制。

60. 建筑工程图中尺寸标注，数字单位一般为mm，图上可以不写。

61. 标高是用以表明房屋各部分，如室内外地面、各层楼板面、窗台、顶棚、屋面等处高度的标注方法。

62. 建筑施工图上注写的标高有绝对标高和相对标高。

63. 建筑施工图上注写的标高有绝对标高和相对标高，其中相对标高分为建筑标高和结构标高。

64. 当绘制对称图形时，在对称中心线处绘上对称符号，在对称中心线的两边只需画出其中一边即可。

65. 建筑总平面图上的标高符号，宜用涂黑三角形表示。

66. 建筑总平面图上的标高数字应以米（m）为单位。

67. 相对标高是以该建筑物底层室内地面高度为0（±0.000）来计算建筑物某处高度的。

68. 建筑工程施工图中，标高符号表示建筑物的某一部位高度。

69. 在建筑工程施工图中，轴线用细点划线表示，末端用圆圈（圆圈直径为8mm），圈内注明编号。

70. 涂料对被涂物体主要起保护和装饰作用。

71. 涂料又叫油漆，是一种胶体溶液，施涂于物体表面，并能与物体表面很好黏结，经过干燥固化形成完整保护膜。

72. 组成建筑涂料的物质大致可以分为胶粘剂（也称成膜物

5

质）、颜料、溶剂（水）及辅助材料（如催干剂、增塑剂）等。

73. 冷、热水管道及卫生设备的安装常用红色（冷色）表示热水，绿色（暖色）表示冷水。

74. 胶粘剂是涂料的基本成分，可促使涂料黏附于物体表面，形成坚韧的涂膜，是主要成膜物质，也可胶结颜料等物质共同成膜，因此也常称为基料、漆料和漆基。

75. 建筑涂料是提供建筑物装修用的涂料之总称。一般来讲，涂覆于建筑内墙、外墙、屋顶、地面等部位所用的涂料。

76. 胶粘剂分为油料和树脂两类。

77. 颜料按用途可分为三种，着色颜料、防锈颜料和体质颜料。

78. 涂料基本名称编号采用00~99两位数字来表示。

79. 涂料基本名称编号，00~09代表基本品种。

80. 在油基漆（酚醛）中，如油与树脂的比例在2:1以下，则为短油度。

81. 在醇酸漆中，含油量在50%~60%之间为中油度。

82. 白色油性调和漆的型号是Y-03-1。

83. 颜料是涂料中的固体部分，也是构成涂膜的组成部分，但不能离开主要成膜物质单独构成涂膜，所以也称为次要成膜物质。

84. 防止金属腐蚀的方法有多种，其中应用最广、最为经济而有效的是涂料涂装的方法。

85. 有些涂料内部的化学成分能与金属起化学反应，在金属表面形成一层钝化膜，可以增强涂料的防腐蚀效果。

86. 涂料对被涂物体主要起保护和装饰作用，此外还可以作为色彩标志广泛用于城市交通管理中。

87. 金属腐蚀的种类很多，根据腐蚀过程中的特点，可分为全面腐蚀和局部腐蚀两大类。

88. 我国规定涂料分类是以涂料基料中主要成膜物质为基础，若成膜物质为混合树脂，则按在涂层中起主要作用的一种树脂为基础。

89. 国产涂料分类中有一类严格说来并非涂料，而是涂料组成中的辅助成膜物称为辅助材料类。

90. 涂膜可使物体表面与周围有腐蚀作用的介质坚硬度，可免受空气中的水分、腐蚀性气体、日光及微生物的侵蚀。

91. 建筑物的墙、地面、顶棚、门窗等涂上各种色彩的涂料后，不但可使构筑物具有一定的光泽度和平滑性，还会使人在视觉上产生外观价值的感受。

92. 国产涂料按成膜物质分类，可分为17大类。

93. 我国涂料分为三部分，其中第一部分是成膜物质，用一个汉语拼音字母表示。

94. 我国涂料分为三部分，其中第二部分是涂料的基本名称，用两个数字表示。

95. 我国涂料分为三部分，其中第三部分是涂料产品的序号，用一个或两个数字表示。

96. 在油基漆（酚醛）中，如油与树脂的比例在3：1以上，则为长油度。

97. 在油基漆（酚醛）中，如油与树脂的比例在（2~3）：1，则为中油度。

98. 灰醇酸磁漆的型号是C-04-35。

99. 在涂料的基本名称编号中，40~49代表的是船舶用漆。

100. 在涂料的基本名称编号中，50~59代表的是防腐蚀漆。

101. 在涂料的基本名称编号中，30~39代表的是绝缘用漆。

102. 总平面图是新建个体建筑定位和控制标高的依据。

103. 一幢房屋建筑一般是由基础、墙和柱、楼地面、屋面、楼梯和门窗六大部分组成。

104. 屋面包括屋面板、防水层和保温层。

105. 基础按使用的材料又可分为块石基础、混凝土基础、钢筋混凝土基础和砖基础等。

106. 砖砌条形基础通常由混凝土垫层、砖砌大放脚、基础墙和防潮层组成。

107. 为了防止建筑物沉降把散水拉裂，要求散水和基础墙连接处留设沉降缝，缝内嵌填防水油膏。

108. 房屋建筑的砖墙有实砌墙、空斗墙、空心砖墙和加气混凝土砌块墙、硅酸盐砌块墙等。

109. 窗的下口部分称为窗台，位于室外称为外窗台，位于室内称为内窗台。外窗台的做法有砖砌窗台和钢筋混凝土窗台。

110. 过梁的形式有砖栱过梁（砖平券和砖栱碹）、钢筋砖过梁、钢筋混凝土过梁等多种形式。

111. 变形缝包括伸缩缝、沉降缝和防震缝。

112. 地面系指房屋底层房间的地坪，它包括面层、垫层和基层。

113. 所有屋面上必须作防水构造处理，在其四周一般设置檐沟，屋面上的雨雪流入檐沟，再集中通过水落管流到室外散水或阴沟，然后排入地下管道。

114. 颜料是涂料中的固体部分，也是构成涂膜的组成部分，但不能离开主要成膜物质单独构成涂膜。颜料是一种不溶于水，微溶于有机溶剂的有色矿物质或有机物质。

115. 颜料按原料来源可分为有机颜料和矿物颜料。

116. 矿物颜料分为天然颜料和人造颜料。

117. 涂料型号由三个部分组成。第一部分是成膜物质，用汉语拼音字母表示；第二部分是基本名称，用两位数字表示；第三部分是序号，以表示同类品种间的组成、配合比或用途的不同。这样组成的一个型号就只表示一个涂料品种而不会重复。

118. 清漆是一种不含颜料的透明油漆。它以树脂作为主要成膜物质，分油基清漆和树脂清漆两类。

119. 涂料喷涂、电泳涂漆等工艺的出现，使涂料施工的生产面貌大为改观，涂料施工技术正向着自动化、连续化的方向迈进。

120. 刷用涂料为了有利于涂料的生产和管理,方便使用者对各种涂料品种的选择,国家制定了以涂料基料中为基础的分类方法。

121. 涂料的命名,涂料的颜色放在前面,若颜料对漆膜性能起显著作用,则可用清漆代替颜色名称。

122. 脂肪酸分为饱和脂肪酸和不饱和脂肪酸,涂料成膜性能的好坏,决定于饱和程度的高低,不饱和程度越大,成膜性越好。

123. 涂料的基本名称反映了涂料在性质和用途方面的基本区别。其编号原则是采用 00~99 二位数字来表示。00~09 代表基础品种;10~19 代表美术漆;20~29 代表轻工用漆;30~39 代表绝缘漆;40~49 代表船舶漆;50~59 代表防腐蚀漆等等。

124. 在天然树脂漆(酯胶、酚醛)中,如树脂油为 1:2 以下则为短油度,比例在 1:2~3 为中油度,比例在 1:3 以上则为长油度。

125. 在醇酸树脂漆中,含油量在 50% 以下为短油度,50%~60% 为中油度,60% 以上为长油度。

126. 清油又名鱼油、熟油、调漆油等。是干性油经激炼并加入催干剂制成,系专业工厂生产的成品油。主要用来调制厚漆和红丹防锈漆,也可单独涂刷于物体表面及打底。其特性是干燥快、涂膜柔韧、易发黏。

127. 金属表面的防锈漆有油性防锈漆和树脂防锈漆两类。

128. 水泥地坪面基层处理时,对地面粘有油渍、沥青等污物必须清除,并用有机溶剂把油污残存物清洗干净。

129. 新施工的水泥地面必须充分干燥,含水率小于 10%。

130. 水泥地坪面涂刷完过氯乙烯面层涂料,要保证室内空气流通。夏天养护 3~5d,冬期养护 6~8d。经过养护的涂料面上打蜡出光后即可使用。

131. 聚合物水泥地面涂料成活后,为使表面更加光亮、美观，可用气偏水乳型有色或清色涂料、丙烯酸地面涂料、聚氨酯地面涂料等罩面。

132. 在虫胶清漆中加入 5% ~ 10% 的松香溶液，可防止泛白现象出现。

133. 在虫胶清漆、硝基漆、过氯乙烯漆、氯偏涂料等施工中，有时涂膜会出现混浊的牛奶色，这种现象叫泛白，又称发白。轻者随着涂膜干燥而自行消失，严重的则不能自行消失。

134. 合成树脂厚质地面涂料，甲、乙两组分涂料混合后应充分搅拌均匀，静置30min后再涂刷。

135. 合成树脂厚质地面涂料是以环氧树脂、术饱和聚酯等合成树脂为主要成膜物质，加入颜料、填充料、各种助剂等配制而成的一种地面涂料。

136. 木地板采用电炉烫蜡时，敷蜡和烫蜡的宽幅不得太宽，以600mm为宜，否则不易操作。敷蜡时应先里后外，逐步退出，使地板表面均匀平整，无漏烫等现象；

137. 在木地板烫蜡整个工艺操作过程中，不得穿易褪色或较脏的鞋子，进入室内时一定要将鞋底擦干净，同时要求操作工具、盛蜡容器都要干净，以免弄脏地板。

138. 木地板通过烫蜡能起到保护地板的作用，达到显露木纹、提高地板的耐磨、防腐性能以及使木地板经久耐用的目的。

139. 软木地板的木材品种有东北松、杉木等，一般适宜做成混色。

140. 施涂门窗常见病态刷痕产生的原因之一是涂料干燥速度快，而操作动作慢。

141. 木地板的油饰则可分为清色和混色两种做法。

142. 木地板施涂头遍腻子干燥后，用1号木砂纸顺木纹将整个木面打磨一遍，要求砂"白"磨透，然后将木地面彻底清扫干净，再批刮第二遍腻子。

143. 基层腻子应平整、竖直、牢固，无粉化、起皮和裂缝；腻子的黏结强度应符合《建筑室内用腻子》JG/T 3049 的规定。

144. 硬木地板木质坚硬，纹理美观，木色较为一致，是高档木地板的铺贴用材，适合做成清色。

145. 混色木地板自配底层涂料的配合比为：油基清漆（或桐油）：厚白漆：松香水＝1:3:2 的比例配制底层涂料，适量加入颜料和催干剂，搅拌均匀后用 100 目铜筛过滤。

146. 涂膜粗糙产生的原因之一，涂料杂质多，未经120目箩筛过滤就使用。

147. 溶剂型地面涂料是以合成树脂为主要成膜物质，掺入颜料、填料、各种助剂和溶剂配制成的一种地面涂料。

148. 聚合物水泥地面涂料具有无毒、不燃、耐磨、耐水、与水泥基层黏结牢固、价廉等优点。

149. 裱糊后的壁纸、墙布表面应平整，色泽一致，不得有波纹起伏、气泡、裂缝、皱折及斑污，斜视时应无胶痕。

150. 混色木地板的底层涂料的颜色与面层涂料相近。涂刷底层涂料方法是先踢脚板后地板，先内后外，要求把木板缝刷到、刷足。

151. 施涂门窗常见病态刷痕产生的原因之一是，涂料的含油量过低，强力小，流平性差，溶剂挥发快。

152. 油满在地仗活中用来调配灰腻子和汁浆。

153. 配置的比例为：面粉：石灰水：灰油＝1:1.3:1.95。

154. 三道灰操作工艺程序为：汁油浆—捉缝灰—砂磨—清理—修整—清理—批中灰—砂磨—清理—批细灰—磨细钻生。

155. 二道灰操作工艺程序基层处理—操清油—满批中灰—砂磨—清理—满批细灰—磨细钻生。

156. 裱糊工程每个检验批应至少抽查10%，并不得少于3间，不足 3 间时应全数检查。

157. 新建筑物的混凝土或抹灰基层在涂饰涂料前应涂刷抗碱封闭底漆。

158. 室外涂饰工程每100m² 应至少检查一处，每处不得小于10m²。

159. 混凝土或抹灰基层涂刷溶剂型涂料时，含水率不得大于8%；涂刷乳液型涂料时，含水率不得大于10%。木材基层的含水率不得大于12%。

160. 涂饰工程应在涂层养护期满后进行质量验收。

161. 套色涂饰的图案不得移位，纹理和轮廓应清晰。

162. 幕墙用玻璃必须采用安全玻璃，厚度不得小于6.0mm（全玻为12.0mm），且玻璃的品种、规格、颜色、光学性能及安装方向必须符合设计要求。

163. 美术涂饰工程的基层处理应符合规范要求。检验方法有观察，手摸检查，检查施工记录。

164. 同一品种的裱糊或软包工程每50间（大面积房间和走廊按施工面积 30m² 为一间）应划分为一个检验批，不足50间也应划分为一个检验批。

165. 软包工程每个检验批应至少抽查20%，并不得少于6间，不足6间时应全数检查。

166. 玻璃的品种、规格、尺寸、色彩、图案和涂膜朝向应符合设计要求。单块玻璃大于1.5m² 时应使用安全玻璃。

167. 密封条与玻璃、玻璃槽口的接触应紧密、平整。密封胶与玻璃、玻璃槽口的边缘应黏结牢固、接缝平齐。

1.2 选择题

1. 以下 D 为建筑构造详图绘制的常用比例。
A. 1:1   B. 1:2   C. 1:20   D. 1:15

2. 建筑立面图里，立面图的比例常与 A 一致。
A. 平面图   B. 立面图   C. 侧面图   D. 剖面图

3. 钢门的代号为 B 。
A. CM   B. GM   C. MM   D. FM

4. 一套完整的建筑工程的施工图应不包括以下部分的是 D 。
A. 总说明   B. 总平面图   C. 立面图   D. 基础详图

5. 房屋建筑工程初步设计、技术设计，主要供有关部门及经办人员研究、审查设计方案及编制工程 C 用。

A. 预习　　B. 预算　　C. 概算　　D. 施工

6. 各种建筑工程施工图样中，一般都不是用以下 D 按制图规定和标准绘制表达的。

A. 图样　　B. 符号　　C. 索引号和数字　　D. 文字

7. 在建筑工程施工图样中，（截）面的剖切符号，应只用剖切位置线表示，用 A 绘制。

A. 粗实线　　B. 细实线　　C. 粗虚线　　D. 点画线

8. 在建筑工程施工图纸中，剖面剖切符号应由剖切位置线及剖视方向线组成，均应以 C 绘制。

A. 粗虚线　　B. 细实线　　C. 粗实线　　D. 点画线

9. 在总平面图图例中图例"＝＝＝＝＝"表示的是 B 。

A. 计划扩建的道路　　B. 原有的道路

C. 拆除的道路　　D. 铁路

10. 在总平面图图例中图例"＝ ＝ ＝ ＝"表示的是 A 。

A. 计划扩建的道路　　B. 原有的道路

C. 拆除的道路　　D. 铁路

11. 在建筑总平面图里，用 B 和风向频率玫瑰图来表示建筑物的朝向。

A. 指南针　　B. 指北针　　C. 坐标　　D. 文字

12. 在建筑总平面图里，用指北针和 D 来表示建筑物的朝向。

A. 指南针　B. 指北针　C. 坐标　D. 风向频率玫瑰图

13. 断面轮廓线应用 C 表示，钢筋混凝土构件的断面可涂黑表示。

A. 细实线　　B. 粗虚线　　C. 粗实线　　D. 细虚线图

14. 以下线型可用作尺寸界线的是 D 。

A. 细虚线　　B. 粗虚线　　C. 点画线　　D. 图样轮廓线

15. 尺寸数字应依照其读数方向注写在靠近尺寸线的 A 。

A. 上方中部　　B. 上方偏左　　C. 下方中部　　D. 下方偏左

16. 剖面图主要表明建筑物内部在 B 的情况，如屋顶的坡度、楼房的分层、房间和门窗各部分的高度、楼板的厚度等，同时也可以表示出建筑物已采用的结构形式。

A. 宽度方面　　B. 高度方面　　C. 长度方面　　D. 细部构造

17. 风向频率玫瑰图是表示风向和 A 的符号。

A. 风向频率　　B. 玫瑰花　　C. 风速　　D. 温度

18. 总平面图就是 C 、土方施工、设备管网平面布置，施工时进入现场的材料和构配件的堆放场地，构件预制的场地以及运输进路等的依据。

A. 原有公路位置　　B. 建筑物面积

C. 新建房屋定位　　D. 新建房屋面积

19. C 包括首页图、总平面图、平面图、立面图、剖面图和构造详图等。

A. 建筑总平面图　　B. 建筑详图

C. 建筑施工图　　D. 建筑立面图

20. 房屋建筑的 B 图，就是一栋房子的正投影图与侧投影图，通常按建筑各个立面的朝向，将几个投影图分别叫做东立面图、西立面图、南立面图、北立面图。

A. 平面　　B. 立面　　C. 断面　　D. 剖面

21. 在施工图中，凡承重墙、柱子、大梁或屋架等主要承重构件都应画上 C 来确定其位置。

A. 细实线　　B. 粗实线　　C. 轴线　　D. 粗虚线

22. A 主要表明建筑物的外部形状，房屋的长、宽、高尺寸，屋顶的形式，门窗洞口的位置、外墙饰面、材料及做法等。

A. 立面图　　B. 平面图　　C. 断面图　　D. 剖面图

23. B 是房屋最下部位的承重构件，它将房屋上部的荷载传给它下面的土层—地基。

A. 屋面板　　B. 基础　　C. 门窗　　D. 台阶

24. D 是楼房建筑的垂直交通结构设施，供人们上下楼层和紧急疏散之用。

　　A. 门窗　　B. 屋面板　　C. 楼板　　D. 楼梯

　　25. 当房屋上部荷载不大时，基础的形式多采用 B 。

　　A. 块石基础　　　　B. 砖砌条形基础

　　C. 混凝土基础　　　D. 钢筋混凝土基础

　　26. A 是利用钢筋抗拉强度大的特点，把钢筋摆在门窗洞口顶上的水平灰缝中，承受洞顶上部的荷载。

　　A. 钢筋砖过梁　　　　B. 砖栱过梁

　　C. 钢筋混凝土过梁　　D. 混凝土过梁

　　27. 内墙门窗洞顶的钢筋混凝土过梁一般采用 C ，其两端搁置在墙上的长度不宜少于 240mm。

　　A. 钢筋砖过梁　　　　　　B. 砖栱过梁

　　C. 预制钢筋混凝土过梁　　D. 混凝土过梁

　　28. A 主要是使涂料具有良好防锈蚀能力，延长物体使用寿命。

　　A. 防锈颜料　　B. 着色颜料　　C. 填充料　　D. 滑石粉

　　29. B 主要是使涂料具有色彩和良好的遮盖性，可以提高涂层的耐久性和耐疾性。

　　A. 防锈颜料　　B. 着色颜料　　C. 填充料　　D. 滑石粉

　　30. A 直接施涂于物体表面，而作为面层基础的涂料。

　　A. 底漆　　B. 兹漆　　C. 调和漆　　D. 清漆

　　31. 天然树脂漆类的主要成膜物质有松香及其衍生物、虫胶、乳酪素、动物胶、 B 及其衍生物。

　　A. 清油　　B. 大漆　　C. 天然植物油　　D. 天然沥青

　　32. 清油又叫熟油或鱼油。它由干性油经氧化聚合后加入 B 及其他辅助材料而制成。

　　A. 增韧剂　　B. 催干剂　　C. 防潮剂　　D. 固化剂

　　33. 红丹油性防锈漆是用干性植物油熬炼后，再与红丹粉、体质颜料研磨后加入 C ，以 200 号溶剂汽油或松节油作溶剂调制而成的。

A. 防污剂　　B. 防腐剂　　C. 催干剂　　D. 增韧剂

34. 总平面图中，用中实线表示原有房屋；各个平面图形的小黑点数，表示房屋 C 。

A. 数量　　B. 占地面积　　C. 层数　　D. 拟建位置

35. 在剖面图上用圆圈画的部分，是需用 D 表示的地方。此部分可查看大样图。

A. 图标　　B. 图例　　C. 符号　　D. 大样图

36. 若主要成膜物质由两种或两种以上的树脂混合组成时，则按其中起 A 的一种树脂作为分类基础。

A. 主要作用　　B. 次要作用　　C. 辅助作用　　D. 不起作用

37. 红丹酚醛防锈漆是用松香改性酚醛树脂、松香甘油酯、干性植物油与红丹粉、体质颜料研磨后，加入 D ，以 200 号溶剂汽油或松节油作溶剂调制而成的。

A. 防腐剂　　B. 防污剂　　C. 防潮剂　　D. 催干剂

38. 改性天然大漆漆酚清漆可以进行喷涂、刷涂。和一般涂料一样，其漆膜坚韧，与金属有一定的 C ，有良好的力学性能和耐化学腐蚀性能，适于大型快速施工的需要。

A. 依靠性　　B. 结合力　　C. 附着力　　D. 黏结力

39. 用醇酸树脂制成的涂料，漆膜不易老化，耐候性好，光泽持久不退，漆膜柔软、坚牢、耐摩擦，还能抗矿物油、抗醇类溶剂。 D 型的这类涂料经烘烤后的漆膜耐水性、耐油性、绝缘性能都有很大的提高。

A. 融合　　B. 挥发　　C. 化合反应　　D. 烘烤

40. 纯酚醛树脂可制成底漆、磁漆、清漆等品种，还可制成分散型酚醛树脂漆。这是一种极好 B ，涂膜有良好的耐久性、耐磨性和较好的防潮性能的涂料。

A. 依靠性　　B. 附着力　　C. 结合力　　D. 黏结力

41. 醇酸树脂漆类具有广泛的 A 。它可以与多种聚合物相适应。

A. 适应性　　B. 结合性　　C. 相容性　　D. 匹配性

42. 醇酸树脂漆是合成树脂中最 <u>C</u> 的一类，它在涂料工业中使用非常广泛。

　　A. 平常　　B. 差　　C. 重要　　D. 好

43. 硝基类漆长期暴晒在阳光下，硝化纤维会逐渐分解，致使强力降低，增加脆性，降低溶解度。因此在制漆时应增加耐光性能 <u>C</u> 的颜料和增韧剂。

　　A. 良好　　B. 突出　　C. 优良　　D. 优秀

44. 硝基漆具有透气性能，即在硝基漆中加入某些合成树脂和增韧剂，就能制成各种性能的涂料，但 <u>D</u> 过多则会减少涂料的透气性能。

　　A. 防污剂　　B. 防腐剂　　C. 催干剂　　D. 增韧剂

45. 颜料及体质颜料的作用是填充漆膜的细孔遮盖物体表面，阻止阳光的穿透，从而 <u>C</u> 漆膜的硬度，提高其机械强度，并显示各种色彩。

　　A. 提高　　B. 加强　　C. 增加　　D. 增强

46. 过氯乙烯外用漆主要用于作各种铁制器件上的涂饰。漆中加入了较多的其他树脂（如醇酸树脂），可使漆膜干燥快、光亮、坚硬，有 <u>A</u> 的耐候性能。

　　A. 良好　　B. 较好　　C. 优良　　D. 较差

47. 过氯乙烯漆具有优良的化学稳定性，能在常温下耐 <u>A</u> %的硫酸、硝酸及40%的烧碱达几个月之久。

　　A. 20　　B. 30　　C. 40　　D. 50

48. 硝基漆具有耐候性能，硝基漆的耐候性较差，如用不干性醇酸树脂、丙烯酸树脂等来进行调整，则可以 <u>A</u> 硝基漆的耐候性。

　　A. 提高　　B. 增加　　C. 增强　　D. 加强

49. 过氯乙烯防腐漆，底漆中加有适量的醇酸树脂和防锈颜料，以增加与底材的 <u>D</u> 。

　　A. 依靠性　　B. 黏结力　　C. 结合力　　D. 附着力

50. 丙烯酸树脂底漆一般由甲基丙烯酸和甲基丙烯酸共聚树

脂加入溶剂 C 及体质颜料而成。

A. 增强剂   B. 软化剂   C 增韧剂   D. 增塑剂。

51. 过氯乙烯漆具有较好的耐候性，一般按规范的施工工艺操作，过氯乙烯漆在大气中暴露 B 以后，仍能保持其原来的外观和颜色。

A. 1 年   B. 1 年半   C. 2 年   D. 2 年半

52. 用有机桂单 B 体的醇酸树脂，最主要的优点是具有户外保色性和耐久性能。

A. 变化   B. 改性   C. 更改   D. 改变

53. 硝基漆具有热稳定性。用硝化纤维制成的硝基漆，温度在 B ℃以上时，其涂层会逐渐分解、变软并变色，机械强度下降，加入合成树脂、增韧剂则会有所改进。

A. 60   B. 70   C. 80   D. 90

54. 聚氯乙烯树脂漆，涂料坚韧、不易燃，对酸、碱、水和氧化剂的作用稳定，无臭、无味，耐油性好，但不耐 D ℃以上的温度。

A. 55   B. 60   C. 65   D. 70

55. 氯乙烯系统的乙烯漆属 A 涂料，具有良好的耐化学性和稳定的耐候性，但由于涂料中含固体成分低，所以涂膜需喷涂多次才能达到要求。

A. 挥发型   B. 高温烘烤型
C. 低温烘烤型   D. 化合反应型

56. 实践要求每个油漆工必须扎扎实实地掌握涂料的 A ，这是搞好涂料施工的重要环节，也是完成整个涂料施工任务的重要保证。

A. 调制工作   B. 调配工作   C. 调整工作   D. 整制工作

57. 以沥青和树脂为基料的沥青漆，即在沥青中加入酚醛树脂、松香、松香钙脂、松香甘油酯、环氧树脂、聚氨酯树脂等树脂后，可 A 其硬度和光泽，耐水性也好，但较脆，不耐日晒。

A. 提高   B. 增加   C. 增强   D. 增进

58. 涂料的 D 做得是否科学合理，是否符合工艺要求，不仅对涂料的成膜、涂膜的厚薄、色泽的美观起着一定的作用，而且对涂饰的耐久性，甚至对物体的保护和装饰都会产生较大影响。

A. 配备工作　B. 调整工作　C. 配制工作　D. 调制工作

59. 乙基纤维素漆的优点是耐碱性强，还能耐弱酸，柔韧性好，尤其是在高温 A ℃和低温 –70℃情况下不会龟裂，对日光、紫外线有较好的抵抗力。

A. 140　　B. 150　　C. 160　　D. 170

60. 施工前根据实际情况将原桶涂料进行调制，以达到施工需要的 B 这是非常必要的。

A. 涂刷度　　B. 黏稠度　　C. 施工度　　D. 稠稀度

61. 溶剂属于辅助材料中的一个大类，它们虽然不是 A ，但在涂料的成膜过程中以及对最后形成涂层的质地都有很大的影响。

A. 主要成膜物质　　　B. 次要成膜物质

C. 辅助成膜物质　　　D. 颜料

62. 根据施工面积，估算出所需涂料的数量，然后开桶、过滤，一边搅拌一边添加稀释剂或其他助剂（如催干剂、防潮剂等），直到调成符合施工要求的 C 为止。

A. 施工度　　B. 涂刷度　　C. 黏稠度　　D. 稀稠度

63. 固化型聚氨酯涂料具有干燥快，B 好，以及耐磨、耐水、防潮、耐酸碱介质腐蚀的性能。

A. 依靠性　　B. 附着力　　C. 黏结力　　D. 结合力

64. 施工中所需的 D 要根据各自涂饰方式、特点和要求进行调整。

A. 施涂度　　B. 稀稠度　　C. 涂刷度　　D. 黏稠度

65. 目前已有的 D 的硝基稀释剂及硝基无苯稀释剂，此类稀释剂是以轻质石油溶剂代替甲苯的一种硝基涂料稀释剂，因为去掉了苯的成分，所以施工时不会引起苯中毒。

A. 一般用途　　　B. 家庭使用

C. 高级宾馆使用　　D. 特殊用途

66. 猪血老粉腻子 B 各种室内抹灰面、木材面等不透明涂饰工艺作批刮及嵌补基层面用，特别在古式建筑的涂料施工中更是必不可少的基层涂料。

A. 应用于　　B. 适合于　　C. 不应用于　　D. 不适合于

67. 油性石膏腻子的质地坚韧牢固、光洁细腻，有一定的光泽度，耐磨性及耐水性好，因此 C 用于室内外抹灰面、金属面及木制品面。

A. 适用　　B. 较少　　C. 广泛　　D. 一般

68. 对所需的涂料颜色必须正确的分析，确认 B 的色素构成，并且正确分析其主色、次色、副色等。

A. 标准颜色　　B. 标准色板　　C. 标准样板　　D. 标准色素

69. 颜料与调配的涂料 A 的原则，如油基的颜料适用于配制油性的涂料而不适用于调制硝基涂料。

A. 相配套　　B. 相配伍　　C. 相结合　　D. 相匹配

70. 以沥青为基料的沥青漆是将天然沥青、石油沥青、煤焦沥青单独或混合溶解于 D 号溶剂汽油或煤焦油溶剂中而制得的。

A. 140　　B. 160　　C. 180　　D. 200

71. 在丙烯酸树脂清漆中，除了以丙烯酸树脂作为适宜的其他树脂及 B 助剂，以提高漆膜的耐热、耐油性能以及硬度和附着力。

A. 辅助　　B. 主要　　C. 非　　D. 次要

72. 氯化橡胶漆是天然橡胶经过加压分散后溶于四氯化碳中进行气化处理而得的白色多孔固体，含气量在 C ％以上。

A. 42　　B. 52　　C. 62　　D. 72

73. 由几种间色调配而成的颜色叫复色或称 A 。按等量而言，复色的调和必成黑色，运用复色就是对三原色配合作量的调整，以形成更多的色彩变化。如橙＋紫＝橙紫。

A. 第三次色　　B. 第四次色　　C. 第五次色　　D. 第六次色

74. 我国采用的砂布和木砂纸规格是根据磨料 C 的，代号越大颗粒越粗。

A. 粗细划分的　　　B. 颗粒密疏来划分的

C. 粒径来划分的　　D. 颗粒大小来划分的

75. 如果漆刷根部或刷毛干结，可用所使用涂料的 C 软化后，用铲刀除去附在刷根部或刷毛上的干结物，再用溶剂洗净结存在毛刷中涂料，使刷毛松软，即可使用。

A. 溶剂洗刷　　B. 液体　　C. 溶剂浸泡　　D. 稀释剂

76. 成品酚醛腻子的涂刮性好，容易打磨，D 金属制品面及木制品面基层的填嵌和批刮。

A. 可以用于　B. 较少用于　C. 广泛用于　D. 适用于

77. 钢板抹子采用的钢板较薄，富有弹性，便于操作，是油漆工 A 的一种刮抹腻子的工具。

A. 广泛使用　B. 很少使用　C. 主要使用　D. 可以使用

78. 一种原色和另外两种原色 B 成的间色互称为补色和对比色。如红与绿（绿是黄加青）。

A. 配备　　B. 调配　　C. 搭配　　D. 调整

79. D 的木砂纸主要用于打磨白坯的毛刺、棱角、腻子和比较粗糙的漆膜表面。

A. 比较硬的　B. 颗粒较细　C. 比较软的　D. 颗粒较粗

80. 橡胶批刀的特点是柔软而富有弹性，B 批圆棱制品以及金属表面的腻子。

A. 不宜用于　　B. 很适于　　C. 宜用于　　D. 可用于

81. 墙面涂料出现起泡防止的办法是等墙面（包括批刮的腻子）干透后再涂面层涂料，特别是新抹的墙或混凝土表面，C 干燥后才能进行涂刷施工。

A. 必须完全　B. 保证彻底　C. 必须彻底　D. 一定完全

82. 涂料 C 应按照先主色、后次色、再副色按序渐进，由浅入深的原则。

A. 配料　　B. 调制　　C. 配色　　D. 调配

83. __A__ 的木砂纸主要用于施涂涂料后的漆膜面或要求细致的物体表面上的打磨。

A. 颗粒较细　B. 比较硬的　C. 颗粒较粗　D. 比较软的

84. 墙面有光漆要防止"咬底"不但要注意各层涂料之间的 __D__ ，同时也要在配制涂料过程中注意成膜物质与溶剂的配套。

A. 配比　　B. 配合　　C. 匹配　　D. 配套

85. 批嵌木门窗一般 __A__ 用腻子，对较大的洞眼、裂缝、凹陷、门边板缝、对角线缝等处要填平嵌实，门板面要刮满灰，要特别注意上下侧面榫头处的嵌填，此处最易受雨水侵蚀。

A. 油性　　B. 水粉　　C. 猪血老粉　　D. 胶老粉

86. 喷灯操作时，在去除旧漆膜时，喷灯的火焰应距物体表面 __D__ mm 左右，待旧漆膜层鼓泡发软时，即用铲刀去除干净。

A. 80　　B. 85　　C. 90　　D. 100

87. 门窗施涂前首先清理木基层，用铲刀将粘附在木门窗上的砂浆、灰土、沥青等污物以及浮木片、"飞刺"、钉子等全部后，用 1 号木砂纸顺木纹打磨光滑， __D__ 扫清浮灰。

A. 擦洗一遍　B. 打扫干净　C. 打扫一遍　D. 清除干净

88. 为使钢门窗有较好的光洁度和附着力，可 用 __A__ % 的面漆加30%的厚漆调配而成，要求底层涂料的颜色基本上与面漆相同。

A. 70　　B. 75　　C. 80　　D. 85

89. 地面施涂工艺，涂刷虫胶清漆一般 __B__ min 就能干燥，待虫胶清漆干燥后，用旧的木砂纸轻磨表面，将排笔的脱毛和颗粒打磨掉，并彻底将木地面清扫干净。

A. 14　　B. 15　　C. 16　　D. 17

90. 钢木门窗涂饰施工后，出现流挂现象，其主要原因是在垂直面上涂刷的涂层 __A__ 和不均匀。

A. 过厚　　B. 过薄　　C 稍厚　　D. 稍薄

91. 地面施涂工艺，涂刷虫胶清漆之后，发现有腻子疤痕和其他颜色较浅处需要经过补色将整个木地面的颜色 __C__ 。

A. 修补一致　B. 调制一致　C. 修成一致　D. 涂刷一致

92. 钢、木门窗涂饰施工后出现失光现象，其产生原因主要是面层涂料做好后，在未粘膜前受到有害气体的 B ，如化工厂排放的氨气、酸雾和煤气等。

A. 贴着　B. 附着　C. 靠着　D. 黏着

93. 木地板施涂工艺，补色后要刷两遍清漆，从踢脚开始，要求涂刷均匀，按先铺漆，后横开，再理通的 D 操作。

A. 顺序　　B. 方法　　C. 序列　　D. 程序

94. 木门窗在涂饰施工后出现皱皮，其主要原因是溶剂挥发 C 或底层涂料未干透就刷面层涂料。

A. 稍快　B. 稍慢　C. 过快　D. 过慢

95. 钢门窗面层涂料所用的品种和涂刷的遍数视 B 要求而定，通常以酚醛调和漆或醇酸调和漆为多，涂刷1~2遍。

A. 施工　B. 工程　C. 甲方　　D. 设计

96. 施涂门窗的面层涂料是油性的，那么底层涂料也应是 C 的。

A. 乳液型　　B. 合成树脂　C. 油性　　D. 水性

97. 为了使各次调制的腻子的 A ，可先将颜料用松香水化开，倒入桐油（清油）中调和均匀，供每次调腻子时使用。

A. 颜色一致　B. 彩色一致　C. 色彩一致　D. 色素一致

98. 钢木门窗涂饰施工后出现皱皮现象，其主要原因是涂料黏度过高，成膜时间 D ，施工环境不良等均易造成皱皮。

A. 稍慢　　B. 稍长　　C. 过慢　　D. 过长

99. 门窗刷填充漆可用 B ％的面层涂料＋30％的清油＋20％的底层涂料调配而成，要油重些，颜色与面层涂料要基本一致，并经过滤后使用。

A. 45　　B. 50　　C. 55　　D. 60

100. 吸上式喷枪使用时将经溶剂稀释后的涂料倒入漆壶内，然后接上压缩空气管，气压调到 A MPa，稍为扳动空气开关扳机，即可喷涂。

A. 0.45～0.5　　　B. 0.44～0.49

C. 0.43～0.48　　　D. 0.42～0.47

1.3　简答题

1. 房屋建筑一般由哪几部分组成？

答：一般的房屋建筑由基础、柱梁和墙体、楼地面、屋面、楼梯和门窗等六大部分组成。

2. 门、窗的主要功能是什么？

答：在建筑工程里，门和窗是建筑物的重要组成部分。门除了能发挥水平通道的作用之外，还和窗共同承担起分隔、采光、通风、保温、隔声、防火等功能。

3. 门、钢门、铝合金门、窗、钢窗和铝合金窗在建筑图纸上各用什么代号表示？

答：在图纸上，门的代号为 M，钢门的代号为 GM，铝合金门的代号为 LM，窗的代号为 C，钢窗的代号为 GC，铝合金窗的代号为 LC。

4. 石膏板、玻璃和砖墙在建筑图纸上用什么图例表示？

答：石膏板、玻璃和砖墙在图纸上的图例表示方法见第 4 题图。

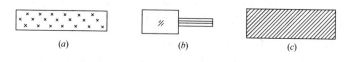

第 4 题图　图例

（a）石膏板　（b）玻璃　（c）砖墙

5. 油漆工在审核图纸时应注意哪些问题？

答：（1）了解建筑立面、内墙面、顶棚及地面的装饰要求和施工工艺，选用的涂料品种是否符合房屋的功能要求。（2）所有的材料来源有无保证，能否替代；如采用新材料、新技术、新工艺有无问题，能否替代。（3）本工种与其他工种交接是否存在矛盾。（4）图纸中是否有错注或漏注的施涂部位。

6. 建筑施工图简称建施，是为了满足建设单位的使用功能需要而设计的工程图样，其基本图纸包括哪些内容？

答：建筑施工图的基本图纸包括：建筑总平面图、平面图、立面图和详图等。

7. 识读施工图有哪些要点？

答：（1）识读平面图时一般由下向上，由大至小，由外及里，由粗到细，并要注意阅读图纸上标注的文字说明。（2）识读平面图要掌握建筑物总长、总宽、内部房间的布置方式和功能关系等。（3）识读立面图要掌握各层层高、标高、门窗洞口上下标高等。（4）识读剖面图要掌握底层及楼层的层高、净高尺寸、楼梯间各梯段标高、门窗部位的标高及材料做法等；地面、楼面、顶棚、墙面、踢脚尺寸及材料做法等。

8. 民用建筑常用的基础构造形式一般可以分为哪几种？

答：民用建筑常用的基础构造形式可以分为条形基础、独立基础、筏式基础，箱形基础和桩基础等形式。

9. 建筑施工图表达的是哪些内容？分别由哪些图纸所组成？

答：建筑施工图表达了建筑物的内部布置情况，外部形状，以及装饰装修、构造、施工要求等内容。另外建筑施工图由建筑总平面图、建筑平面图、建筑立面图、建筑剖面图和建筑构造详图等组成。

10. 室内隔墙有哪些种类？

答：室内隔墙有：砖砌体隔墙、加气混凝土砌块隔墙、轻钢龙骨石膏板隔墙、板材隔墙、玻璃隔墙等。

11. 建筑立面图包含了哪些内容？

答：在建筑立面图上表明了建筑的总高度、分层高度、门窗立面位置、勒脚、檐口等高度，还注明了外墙各部位装修所采用的材料、色彩和做法。

12. 墙和柱在建筑物中分别起到什么作用？

答：墙和柱是建筑物的承重和围护构件。作为承重的构件，它们承受着建筑物由屋面及各楼层传来的荷载，并将这些荷载传给基础。作为围护构件，外墙起着抵御自然界各种因素对室内的侵袭作用，而内墙起着分隔房间的作用。

13. 砖墙尺寸的决定因素是什么？

答：砖墙尺寸的决定因素一般是荷载、门窗洞口的大小及数量、横墙间距、支承情况及保温、隔热、隔声和防火等要求。

14. 楼面包括楼板和表面装饰层，其中楼板在楼房建筑中起到什么作用？

答：楼板是楼房建筑中的水平承重构件，它按房间层高将整个建筑的竖向空间分成若干部分。楼板承受着人、家具和设备的重量，并把这些荷载传给墙和柱，同时还对墙起着水平支撑的作用。

15. 建筑构造详图绘制的常用比例有哪些？

答：建筑构造详图绘制时的常用比例有：1∶1，1∶2，1∶5，1∶10，1∶20，1∶50 等。

16. 详图的索引符号如何表示？

答：详图的索引符号表示方法见第 16 题图。

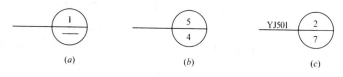

第 16 题图　索引符号

第 16 题图（a）表示：被索引的详图在同一张图纸内，即在上半圆中用阿拉伯数字注明该详图的编号，在下半圆中间画一段水平细实线。

第 16 题图（b）表示：被索引的详图不在同一张图纸内，即在上半圆中用阿拉伯数字注明该详图的编号，在下半圆中用阿拉伯数字注明该详图所在图纸的编号。

第 16 题图（*c*）表示：被索引的详图如采用标准图集，应在索引符号水平直径的延长线上加注图集的编号。

17. 建筑基础和地基各自的作用是什么？他们之间有什么联系？

答：基础是房屋最下部位的承重构件，它将房屋上部的荷载传给它下面的土层——地基。地基必须满足一定的强度和刚度要求，使上部荷载对基础底面产生的压力不大于地基的允许承载力，产生的沉降和弯曲变形不大于该建筑和地基的允许值，达到建筑物的稳定。为确保建筑物的安全和正常使用，所建造的基础要有足够的强度和刚度，能承受建筑物的全部荷载，并把这些荷载均匀地传到地基上去，同时还应具有较好的防潮、防冻能力和耐腐蚀性能。

18. 根据第 18 题图所示，其中教室办公室的进深尺寸和开间各为多少毫米？其中室内外各个部位的地面标高分别为多少米？其中的门和窗的型号、数量分别是多少？

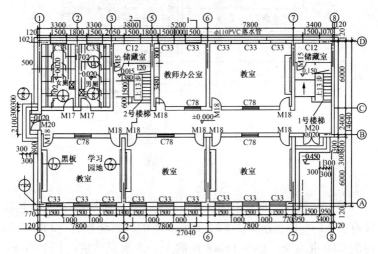

第 18 题图　建筑首层平面图

答：教室办公室的进深尺寸为 6000mm，开间尺寸为 5200mm；

室内走廊、教室和教师办公室的地面标高均为 ±0.000m，出入口台阶面的标高为 −0.020m，卫生间的地面标高为 −0.020m，楼梯间储藏室地面的标高为 −0.150m，室外地面的标高为 −0.450m。其中门的型号和数量分别为：M15 为 2 樘；M17 为 2 樘；M18 为 9 樘；M20 为 2 樘；其中窗的型号和数量分别为：C12 为 2 樘，C33 为 16 樘。

19. 根据第 19 题图所示，室内一层地坪有哪些施工工艺步骤？

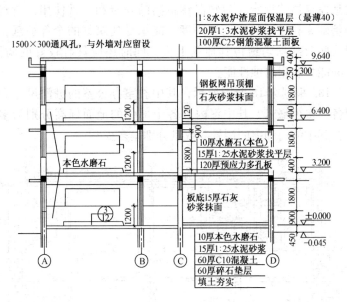

第 19 题图　建筑剖面图

答：从建筑剖面图中可以读出室内一层地坪的施工工艺步骤有：（1）填土夯实；（2）60mm 厚的碎石垫层；（3）60mm 厚的 C10 混凝土；（4）15mm 厚的 1:2.5 水泥砂浆；（5）10mm 厚的本色水磨石。

20. 建筑涂料的功能和作用是什么？

答：建筑涂料的功能一般来讲有装饰性功能、保护性功能、改进居住性功能。建筑涂料作为装饰、装修材料有许多突出优点：建筑涂料色彩鲜艳，功能多样，造型丰富，装饰效果好；施工便利，容易维修，工作效率高，节约能源；施工手段多样化，可喷涂、滚涂、刷涂、抹涂、弹涂，能形成极其丰富的艺术造型；涂料自身质量轻，应用面广泛，单位面积造价较低，是重要的建筑材料之一。

21. 屋面包括哪些？其中各自有何作用？

答：屋面包括屋面板、防水层和保温层。屋面板是建筑物顶部的围护和承重构件，它承受自重、风荷载、雪荷载和人的重量，并把这些荷载传给墙和柱。屋面具有抵御自然界对顶层房屋的侵蚀影响，也对建筑结构起保护作用，提高建筑结构的使用寿命。

22. 为确保建筑物的安全和正常使用，所建造的基础要满足哪些要求？

答：为确保建筑物的安全和正常使用，所建造的基础要有足够的强度和刚度，能承受建筑物的全部荷载，并把这些荷载均匀地传到地基上去，同时还应具有较好的防潮、防冻能力和耐腐蚀性能。

23. 和基础同时组成外墙下部构造的还有勒脚和散水。其中勒脚和散水的作用是什么？

答：勒脚和散水的作用是防止雨水渗入墙底部和基础以及排除房屋四周的积水，保护基础。

24. 门窗洞口顶上为什么要设置过梁？

答：为了承受门窗洞口上砖墙的重量，并把这些重量传给门窗洞口两边的墙体，所以要在门窗洞口顶上做过梁。

25. 外墙门窗顶的钢筋混凝土过梁有时以圈梁替代，当洞顶有水平遮阳板或雨篷时雨篷或遮阳板和圈梁连在一起。钢筋混凝土圈梁的作用和一般做法分别是什么？

答：外墙门窗顶的钢筋混凝土过梁有时以圈梁替代，当洞顶有水平遮阳板或雨篷时雨篷或遮阳板和圈梁连在一起。钢筋混凝土圈梁大都采用现浇方法制作。钢筋混凝土圈梁的作用是为了增强房屋的整体刚度和墙的稳定性，增强对风力、地震力和地基不均匀沉降的抵抗力。钢筋混凝土圈梁的高度应不小于180mm，其厚度一般和墙的厚度相同。

26. 什么叫变形缝，为什么要设置变形缝？

答：当建筑物长度过长，或相邻部位高差较大时，常因温度变化、地基沉陷或地震等的影响，使建筑物产生裂缝，影响使用，甚至破坏。为此，在设计中需要留设垂直缝将建筑物分开，形成在结构上互不相连的单独部分，这种缝称为变形缝。

27. 地面的面层用料大致可以分成两类：整体面层和块料面层。其中整体面层和块料面层分别的用料是什么？

答：地面的面层用料大致可以分成两类：整体面层和块料面层。整体面层的用料有细石混凝土、水泥砂浆和现制水磨石抹面等。块料面层的用料有预制水磨石板、预制水泥板、天然大理石板、天然花岗石板、马赛克、地砖和木地板等。

28. 一般房屋建筑中，楼梯按照材料分与按照平面形式分，分别包括哪些？

答：一般房屋建筑中通常使用现制钢筋混凝土楼梯和预制钢筋混凝土楼梯，也有木楼梯、金属楼梯和自动扶梯等。楼梯按平面形式分有单跑楼梯、双跑楼梯和三跑楼梯及双分式楼梯、双合式楼梯等多种形式。

29. 涂料工程在房屋建筑中的作用是什么？

答：（1）涂料工程具有保护房屋建筑和构造的作用。（2）涂料工程具有装饰房屋建筑的功能，也能装饰各分部和节点、美化室内外环境，给人们以美的享受。（3）人们可以不定期地更新，以保持和提高建筑物的耐久性，也可随着时代潮流的变化，把建筑物装饰得更新，更富有时代感。

30. 涂料的命名原则是什么？

答：涂料的命名原则如下：涂料全名：颜色或颜料名称＋成膜物质名称＋基本名称。涂料的颜色一般位于名称的最前面，若颜料对涂膜性能起显著作用，则用颜料名称代替颜色名称。成膜物质名称均作简化，基本名称沿用习惯名称，除粉末涂料外，均称为漆。

31. 常用的清漆有哪几种？

答：清漆一般分为以下几种：酯胶清漆；酚醛清漆；醇酸清漆；虫胶清漆；沥青清漆。

32. 家具表面为什么要涂饰？

答：未经涂饰的家具暴露在大气中，受到大气中水分、盐、雾、气体、微生物、紫外线等的侵蚀，因而会逐渐毁坏。家具涂上涂料后，涂料所形成的涂膜干燥后牢固地粘附在家具表面，隔绝了外界的腐蚀性物质，起到防腐、防污、防锈、防酸、防碱、防老化的作用，就会大大延长其使用寿命。除了起保护作用外，涂饰能使家具依人们的意愿来改变木材原来的颜色，使家具表面光亮美观、色泽鲜明，起到美化装饰作用，并便于擦洗，利于卫生。涂饰的好坏常常会使同件家具的价值大大不同。涂料的这种美化生活环境的作用，在人们的现代生活中是不可忽视的。

33. 什么是家具涂饰工艺？它大体可分为几类？工艺过程可分为几个阶段？

答：家具涂饰工艺，是指用涂料、着色物质等原辅材料和生产工具，直接改变木制家具表面的颜色、光泽、硬度等物理性能的一系列加工过程。家具涂饰工艺按其特点，大致可概括为透明清漆涂饰工艺和不透明色漆涂饰工艺两大类。透明清漆涂饰工艺包括：大漆涂饰工艺、油基清漆涂饰工艺、硝基清漆涂饰工艺、各种人工合成树脂清漆涂饰工艺。不透明色漆涂饰工艺包括：各类色漆涂饰工艺、模拟木纹涂饰工艺等。透明清漆涂饰工艺和不透明色漆涂饰工艺大致由表面处理、基础着色、涂层着色、清漆罩光、漆膜修整五个阶段组成。每个阶段中又由若干道工序和工步组成。

34. 什么叫漆膜？漆膜起什么作用？

答：涂饰在物体表面上的液态涂料层称为涂层。涂层经过干燥固化所形成的一层固态硬质薄膜，称为漆膜或涂膜，附着在家具表面干结的漆膜就是家具基体穿上的外衣，使木材与外界空气、水分、日光、酸碱等隔离，起到保护木材表面免受破坏的作用，既延长了家具的使用寿命，又能美化家具外观，提高表面的工艺质量，且便于清洗干净，保持清洁。

35. 油漆为什么叫涂料？

答：涂料是涂于物体表面的能干结成坚韧保护膜物料的总称。准确地应叫作有机涂料。油漆是油与漆的通称。油，是指具有干燥能力的油类，如桐油、亚麻仁油、鱼油等动植物油。漆，是指天然大漆。从前都是使用"油"与"漆"这两种材料，因此，人们习惯称为油漆。随着农林副业科学技术的进步和石油化学工业的发展，出现了少用或完全不用油料的合成漆。这些合成漆比天然油漆效果好，经久耐用，在光亮度、硬度、抗酸碱性、抗燃性、绝缘性等方面都是天然油漆所不能比拟的。人造合成漆的出现，使涂料的结构、性能、品种都发生了根本变化，因而"油漆"这一古老术语已经不能反映所有新兴成膜物的全貌了。这就是油漆改称涂料的缘由。

36. 什么是厚漆？说说它的性能，并且适用于何种情况？

答：厚漆，又名铅油；它是用颜料与干性油混合研磨而成，需要加鱼油、溶剂等稀释后才能使用。这种漆的涂膜柔软，和面漆的黏结性好，遮盖力强，是最低级的油性漆料。适用于涂饰要求不高的建筑工程或水管接头处。广泛用作木质物件的打底，也可用来调制油色和腻子等。

37. 漆膜需要达到什么要求才能起到保护和装饰木家具表面的作用？

答：涂料在木家具上形成的漆膜能否起到保护和装饰作用，应能满足下列要求：（1）漆膜附着力强，经久耐用，色泽均匀，长时间不会变色，有一定的平整光亮度。（2）表面应无毛刺、刷毛、刷痕、流挂、气泡、针孔、色花、擦伤、回粘、凹凸不平等缺陷，具有耐候、耐温、耐水、耐酸、耐碱等的理化性能。具有一定硬度和耐磨性。

38. 木家具表面涂饰的好坏取决于哪些因素？

答：木家具表面涂饰的好坏除取决于木制品加工质量外，还取决于木制品涂饰时涂料的选用，颜料、染料溶剂的选用以及涂饰工艺、涂层干燥与涂膜修整是否正确，并与油漆工人是否能按标准样板和工艺规程施工有关。如涂硝基清漆，有的工人涂得平整结实，有的工人却涂得粗糙，平整度欠佳，这就说明涂饰技术是决定涂饰质量优劣的关键。

39. 木材的含水率对涂饰有什么影响？

答：木材中含有大量水分。这些水分直接影响木材的性能和漆膜的质量。家具用材干燥不够，一般表现为：（1）木材内部的水分随着外界天气的干湿而变化，制品在干燥天气收缩，潮湿天气膨胀，引起制品翘曲变形从而导致制品表面的漆膜产生裂纹或脱落；（2）在木材含水率较高情况下进行涂饰，漆膜色泽就会浑浊，部分地方会泛白；（3）在空气的干燥过程中，木材内的水分排出，漆膜易产生气泡、针眼，因而延长干燥时间，降低了漆膜的附着力。由于木材中含水率高时对涂饰影响很大，家具用材在使用前，必须干燥到稍低于使用地区的平衡含水率。长江流域平衡含水率约15%，北方地区约12%，南方地区约18%。这样，家具在使用中用材性能就处于稳定状态，漆膜也就能起到保护家具表面和装饰性的作用了。

40. 为什么木制品涂饰比其他材料制品的涂饰要困难？

答：这主要是由材料的性质和构造决定的。木材是一种天然生长的有机体，花纹美丽，光泽好，易油漆和染色。但木材的材性不太稳定，木材空隙度、含水率、颜色、纹理也各不相同，因此要根据不同的材质采用不同的施工方法。木制品的涂饰工艺要求至少进行底漆和面漆的两次涂饰，并要求涂料和家具表面以及涂料与涂料之向有很好的附着力结合力，色泽均匀，木纹清晰，漆膜平整光滑，各件家具之间色调一致，与环境相协调。金属、塑料等制品的性质比木材稳定，一般均用混色涂装，施工比较简单。所以木家具的涂饰要比其他材料制品的涂饰来得困难。

41. 木材的色质和纹理对涂饰有什么影响？

答：木材的细胞结构不同，它所产生的色质和纹理亦不同。某些阔叶材的色质和纹理具有粗细交错的特性，清晰、美观、活泼，经涂饰后，色彩鲜艳悦目，特色鲜明，如水曲柳、花曲柳、檫树、柚木、樟木、花梨木、紫檀木等；有的木材则细致均匀，如桦木、槭木、椴木等。对这些色质鲜艳、纹理美观的木材，表面应采用透明涂饰，使表面色质和纹理进一步得到显现和渲染。这些木材常作为中、高档家具的表面材种，某些针叶材表面有色斑、色质不均匀或带晦暗色调，还有些木材因菌害而变色。因此，装饰性较差，涂饰中常需进行表面处理或改变色调才能基本达到效果。

42. 涂料的保管有哪些措施？

答：（1）清油、清漆、厚漆、调和漆、沥青漆、磁漆等常用的建筑涂料应储存于干燥、阴凉、通风的库房内，库房温度一般以5℃～23℃为宜，在库房内严禁调配涂料和吸烟。（2）乳胶漆的保管贮存同上述常用建筑涂料。但因它属水性涂料，不易引火，在贮存中对防火、防爆的要求可酌情从宽，可是在密封和防冻方面应特别注意。（3）无机装饰涂料 UH80—1 和H80—2 贮存保管同乳胶漆。（4）各种稀释剂、脱漆剂、环氧固化剂、硝基类漆、过氧乙烯漆、乙烯防腐漆等属一级易燃品，必须特别注意防火、防爆。要存放在经当地公安机关审核同意的指定地点，不得任意存放。（5）各类建筑涂料应分别堆放，定期检查包装容器封口是否严密，发现锈蚀、破、渗漏之处，应及时补救或更换包装。（6）大部分建筑涂料为挥发性的易燃品，日久易变质，应按产品出厂日期的先后领发使用。（7）装卸建筑涂料时，应轻取轻放，不得摩擦、碰撞或在工地上翻滚。

43. 钢门窗施涂工艺如何批嵌腻子？

答：钢门窗施涂工艺批嵌腻子，钢材虽不像木材有许多缺陷，但仍会有麻点等各种弊病，特别是门窗框及扇的四角以及焊缝凹陷处，都需要用油性石膏腻子填平嵌实。批嵌腻子需要两遍，头遍腻子干后进行第二遍复嵌，每遍腻子干后用1号砂布打磨光滑，然后扫除粉尘。

44. 木门窗施涂工艺，如何进行填光漆的配料和涂刷？

答：木门窗施涂工艺，填光漆的配制是可用50%的面层涂料＋30%的清油＋20%的底层涂料调配而成。要油重些，颜色与面层涂料要基本一致，并经过滤后再使用。填充漆要刷得薄而均匀，不要漏刷和出现刷花，以免影响面层涂料的成活质量。

45. 钢、木门窗涂饰施工中出现失光病态，其产生原因及处理方法是什么？

答：钢、木门窗涂饰施工中出现失光病态，其产生原因及处理方法。

产生的原因：（1）面层涂料做好后，在未结膜前受到水气的附着；（2）面层涂料做好后，在未结膜前受到有害气体的附着，如化工厂排放的氨气、酸雾和煤气等；（3）材料不配套，发生咬底现象而失光；（4）将不适宜户外的油性涂料用于户外。

处理方法：如面层附着牢固，可以用汽油擦净表面，经打磨清扫后重做面层；如面层附着不好，应清除面层重做。

46. 地面施涂工艺施工中，表面出现粗糙现象，产生原因及处理方法是什么？

答：地面施涂工艺施工中表面出现粗糙现象，其产生原因及处理方法如下：

产生原因：（1）施工现场不清洁，灰尘飞扬粘到涂刷面上；

（2）被涂物没有清理干净；

（3）涂料内杂质多，未经120目箩筛过滤就使用；

（4）涂刷工具使用多次不洗，工具中所含涂料形成的颗粒，在涂刷过程中逐渐脱落，因而形成细粒。

处理方法：找出起粒原因，严重的应打磨后重新涂刷。

47. 什么是色彩的明度？

答：色彩的明度是指色彩的本身由于受光的程度不同而产生的明暗关系，故称明度为光度。通常讲的色彩明暗程度，它的含义有两点：

（1）不同色相明暗程度是不同的。在所有彩色中，以黄色明度为最高，由黄色相上端发展，明度逐渐减弱，以紫色明度为最低。

（2）同一色相的明度由于光的强弱不一样，其程度也不同。同一件红衣服，由于受光的强度不同就有浅红、深红和暗红等区别。

从色的明度可以知道，在色的布局中，明暗差距越大，色彩给予人们的视觉感就越突出，反之即融合。

48. 墙面涂施后出现露底现象，产生的原因和防治方法是什么？

答：墙面涂饰施工中出现露底现象，其产生原因及防治方法如下：

（1）露底的原因：

1）涂料的固体物质成分不足；或者原料质地粗糙，稠度不够；

2）涂料有沉淀未经充分搅拌就使用；

3）涂料中掺入的稀释剂过量，致使涂料太稀。

4）面层涂料颜色浅于底层。

（2）防治方法：

1）对调制好的涂料要试小样，检查其是否有良好的遮盖力；

2）涂料使用前必须搅拌均匀；

3）已配好的涂料不得任意掺加稀释剂；

4）配制底层涂料的颜色应比面层涂料浅些。

49. 混色木地板施涂工艺，如何涂刷面层涂料？

答：混色木地板施涂工艺，涂刷面层涂料的方法是：

（1）先刷踢脚板，后刷地板面，从里到外依序进行；

（2）涂刷时顺木纹敷涂料涂布，再横刷敷匀，然后顺木纹理通拔直；

（3）要注意相互间的涂刷衔接，以防出现接痕。第一遍面层涂料干燥后，用水砂纸或木砂纸将涂膜面上的颗粒打磨平整，扫净灰尘，并用潮布揩净余灰，再涂刷第二遍涂料，干后即可成活。

50. 颜料与调配的涂料相配套的原则是什么？

答：颜料与调配的涂料相配套的原则，即在涂料配制色彩过程中，所使用的颜料与配制的涂料性质必须相同，且不起化学反应，才能保证颜料与配制涂料的相容性、成色的稳定性和涂料的质量，否则就配制不出符合要求的涂料及所需的颜色。如油基的颜料适用于配制油性的涂料而不适用于调制硝基涂料。

51. 钢门窗施涂工艺如何刷罩面涂料？

答：钢门窗施涂工艺，刷罩面涂料，当底漆干燥后，用旧砂纸轻轻打磨一遍，以除掉附在上面的颗粒为度。面层涂料所用的品种和涂刷的次数视工程要求而定，通常以酚醛调和漆或醇酸调和漆为多，涂刷 1~2 遍。罩钢门窗的面层涂料最好是在玻璃安装完毕，油灰表面干后进行。这对钢门窗的涂刷质量与整个物体表面的整洁十分重要。

52. 墙面涂料施工后出现起泡现象，其主要的产生原因和防治方法是什么？

答：墙面涂料施涂后出现起泡现象，其主要原因是因为墙壁未干透就刷涂料，刷涂料后里面的水分向外扩散，将涂膜顶起，形成气泡。

预防的办法是：等墙（包括批刮的腻子）干透后再涂面层涂料，特别是新抹的墙或混凝土表面，必须彻底干燥后才能进行涂刷施工。

53. 常用腻子的品种有哪些？其组成是什么？

答：常用腻子的品种及其组成有以下四种：

（1）猪血老粉腻子。是由熟猪血（料血）、老粉（大白粉）、竣甲基纤维素（化学糨糊）调配而成；

（2）胶老粉腻子。是由胶及老粉组成，所用胶的品种有108胶水、化学糨糊、植物胶和动作胶；

（3）胶油老粉腻子。是由熟桐油、松香水、老粉、化学糨糊、108胶水调配而成的；

（4）油性石膏腻子。亦称纯石膏腻子，是由石膏粉、熟桐油、松香水、水调配而成的。

54. 墙面使用有光漆的优缺点是什么？

答：墙面使用有光漆的优缺点是：

（1）有光漆的优点：有光漆墙面有较好的抗污性，即使被污物污染，也可以用清水洗擦。

（2）有光漆的缺点：有光油墙反光较强，要做平整很不容易，太强的反光对人的视觉有不舒适感，所以除了在墙裙部位较多地使用外，整体墙面很少做有光油墙，更多的是无光香水油墙。

55. 如何选用溶剂？

答：如何选用溶剂可从以下几点说明：

（1）油基涂料类的稀释剂，一般选用松香水或松节油；

（2）醇酸树脂涂料类的稀释剂一般长油度的可用松香水，中油度的可用松香水和二甲苯，短油度的可用二甲苯；

（3）硝基涂料类的稀释剂一般采用香蕉水（也叫信那水的）；

（4）氨基涂料类的稀释剂一般采用丁醇与二甲苯；

（5）沥青涂料的稀释剂多用200号煤焦溶剂、松香水、二甲苯；

（6）环氧树脂涂料类的稀释剂为环己酮，丁醇，二甲苯；

（7）过氯乙烯类涂料的稀释剂使用苯、酯、酮的混合溶剂；

（8）聚氨酯涂料类的稀释可用无水二甲苯、甲苯与酮酯的混合溶剂。

56. 墙面有光漆施涂前基层如何处理？

答：墙面有光漆施涂前基层作如下处理：（1）抹灰面基层要进行一次全面的清理和打磨，目的是将沾污在墙面上的砂浆等沾污物打磨掉，但要注意不要将抹灰——面打出毛绒。（2）在打磨的过程中应将凸出的小石子和一些僵灰泡子用铲刀挖去。对水泥砂浆面，可用砂布打磨，如发现严重"反碱"，可采用酸洗法和封底处理。（3）酸洗法是序5%浓度的稀盐酸对"反碱"处进行酸洗和中和，然后用清水冲洗干净，干燥后再墙面有光漆施涂进行基层操作。（4）发现残存的余碱，可用潮湿的布将余碱揩净，干燥后用虫胶漆或熟猪血将"反碱"处涂刷两遍。酸洗清碱后的水泥砂浆面，干后最好也进行封底处理，以免在短期内重新"反碱"。（5）基层处理后的墙面要求做到基本平整，余灰必须清扫干净，墙面的含水率不得大于8%。

57. 丙烯酸树脂涂料的主要特点是什么？

答：丙烯酸树脂漆的主要特点是：

（1）耐紫外线的性能优良，不变色；

（2）耐久性好，长期暴晒下不损坏；

（3）具有优良的色泽，可制成清漆及各种有色漆；

（4）硬度高，有较好的耐磨性；

（5）耐化学腐蚀性能及抗水性好，可耐一般的酸、碱、醇和油脂；

（6）耐热性能好。

丙烯酸树脂通过乳化还可以用来制造无毒、安全的水溶性漆。

58. 酚醛树脂漆类有哪些种类？

答：酚醛树脂漆类的种类：醇溶酚醛树脂漆有热固型醇溶酚醛树脂漆和热塑型醇溶酚醛树脂漆；改性酚醛树脂漆有松香改性酚醛树脂漆、丁醇改性酚醛树脂漆；油溶性纯酚醛树脂漆有非油反应型和油反应型树脂两种。

59. 顶棚搭毛如何画线分块？

答：顶棚搭毛画线分块做法如下：

（1）用胶合板或者纤维板做基层的，一般按缝画线分块，先用腻子满批分块缝条，然后用扁竹签划出缝条。缝条宽度一般为5~6mm。

（2）用混凝土或者水泥砂浆、纸筋灰做基层的，应先弹好线，再批腻子，然后划缝分块。分块缝条应平直、光洁、通角。顶棚面积不大的，可以不画线分块。

60. 木地板烫蜡的作用以及对木材有什么要求？

答：木地板烫蜡的作用以及木地板烫蜡对木材的要求如下：

（1）木地板烫蜡的作用：木地板通过烫蜡能起到保护和装饰地板的作用，达到显露木纹，提高地板的耐磨和防腐性能以及具有经久耐用的目的；

（2）木地板烫蜡工艺对木材的质量要求较高，必须选用质地坚韧牢固，木纹清晰和材色均匀一致的木材，如水曲柳、柳桉、柚木等上等优良品种；

（3）同时要求木工铺贴的地板必须平整光滑、不起壳，不得留有创痕、胶迹和其他污迹等。

总之，对烫蜡木地板的选材和铺贴比用其他涂料施涂的木地板要求更高、更严格。

61. 调配涂料颜色的原则及方法是什么？

答：调配涂料颜色的原则是：

（1）颜料与调制涂料相配套的原则：在涂刷材料配制色彩的过程中，所使用的颜料与配制的涂料性质必须相同，不起化学反应，才能保证色彩配制涂料的相容性、成色的稳定性和涂料的质量，否则，就配制不出符合要求的涂料，例如，油基颜料适用于配制油性的涂料而不适用调制硝基涂料。

（2）选用颜料的颜色组合正确、简练的原则：1）对所需涂料颜色必须正确地分析，确认标准色板的色素构成，并且正确分析其主色、次色、辅色等；2）选用的颜料品种简练。能用原色配成的不用间色，能用间色配成的不用复色，切忌撮药式的配色。

（3）涂料配色由先主色、后副色、再次色，依序渐进、由浅入深的原则：1）调配某一色彩涂料的各种颜料的用量，先可做少埴的试配，认真记录所配原涂料与加入各种颜料的比例；2）所需的各色素最好进行等量的稀释，以便在调配过程中能充分地融合；3）要正确地判断所调制的涂料与样板色的成色差，一般来讲，油色宜浅一成，水色宜深三成左右；4）单个工程所需的涂料按其用量最好一次配成，以免多次调配造成色差。

调配涂料颜色方法：

（1）调配各色涂料颜色是按照涂料样板颜色来进行的。首先配小样，初步确定几种颜色参加配色，然后将这几种颜色分装在容器中，先称其质量，然后进行调配。调配完成后再称一次，两次称量之差即可求出参加各种颜色的用量及比例。这样，可作为配大样的依据。

（2）在配色过程中，以用量大、着色力小的颜色为主（称主色），再以着色力较强的颜色为副（次色），慢慢地间断地加入，并不断搅拌，随时观察颜色的变化。在试样时待所配涂料干燥后与样板色相比，观察其色差，以便及时调整。

（3）调配时不要急于求成，尤其是加入着色力强的颜色时切忌过量，否则，配出的颜色就不符合要求而造成浪费。

（4）由于颜色常有不同的色头，如要配正绿时，一般采用绿头的、黄头的蓝；配紫红色时，应采用带红头的蓝与带蓝头的、红头的黄。

（5）在调色时还应注意加入辅助材料对颜色的影响。

62. 腻子调配的材料选用应该注意哪些问题？

答：（1）填料能使腻子具有稠度和填平性。一般化学性稳定的粉质材料都可选用为填料，如大内粉、滑石粉、石膏粉等。

（2）固结料是能把粉质材料结合在一起，并能干燥固结成有一定硬度的材料，如蛋清、动植物胶、油漆或油基涂料。

凡能增加腻子附着力和韧性的材料，都可作黏结料，如桐油（光油）、油漆、干性油等。

（3）调配腻子所选用的各类材料各具特性，调配的关键是要使它们相容，如油与水混合要处理好，否则就会产生起孔、起泡、难刮、难磨等缺陷。

63. 建筑装修涂饰工程里的打磨方式分为哪两项？打磨过程中各自应该注意哪些问题？

答：打磨方式分干磨与湿磨。干磨即是用砂纸或砂布及浮石等直接对物面进行研磨。湿磨是由于卫生防护的需要，以及为防止打磨时漆膜受热变软使漆尘黏附于磨粒间而有损研磨质量，将水砂纸或浮石蘸水（或润滑剂）进行打磨。硬质涂料或含铅涂料一般需采用湿磨方法。如果湿磨易吸水，基层或环境湿度大时，可用松香水与生亚麻油（3∶1）的混合物做润滑剂打磨。对于木质材料表面不易磨除的硬刺、木丝和木毛等，可采用稀释的虫胶漆［虫胶∶酒精＝1∶（7~8）］进行涂刷待干后再行打磨的方法；也可用湿布擦抹表面，使木材毛刺吸水胀起干后再打磨的方法。

64. 对基层的检查应该从哪些方面注意？

答：对基层的检查中，基层的状况与涂料施工以及涂饰后涂膜的性能、装饰质量关系重大，因此在涂饰前必须对基层进行全面检查。检查的内容包括基层表面的平整度及裂缝、麻面、气孔、脱壳、分离等现象；粉化、翻沫、硬化不良、脆弱，以及沾污脱模剂、油类物质等；检测基层的含水率和 pH 值等。

65. 对外墙面的处理要求有哪些？

答：（1）基层表面的灰砂、污垢和油渍等必须清除干净，脚手架眼洞、门窗框与墙体之间的缝隙，应先用水泥砂浆堵实补好，混凝土基层应剔除凸出部分，光面要凿毛，用钢丝刷满刷一遍，或者洒水湿润后用水泥浆加 108 胶水扫毛，增加粉刷黏结力。

（2）基层处理后，应检查基层表面的平整度和垂直度（挂垂线、拉水平通线），用与底层刮糙相同的砂浆做灰饼、出标筋，用长靠尺检查标筋是否标准。刮糙必须分层抹平，要求至少分两遍成活。局部超厚的应分层打底，用刮尺和木抹子按标筋抹平，并随手划毛。表面要求平整、垂直、粗糙。对阴阳角和门窗头角要求方正、垂直、通顺。凡外墙遇砖与混凝土交界处，用防水砂浆打底后，铺一层钢板网再粉刷，以防裂缝的产生。

（3）凡墙体阳角均做隐护墙角。采用15厚1:2.5水泥砂浆，每侧宽度不小于50，通顶高。做法为根据灰饼厚度抹灰，粘好八字靠尺，并且找方吊直，用1:2.5水泥砂浆分层抹平；待砂浆稍干后，用捋角器和水泥浆捋出小圆角。

（4）凡是卫生间墙体临房间墙面均采用防水砂浆粉刷。所有粉刷面均要求阴阳角通角垂直，面层平整光滑，无明显接槎。

（5）涂饰要严格按照施工工艺要求进行施工。砂皮要打透，墙面做好后要求达到明亮、平整、无透底、无漏刷现象发生。

（6）涂料施工前，清理墙、柱表面：首先将墙、柱表面起皮及松动处清理干净，将灰渣铲干净，然后将墙、柱表面扫净。

（7）修补墙、柱表面：修补前，先涂刷一遍用三倍水稀释后的108胶水，然后用水石膏将墙、柱表面的坑洞、缝隙补平，干燥后用砂纸将凸出处磨掉，将浮尘扫净。

（8）刮腻子：遍数可由墙面平整程度决定，一般为两遍，腻子以纤维素溶液、福粉，加少量108胶、光油和石膏粉拌和而成。第一遍横向满刮，一刮板紧接着一刮板，接头不得留槎，每刮一刮板最后收头要干净平顺。干燥后磨砂纸，将浮腻子及斑迹磨平磨光，再将墙、柱表面清扫干净。第二遍竖向满刮，所用材料及方法同第一遍腻子，干燥后用砂纸磨平并扫干净。

（9）刷第一遍涂料：涂刷顺序是先上后下。乳胶漆用排笔涂刷。使用新排笔时，将活动的排笔毛拔掉。涂料使用前应搅拌均匀，并适当加水稀释，防止头遍漆刷不开。涂刷时，从一头开始，逐渐向另一头推进，要上下顺刷，互相衔接，后一排笔紧接前一排笔，避免出现干燥后接头。待第一遍涂料干燥后，复补腻子，腻子干燥后用砂纸磨光，清扫干净。

（10）刷第二遍涂料：第二遍涂料操作要求同第一遍。使用前要充分搅拌，如不很稠，不宜加水或少加水，以防露底。

66. 涂饰的基本操作里喷涂施工过程中应该注意哪些问题？

答：在喷涂施工中，涂料的稠度、空气压力、喷射距离、喷枪运行中的角度和速度等方面均有一定的要求。涂料稠度必须适中，太稠，不便施工；太稀，影响涂层厚度，且容易流淌。空气压力在 $0.4 \sim 0.8 N/mm^2$ 之间选择确定，压力选得过低或过高，涂层质感差，涂料损耗多。喷射距离一般为 $40 \sim 60cm$，喷嘴离被涂墙面过近，涂层厚薄难控制，易出现过厚或挂流等现象；喷嘴距离过远，则涂料损耗多。喷枪运行中喷嘴中心线必须与墙面垂直，喷枪应与被涂墙面平行移动，运行速度要保持一致，运行过快，涂层较薄，色泽不均；运行过慢，涂料黏附太多，容易流淌。喷涂施工，最好连续作业，一气呵成，争取到分格缝处再停歇。

67. 玻璃裁割操作有哪些注意事项？

答：玻璃裁割操作的注意事项是：

（1）玻璃刀与玻璃要保持一定的角度，刀划行时不能中途停顿。

（2）当尺寸规格较多时，裁割前应仔细计算，以免造成浪费。

（3）裁割前还应将玻璃表面的水迹擦净。

（4）裁割5mm以上的厚玻璃，应先在裁口线上涂上煤油，使划口渗油后容易扳脱。当裁割的玻璃较窄时，裁割后可先将一头敲出裂痕，再垫上软布，用钳子扳脱，切忌直接用手进行扳脱。

68. 软包施工工艺如何进行？

答：软包施工面层材料一般采用皮革、麻布和绸缎等。其施工工艺的方法为：

（1）做墙面小仓：在抹灰面上干铺一层油毡，接缝处用沥青胶黏贴封闭，或刷热沥青两度，作防潮处理。再根据小仓的尺寸要求，用20mm×20mm干燥的松木条，经防腐处理后钉于墙上，小仓中填充泡沫塑料板，其四周紧顶木条，表面与木条平齐。

（2）绸缎包面：先将软泡沫塑料板按小仓尺寸每边缩小5mm裁好，将绸缎平展顺直地反铺于工作台面上，再将裁好的软泡沫塑料板块平置于上面摆正，将绸缎四边折起缝牢固，绸缎四周应留出20~25mm余边。

（3）镶嵌固定绸缎块：将已包好绸缎面的软泡沫塑料块，按尺寸要求，以木压条（已油好）或铝合金压条，将余边压紧固定在木底条上面，绸缎面要保持平整，四周要一致，压条要整齐，接头要平整。最后木压条上的钉眼要进行腻子和油漆修补，如采用铝合金，则螺帽要加盖条装饰。

69. 油基漆在镀锌基层上出现片落的原因和防治方法？

答：产生原因：热镀锌是使用最广泛、也是最不易与涂层黏附的一种。涂层产生片落是由于镀锌面表面光滑不易附着涂料，有时还沉附着不利油料黏附的助溶剂等污物；其次镀锌板较薄，受温度影响的膨胀收缩率较大，对涂层的附着有破坏性。选择错误的底漆对涂层的黏附也会产生影响。

防治方法：

（1）预防措施：最好的办法是将镀锌板在室外放置一段时间，使它收到轻微的侵蚀，失去对涂层有影响的光泽和表面上的油脂、助溶剂等。放置时间一般为六个星期。如无法搁置风化，可采取以下三种方法：

1）在表面涂刷酸洗液，放置干燥后用清水漂洗干净，干燥后立即涂刷铅酸钙底漆。酸洗液中的弱酸可将表面轻微侵蚀，除去表面的油脂和助溶剂。

2）用松香水擦拭表面除去油脂后将表面擦干，然后涂刷磷化底漆，最后再涂刷一道锌铬黄底漆。

3）铅酸钙底漆对镀锌铁面非常适宜，特别是新镀锌面，但是涂刷前一定要用适宜的溶剂除去表面的油脂。

镀锌铁面涂刷底漆后，室内最少须涂刷两道面漆，室外须涂刷三道。

（2）处理方法：将有问题的漆膜全部清除，但不要伤及镀锌面，然后涂刷铅酸钙底漆。如片落只是个别孤立的部位，可将涂膜刮除到黏附牢固的部位，然后将整个表面用洗涤剂刷洗，并用水砂纸打磨，最后用清水漂洗干燥。刷洗时对旧漆膜的边缘应特别注意，有翘起的部位应及时刮除、干磨掉，然后将裸露部位涂刷铅酸钙底漆，其面积要超过旧有漆层的边缘，以保证旧涂层与新涂层有良好的连接性。

70. 光油熬炼时应该注意哪些事项？

答：（1）如用于油漆配料和调配腻子的光油，可不加入松香。

（2）土子和密陀僧在加入油内之前，须经加温干燥处理，否则会使热油受潮溢出。

（3）熬炼时，温度计要勤观察，还须勤取试样，并注意油是否有冒青烟等变化。

（4）熬炼时应争取在短时间内完成，时间过长油易变焦而使油色变黑不清净，容易使油料报废。

（5）熬炼时，切勿以多加土子来降低油温，以避免事故的发生，而且这样熬出的光油涂刷后容易皱皮，质量不佳。

（6）高温熬炼的光油质量最佳，但油温过高而一时冷却有困难，往往会发生变稠成胶而报废的危险。故在熬炼时，可先准备好一部分已熬制好的冷光油，以备油熬到温度过高而有变稠的趋势时，立即加入冷油降温，同时用风扇使其加快冷却出清油烟即可。

（7）一般情况下，当油温达到282℃时，持续数分钟，桐油即会成胶报废。因此，熬油加温不能将油温升至282℃时再撤锅停止。若油锅内油温已达282℃，再采取降温措施以防止成胶是很困难的。

（8）熬油前须准备干土和干黄沙，必要时用以压火。操作人员必须戴好防护用品，以防烫伤。操作时，不能让炉内的火苗舔到锅边，以免热油接触火苗而引起火灾。

71. 地仗处理的操作方法是什么？

答：（1）斩砍见木：将木制件表面用斧子砍出斧迹，新、旧木制件均要斩砍。斧迹的深度为 1～1.5mm，间距为 7mm 左右，旧木制件斩砍要见白木为准。在斩砍过程中应横着木纹砍，不得顺着木纹或斜砍，以防损伤木骨。然后再用挠子挠净，称之为"砍净挠白"或叫"打麻出白"。对旧地仗因年久失修，木制件上挂有锈水，也要砍净出白。木制件如有翘茬则应用钉子钉牢或用锋利刀刃切除。如遇木制件局部腐朽，应事先剁修，不得搪塞，以免留下隐患。

（2）撕缝：撕缝是将木面上较深的洞缝挖净见新。将较大的裂缝、拼缝和洞眼等，用刀尖顺缝隙将其扩大，撕成 V 字形，并将树脂、油迹等污物清理干净。如缝隙较大应揎缝，即下竹钉、竹片或以同类干燥木条嵌之。

（3）下竹钉：竹钉应削成宝剑头形状，其粗细长短要根据木缝宽窄而定，在厚薄上应比木缝略厚些，在楔入之前，应在竹钉、竹片或木片以及缝内用聚醋酸乙烯乳液涂刷，以增强黏结力。竹钉楔入时，应从缝的两端移向中间放正位置，楔入时竹钉上面按上硬木条，用锤逐段轻重均匀地击打，不能过猛。钉距在 15cm 左右，两钉之间再下竹片，竹片楔入时要嵌平填实，在缝内挤出的余胶，用湿布抹净以保证质量。

（4）汁浆：木制件经过嵌挠，并清扫除尘后，木面和缝内难免有残余尘土，故用油浆或底油汁浆一道，其目的是使木基层与上层油灰有一定的强度和附着力。油浆的配比为：油满：血料：水 =1:1:20。

72. 影响涂料稠度的主要因素有哪些？

答：储存时间、气候温度、涂饰方法、施涂工具、基层的品质都可能会造成稠度过大。溶剂的掺量不当或与涂料不配套也会影响涂料的稠度。

73. 环境和气候对涂料质量有何影响？

答：环境和气候对涂料质量有很大影响。施工环境不卫生、露天作业等，如周围灰尘没打扫干净，灰尘飘扬会污染涂膜；在潮湿地方或雨季、阴天和有煤气的地方施工，就有可能发生涂膜收缩（俗称"发笑"）、泛白等现象。

74. 油漆工如何掌握施工现场灭火常识？

答：油漆工应掌握施工现场燃烧物的灭火常识，并根据不同材料引起的燃烧采取相应的措施，其做法是：

（1）固体燃料引起的燃烧，如木材、纸、布或垃圾等应用水扑灭。

（2）液体或气体引起的燃烧，如油、涂料、溶剂等应用泡沫、粉末或气体灭火器材切除氧气的供应。

（3）电器设备着火，如电视、电线、开关等，应迅速切断电源，并用非导电灭火材料隔离扑灭。

（4）油漆工衣服燃烧后处理的方法：

1）先使被烧者面向下躺卧，避免火焰烧到面部。

2）用水或其他非易燃液体扑灭火焰。

3）用湿水的毯子或衣物将人裹住，隔离空气直至火焰熄灭，但不可使用尼龙或其他合成纤维包裹。

75. 涂料施工人员如何加强在施工中的防尘保护？

答：灰尘主要来自基层处理和打磨，灰尘飘浮在空气中，被吸入呼吸道，会影响肺部功能，故应避免在有灰尘的环境下作业。清除灰尘不宜采用人工扫刷，有条件的要使用吸尘器，也可以采取湿作业。在有灰尘的环境下作业，要戴口罩、戴眼睛防护罩。

1.4　计算题

1. 涂刷某涂料，面积为 $456m^2$，灰面漆涂料用量为 $100g/m^2$，如刷一层需灰面漆涂料多少?

解:$456 \times 100 \times 1/1000 = 45.6 kg$

答:涂料45.6kg。

2. 现有面积为467m^2墙面,要中压花喷大点,问需多少人工费、材料费?

解:(人工费定额为:145.70元$/100m^2$,材料费定额为:1757.49元$/100m^2$)

人工费:$467 \times (145.7 \div 100) = 680.42$元

材料费:$467 \times (1757.49 \div 100) = 8207.48$元

答:人工费680.42元,材料费8207.48元。

3. 配制石灰浆时,需石灰块和水,重量比为1:6,为提高黏度,另需加总重5%的107胶,现需配制170kg石灰浆,需石灰块、水、107胶各多少?

解:石灰浆:$1 + 6 + (1 + 6) \times 0.05 = 7.35$

石灰块需要量:$170/7.35 = 23.13 kg$

水的需要量:$23.13 \times 6 = 138.78 kg$

107胶的需要量:$23.13 \times 0.35 = 8.1 kg$

答:需要石灰块23.13kg,水138.78kg,107胶8.1kg。

4. 某工程有木门板398m^2,需刷白色乳胶调和漆涂料,如每46m^2需30.08kg,问需多少这种涂料?

解:$398 \times (30.08 \div 46) = 260.26 kg$

答:需这种涂料260.26kg。

5. 某工程需252kg石膏油腻子,用石膏粉144kg,熟桐油45kg,松香水9kg,清水54kg配成,问它们的重量配合比为多少?

解:由题意可知,组成物质配合比为:

$144:45:9:54 = (144/9):(45/9):(9/9):(54/9) = 16:5:1:6$

组成石膏油腻子重量配合比为:

石膏粉:熟桐油:松香水:清水 = 16:5:1:6

答:它们的重量配合比为16:5:1:6。

6. 某项工程有 43 扇百叶窗，规格为 $1.2 \times 0.8 m^2$，如定额规定 $10m^2$ 需 12kg 涂料，问共需多少涂料（百叶窗系数为 2.7）？

解：百叶窗工程量：$1.2 \times 0.8 \times 43 \times 2.7 = 111.46 m^2$

则需涂料：$111.46 \times 12 \div 10 = 133.75 kg$。

答：共需 133.75kg 涂料。

1.5 实际操作题

1. 漆刷的基本操作方法是什么？

答：漆刷的基本操作方法如下：

（1）蘸油。把漆刷伸入小油桶中，蘸油不超过刷毛的 2/3。为了蘸油既多又不滴落，漆刷蘸上油后应在小油桶内壁上轻轻拍打两下，使漆刷上所沾的油饱和度适宜。

（2）摊油。将带上涂料的漆刷接触被涂刷的物表面、把涂料摊在物体表面上。摊涂料时，首先将涂料在被涂面的上下方向运刷，自左至右排列，刷与刷间可留 5～6cm 的间隙，然后进行横摊或斜摊，直到摊满、摊匀。摊涂料时，对于漆刷上的富余涂料，可随时在油桶沿口上刮两下，以保持漆刷不因涂料过分饱和而流淌，使被涂面上的涂料基本平整均匀。

（3）理油。被涂刷的物面摊满涂料而又基本均匀之后，再在小油桶沿口上刮干净漆刷中的残余涂料，然后顺纹理一刷换一刷地上下理刷 1 遍，顺手将垂下来的涂料带到刷子上，刮到小油桶里。整理涂料时应注意漆刷在施涂中不能中途起落，否则会留下刷痕，使饰面不美观。在理涂时还应注意将侧边和凹凸交界处多余结存的涂料理涂均匀，以免出现流挂等现象。

2. 木地板烫蜡工艺，如何进行烫蜡？

答：木地板烫蜡工艺的烫蜡，可将 1500～2000W 的电炉倒置烘烫，但必须注意安全用电，应把电炉丝安全地接装在电炉板上，电炉板的四周要用不易燃烧的耐火绳系牢，由两人共同操作。烫蜡法操作工艺顺序为，操作时，每人用手牵拉两根绳子，把装有电炉丝的一面面向已敷蜡的地板表面。烫蜡时距离地板不可太近或太远，以 100~150mm 为宜。两人匀速牵动电炉板，使蜡受热熔化后渗入地板木材内。待整个房间的地板全部烫完后，再牵动电炉板来回重复烫几次，使蜡充分渗入到地板的木材内并使地板缝隙内的蜡饱满。

3. 外墙水溶性涂料涂饰时如何刷涂？

答：外墙水溶性涂料涂饰工艺，在刷涂时要注意以下几点。

（1）工具的使用：使用漆刷还是使用排笔可视墙面的具体情况而定。

（2）刷涂的原则：一般为从右到左，以上至下，多人接刷，互相配合。

（3）刷涂的要求：由于涂料干得较快，每次刷涂的高度应根据现场实际情况而定，以不出现接痕为原则。刷涂要求均匀、刷纹通顺，防止漏刷和刷花，发现没有化开的色浆应及时处理。

（4）普通外墙涂料两遍可成活，中高级可 3 遍成活。刷第二遍涂料必须等第一遍涂料干燥后进行。

4. 地面施涂工艺施工中出现泛自现象，产生原因及防治方法是什么？

答：地面施涂施工中，出现泛白现象，其产生原因及防止泛白的方法如下。

（1）产生原因：

1）当空气中的相对湿度超过 80% 或在低气温条件下施工时，由于涂料中的挥发性溶剂快速挥发，使涂膜温度降低，空气中的水汽就会在涂膜表面凝结而形成白雾状。溶剂挥发越快，泛白就越严重。

2）物面上附有未擦干的水分或水泥地面施工时底层未干透，刷涂时水分进入涂料中引起泛白；

3）涂料中低沸点的成分多，或稀释剂中含有水分。

（2）防止泛白的方法：

1）改变施工环境。采用各种加热措施提高施工场所的温度，或用加强通风的办法降低空气中的湿度。

2）在挥发性清漆中加入适量的防潮剂。防潮剂中含有多种挥发慢的溶剂，它能减慢挥发速度，抑制涂膜过快的降温。

3）在虫胶清漆中加入适量的松香溶液（5%～10%），可防止泛白现象。

4）发现泛白应停止施工，用碘钨灯烘烤加温，将泛白消除。如涂膜已干燥，可用该涂料的溶剂轻揩泛白处，同时用碘钨灯加温。

5）对严重泛白不能消除时，要铲去重做。

5. 清色木地板施涂工艺如何涂刷底油？

答：清色木地板施涂工艺，涂刷底油。做油基清漆面层的底油可用自备的头遍清油，或按油基清漆∶松香水＝1∶2的比例调成。若做聚氨酯类的面层，其底层抄油可将聚酯清漆类的面层涂料稀释后使用，聚氨酯漆与稀释剂的比例为1∶2。在涂刷底油时，应先刷踢脚板，后刷地板，从房间的内角开始，最后从门口退出。刷底油一定要刷均匀，刷透、无遗漏。

6. 涂料稠度的调配应该怎么调配？

答：因贮藏或气候原因，造成涂料稠度过大，应在涂料中掺入适量的稀释剂，使其稠度降至符合施工要求。稀释剂的分量不宜超过涂料重量的20%，超过就会降低涂膜性能。稀释剂必须与涂料配套使用，不能滥用，以免造成质量事故，如虫胶漆须用乙醇，而硝基漆则要用香蕉水。

7. 大白浆的如何调配？

答：（1）调配大白浆的胶粘剂一般采用聚醋酸乙烯乳液、羧甲基纤维素胶。

（2）大白浆调配的重量配合比为老粉∶聚醋酸乙烯乳液∶纤维素胶∶水＝100∶8∶35∶140。其中，纤维素胶需先进行配制，它的配制重量比约为羟甲纤维素∶聚乙烯醇缩甲醛∶水＝1∶5∶（10～15）。按照以上配比配制的大白浆质量较好。

（3）调配时，先将大白粉加水拌成糊状，再加入纤维素胶，边加入边搅拌。经充分拌和，成为较稠的糊状，再加入聚醋酸乙烯乳液。搅拌后用80目铜丝箩过滤即成。如需加色，可事先将颜料用水浸泡，在过滤前加入大白浆内。选用的颜料必须要有良好的耐碱性，如氧化铁黄、氧化铁红等。如耐碱性较差，容易产生咬色、变色。当有色大白浆出现颜色不匀和胶花时，可加入少量的六偏磷酸钠分散剂搅拌均匀。

8. 水色的调配方法是什么？

答：（1）水色的调配方法之一是以氧化铁颜料（氧化铁黄、氧化铁红等）作原料将颜料用开水泡开，使之全部溶解，然后加入适世的墨汁，搅拌成所需要的颜色，再加入皮胶水或血料水，经过滤即可使用。配合比大致是：水60%～70%，皮胶水10%～20%，氧化铁颜料10%～20%。由于氧化铁颜料施涂后物面上会留布粉层，加入皮胶水、血料水的目的是为了增加附着力。

此种水色颜料易沉淀，所以在使用时应经常搅拌，才能使涂色一致。

（2）另一种调配方法是以染料作原料，染料能全部溶解于水，水温越高，越能溶解，所以要用开水浸泡后再在炉子上炖一下。一般使用的是酸性染料和碱性染料，如黄纳粉、酸性橙等，有时为了调整颜色，还可加少许墨汁。水色配合比见下表。

水色配合比表

原料	色 相				
	柚木色	深柚木色	栗壳色	深红木色	古铜色
	质量配合比				
黄纳粉	4	3	13	—	5
黑纳粉	—	—	—	15	—
墨汁	2	5	24	18	15
开水	94	92	63	67	80

9. 石灰浆如何调配？

答：（1）调配时，先将70%的清水放入容器中，再将生石灰块放入，使其在水中消解。其重量配合比为生石灰块：水 = 1:6，待24h生石灰块经充分吸水后才能搅拌，为了涂刷均匀，防止刷花，可往浆内加入微量墨汁；为了提高其黏度，可加5%的108胶或约2%的聚醋酸乙烯乳液；在较潮湿的环境条件下，可在生石灰块消解时加入2%的熟桐油。如抹灰面太干燥，刷后附着力差，或冬天低温刷后易结冰，可在浆内加入0.3% ~ 0.5%的食盐（按石灰浆重请）。如需加色，则与有色大白浆的配制方法相同。

（2）为了便于过滤，在配制石灰浆时，可多加些水，使石灰浆沉淀，使用时倒去上面部分清水，如太稠，还可加入适量的水稀释搅匀。

10. 酒色的调配方法是什么？

答：（1）酒色同水色一样，是在木材面清色透明工艺施涂时用于涂层的一种自行调配的着色剂。其作用介于铅油和清油之间，既可显露木纹，又可对涂层起着色作用，使木材面的色泽一致。调配时将碱性颜料或醇溶性染料溶解于酒精中，加入适量的虫胶清漆充分搅拌均匀，称为酒色。

（2）施涂酒色需要有较熟练的技术。首先要根据涂层色泽与样板的差距，调配酒色的色调，最好调配得淡一些，免得一旦施涂深了，不便再整修。酒色的特点是酒精挥发快，酒色涂层因此干燥快，这样可缩短工期，提高工效。因施涂酒色干燥快，技能要求也较高。施涂酒色还能起封闭作用，目前在木器家具施涂硝基清漆时普遍应用酒色。

（3）酒色的配合比要按照样板的色泽灵活掌握。虫胶酒色的配合比例一般为碱性颜料或醇溶性染料浸于［虫胶：酒精 = (0.1~0.2):1］的溶液中，使其充分溶解拌匀即可。

11. 虫胶漆如何调配？

答：（1）虫胶漆是用虫胶片加酒精调配而成的。

（2）一般虫胶漆的重量配合比为：虫胶片:酒精＝1:4，也可根据施工工艺的不同确定，需要的配合比为：虫胶片:酒精＝1:（3～10）；用于揩涂的可配成：虫胶片:酒精＝1:5；用于理平见光的可配成：虫胶片:酒精＝1:（7～8）；当气温高、干燥时，酒精应适当多加些；当气温低、湿度大时，酒精应少加些，否则，涂层会出现返白。

（3）调配时，先将酒精放入容器（不能用金属容器，一般用陶瓷、塑料等器具）中，再将虫胶片按比例倒入酒精内，过24h溶化后即成虫胶漆，也称虫胶清漆。为保证质量，虫胶漆必须随配随用。

12. 油色的调配方法是什么？

答：（1）油色所选用的颜料一般是氧化铁系列的，耐晒性好，不易褪色。油类一般常采用铅油或熟桐油，其参考配合比为铅油:熟桐油:松香水:清油:催干剂＝7:1.1:8:1:0.6（质量比）。

（2）油色的调配方法与铅油大致相同，但要细致。将全部用量的清油加2/3用量的松香水，调成混合稀释料；根据颜色组合的主次，将主色铅油称量好，倒入少量稀释料充分拌和均匀；再加副色、次色铅油依次逐渐加到主色铅油中调拌均匀，直到配成要求的颜色；然后再把全部混合稀释料加入，搅拌后再将熟桐油、催干剂分别加入并搅拌均匀，用100目铜丝箩过滤，除去杂质；最后将剩下的松香水全部掺入铅油内，充分搅拌均匀，即为油色。

（3）油色一般用于中高档木家具，其色泽不及水色鲜明艳丽，且干燥缓慢，但在施工上比水色容易操作，因而适用于木制品件的大面积施工。油色使用的大多是氧化颜料，易沉淀，所以在施涂料中要经常搅拌，才能使施涂的颜色均匀一致。

13. 基层缺陷的修补常用修补方法有哪些？

答：在清理基层后，应及时对其缺陷进行修补。常见基层缺陷及其修补方法，见下表：

常见基层缺陷及修补方法表

序号	基层缺陷	修补方法
1	混凝土施工缝等造成的表面不平整	清扫混凝土表面，用聚合物水泥砂浆分层抹平，每遍厚度不大于9mm，总厚度25mm，表面用木抹子搓平，养护
2	混凝土尺寸不准确或设计变更等原因造成的找平层厚度增加过大	在混凝土表面固定焊敷金属网，将找平层砂浆抹在金属网上
3	水泥砂浆基层空鼓分离而不能铲除者	用电钻钻孔（0~10mm），采用不致使砂浆层分离扩大的压力，将低黏度环氧树脂注入分离空隙内，使之结。表面裂缝用合成树脂或聚合物水泥腻嵌平并打磨平整
4	基层表面较大裂缝	将裂缝切成V形，填充防水密封材料，表面裂缝用合成树脂或聚合物水泥砂浆腻子嵌平并打磨平整
5	细小裂缝	用基底封闭材料或防水腻子沿裂缝嵌平，并打磨平整；预制混凝土板小裂缝可用低黏度环氧树脂或聚合物水泥砂浆进行压力灌浆压入缝中，表面打磨平整
6	气泡砂孔	孔眼03mm以上者用树脂砂浆或聚合物水泥砂浆嵌填；3mm以下者可用同种涂料腻子批嵌，表面打磨平整
7	表面凹凸	凸出部分用磨光机研磨，凸入部分填充树脂或聚合物水泥砂浆，硬化后再行打磨平整
8	表面麻点过大	用同饰面涂料相同的涂料腻子分次刮抹平整
9	基层露出钢筋	清除铁锈做防锈处理；或将混凝土做少量剔凿，对钢筋做防锈处理后用聚合物水泥砂浆补抹平整

14. 天窗玻璃如何安装？

答：天窗玻璃的安装一般采用夹丝玻璃。安装时，顺水流方向盖叠，盖叠长度：天窗坡度大于25%时，不小于30mm；天窗坡度小于25%时，不小于50mm。盖叠处用钢丝卡固定，在盖叠缝隙处用油灰嵌实。

15. 对外墙面涂装施工要求有哪些？

答：（1）外墙涂料工程施工前，应根据实际的涂刷面积、所用涂料品种、外墙墙面情况确定所需材料用量，并保持适当余量，以保证墙面色泽，避免在修补时产生色差。颜色的选择可参考涂料用标准色卡确定，当设计的颜色超出标准色卡时可参考生产厂家色卡或颜色实样确定。

（2）施工场地往往比较混乱，为避免混淆，不同品种、色彩的涂料应分别放置。双组分涂料则应按照厂家提供的配比进行混合，搅拌均匀并在指定的时间内用完，做到随拌随用。

（3）涂料施工应当自上而下进行，防止涂刷时液滴沾污已涂刷好的墙面。分隔线应尽可能地减少接痕。脚手架支撑点应在涂料施工前清除、移位、修补，同时注意清除脚手架上的浮灰，避免污染涂刷面。

（4）涂料工程在施工工艺上规定要涂刷配套的底涂料，其作用是封闭墙面，降低基层的吸收性，使基层均匀吸收涂料，避免墙面水泥砂浆泛碱并增加涂层与基层的黏结力。如使用封闭底漆还可以降低面层涂料的用量，保证涂面的颜色均一。底漆与面漆应是同一厂家生产的，防止在工程中出现不同质量、性能的涂料混用导致事故。

（5）在涂料施工前后应当注意当地的天气状况，尽量避免涂装施工后短时间（2~3h）内刮风、下雨。不同涂料的施工温度存在差异，对于施工时的气温应符合所用涂料的规定，特别是乳液型的涂料，在成膜温度以下施工会造成涂膜龟裂。通常水性涂料的施工最好在5℃以上，以下严禁施工；溶剂型外墙涂料施工无温度限制。在气温高于35℃，湿度小的季节施涂乳液涂料时，应将基层用水润湿，无明水后施涂，否则容易出现涂层成膜过快而脱皮。采用机械喷涂时，应将不应喷涂的区域遮盖，避免造成污染。

16. 如何进行玻璃磨边操作？

答：玻璃磨边操作的方法是：

（1）用 50mm×5mm×2000mm 的角钢，将其两端封闭，使之形成一个槽形容器。

（2）槽口向上，里面放水和 280～320 目的金刚砂，将玻璃立放在槽内紧贴槽底，双手握紧玻璃来回移动，即可磨去棱角。

17. 镜面玻璃有哪些安装方法？

答：镜面玻璃的安装方法主要有贴、钉、托压等三种。

（1）贴：贴是以胶结材料将镜面贴在基层面上。适用于基层不平或不易平整的一种安装方法。宜采用点黏，使镜面背部与基层面之间存在间隙，有利于空气流通和冷凝水的排出。如采用双面胶带黏贴，则基层须平整光洁，胶带的厚度不能小于 6mm。

（2）钉：是以铁钉、螺钉为固定件，将镜面固定在基层面上。

（3）托压：托压固定主要靠压条和边框将镜面托压在基层面上。

18. 如何确定裱糊施工操作的顺序？

答：壁纸的裱糊顺序与壁纸的图案类型和裱糊部位有关，施工前应针对不同情况确定裱糊施工操作的顺序，其确定的原则为：

（1）不需要图案拼花的壁纸，其裱糊顺序为：由大墙面不引人注目的边缘或窗户的边缘顺光开始，经门、窗、墙角绕房间一周与第一幅壁纸交圈。

（2）必须图案拼花的壁纸，其裱糊顺序为：先找出房间的主要明显部位和最不显眼的部位，将壁纸上的主要图案或对壁纸外观最有保证的那一段安排在房间的主要墙面上，而将最后一幅壁纸的拼缝放置在房间最隐蔽的角落。

（3）壁画型图案的壁纸，其裱糊顺序为：为确保壁画图案的中心与墙面的中心一致，首先要计算确定墙面所需裱糊壁纸的幅数，即用墙面的宽度除以壁纸的幅宽。如为双数时，头两幅的拼缝须与墙面的中心线对齐，然后分别向两边按顺序裱糊；如为单数，则第一幅壁纸的中心须与墙面的中心对齐。

第二部分 中级建筑油漆工

2.1 填空题

1. 一般全套建筑工程施工图由总平面图、<u>建筑施工图</u>、<u>结构施工图</u>、<u>给排水施工图</u>、电器（动力照明）图、空调及专用设备安装图等组成。

2. 剖切符号，它包括<u>剖面剖切符号</u>和<u>断（截）面剖切符号</u>。

3. 剖面剖切符号应由<u>剖切位置线</u>及<u>剖视方向线</u>组成，均应以粗实线绘制。

4. 在建筑施工图纸上，钢窗用代号<u>GC</u>表示。

5. 室内隔墙主要包括<u>砖砌体隔墙</u>、加气混凝土砌块隔墙、<u>轻钢龙骨石膏板隔墙</u>、<u>玻璃隔墙</u>等。

6. 图案中的点具有一定的<u>面积</u>和形状，在图中起着标明位置的作用。

7. 万物的色彩千变万化，可以将其归为<u>原色</u>、<u>间色</u>、<u>复色</u>三类。

8. 建筑的艺术效果一般通过<u>立面形体处理</u>、<u>建筑空间处理</u>、<u>顶棚的处理</u>、楼、地面的处理、室内墙面处理及色彩等方式来体现。

9. 涂料的主要组成物质是<u>胶粘剂（膜物质）</u>、<u>颜料</u>、溶剂及辅助材料。

10. 颜料是由极微细的<u>粒子</u>组成。

11. 目前市场上的漆类有两种类型，一种为<u>乳胶型</u>，一种为稀释型。

12. 建筑涂料按涂料成分通常分为无机涂料、有机涂料、无机 - 有机复合涂料三类。

13. 涂料用的树脂从来源可分为天然树脂、人造树脂和合成树脂三类。

14. 涂料的刷涂主要分蘸油、摊油和理油三个步骤。

15. 内墙面抹灰按面积以平方米计算，应扣除内墙裙、门窗洞口和单个面积0.3m² 以外的孔洞所占的面积。

16. 外墙面抹灰工程量的计算时，窗台线、门窗套、挑檐、腰线、遮阳板等抹灰，展开宽度在300mm 以内者，按长度以米计算，执行装饰线条子目。

17. 用涂料进行颜色配合比，要调配出赭黄色，其配合比为：主色为中黄60%，副色铁红40%。

18. 建筑工程图样的绘制应根据不同情况和要求，选择合适的绘图比例和图样幅面，以确保所示物体的图样精确和清晰，这样既有利于制图，又便于使用和携带。

19. 溶剂按其溶解性能一般可分为真溶剂、助溶剂和稀释剂三种。

20. 在尺寸线与尺寸界线的相交处必须画上尺寸起止符号，尺寸起止符号一般用中粗斜短线绘制，其倾斜方向应与尺寸界线成顺时针45°角，长度宜为 2 ~ 3mm。

21. 锌灰油性防锈漆的型号用Y53-5 表示。

22. 厚白漆的型号用Y02-2 表示。

23. 酯胶地板漆的型号用T08-2 表示。

24. 浸涂工序的主要工艺参数是槽液黏度。

25. 贮存涂料的仓库，应有良好的通风和干燥条件。

26. 油刷的刷毛种类主要有纯猪鬃、马鬃、人造合成纤维和植物纤维等几类。

27. 按颜料在涂料中的作用可分为着色颜料、防锈颜料和体质颜料。

28. 门窗扇对口和扇与框间留缝宽度1.5~2.5mm。

29. 家具漆膜按生产质量可分为普级、中级、高级三个级别。

30. 阳极电泳漆是阳离子型电泳涂料。

31. 完全或主要以水为介质的涂料叫水性涂料。

32. 我国常用的木砂纸，号数愈大，磨粒愈粗。

33. 大漆是我国著名特产，大漆应贮存在干燥、阴凉、隔热、无阳光照射的地方，温度应保持在0~35℃之间，过高和过低都会使大漆变质。

34. 在整个涂饰过程中，按照打磨的作用和不同要求，可大致分为基层打磨、面层打磨以及层间打磨。

35. 三原色是指黄、蓝、红三种颜色。

36. 红丹是防锈漆中的颜料，其主要成分是四氧化铅（Pb_3O_4）。

37. 稀释剂由溶剂、助溶剂和冲淡剂三个部分组成。

38. 电场强度是静电涂装的动力，它的强弱直接影响静电涂装的效果。

39. 前处理电泳的输送方式为双摆杆。

40. 涂保护蜡工序为涂防锈蜡工序和涂保护蜡封存工序两工序。

41. 现场所用低温修补漆调配比例，底色漆：稀释剂 = 1:1；D800 清漆：D802 硬化剂：稀释剂 = 2:1:1。

42. 常用的腻子有水性腻子，油基腻子和挥发性腻子三种。

43. 采用小型喷枪工作时，喷枪头到被涂物的距离一般为15~25cm。

44. 涂料中使用的油脂主要是植物油，依照油脂干结成膜的速度可分为干性油、半干性油和不干性油。

45. 常用于油漆的染料有酸性染料和碱性染料两种。

46. 阳极系统的目的是为了及时除去阳极区产生的有机酸。

47. 涂料中使用的酚醛树脂主要有醇溶性酚醛树脂、油溶性酚醛树脂和松香改性酚醛树脂三种。

48. 一般情况下使用乙醇将虫胶溶解制成虫胶清漆。

49. 用涂料调配颜色时，红色＋蓝色＝紫色。

50. 油满是用净白面粉，石灰水和灰油配制而成，它的配合比以净白面粉：石灰水：灰油＝1：1.3：1.95为佳。

51. 涂料形态分类：固体涂料和液态涂料。

52. 电压过低会使电泳漆膜偏薄。

53. 油漆工在上岗前应掌握防毒、防尘、防火、防高处坠落的基本知识。

54. 油漆中添加固化剂的作用是使油漆中的树脂发生化学交联反应，固化成膜。

55. 有机化合物简称有机物，是指含碳元素的化合物。

56. 打磨材料中使用最广泛的是砂纸和砂布，它的磨料有天然和人造两类。

57. 油漆的颜料按其来源可分为天然颜料和人造颜料两类。

58. 调配涂料颜色时，不同种类、不同型号、不同涂料厂的产品，在未了解其成分、性能之前不要互相调色，原则上只有在同一品种和型号范围内，才能调配，以免相互反应，影响质量

59. 喷漆室的温度是：23～28℃。

60. 机床涂料的选择以考虑实用和装饰为主。

61. 抛光剂可提高漆面平整、光滑、光亮、耐久及美观，常用的抛光剂有砂蜡、上光蜡。

62. 家具涂饰工艺按其特点，大致可概括为透明清漆涂饰工艺和不透明色漆涂饰工艺两大类。

63. 合成树脂它能溶于水的道理是由于在树脂的分子链上含有一定数量的强亲水性基团。

64. 当含有可溶性铅超过5%，或干涂膜的铅基颜料含铅量达到或超过时1%，都属于含铅涂料。

65. 地仗处理，分斩砍、撕缝、下丝钉和汁浆四道工序。

66. 木地板烫蜡工艺常用的操作方法有电炉烫蜡法、喷灯烫蜡和电熨斗烫蜡等方法。

67. 色彩是光作用于物体的结果，是物体对光的反射、透射和吸收而产生的。

68. 摹仿木纹涂饰工艺，按其色彩可分为浅色和深色两种，按仿制木纹的操作方法分有机械和手工两种。

69. 涂膜的固化过程一般要经历：表干、半硬干燥、完全干燥。

70. 油漆工作完毕后，油漆溶剂桶应冲洗干净，没使用完的溶剂桶箱要加盖封严。

71. 配色时以用量大，着色力小的颜色为主，称主色。

72. 玻璃布的粘贴方法有间断法和连续法两种，应根据施工条件和要求来选用。

73. 为了减少异形玻璃裁划时的损耗，一般都在实用线周围10~15mm处裁划一条保护线。

74. 红布吸收橙、黄、绿、青、紫，反射红色了，因而使我们辨认为红色。

75. 木地板烫蜡施涂工艺，当敷蜡时，将拌和好的蜡粉用24目的筛子将粉末均匀地筛铺于木地板面上，厚度以基本盖住木板为宜。

76. 石膏拉毛是在经过基层处理的物面上满批石膏拉毛腻子，然后用特制的毛刷拍拉或用其他方法将腻子拉出毛头，形成表面凹凸均匀的花纹。

77. 贴金有两种方法，一种是古建筑贴法，另一种是民间传统贴法。

78. 控制喷涂流量的基本方法有两个，一是改变喷孔的孔径，二是改变施加在涂料上的压力。

79. 涂料描字时要逐个字描，防止涂料干燥而发生重叠现象。

80. 玻璃钢又称为玻璃纤维增强材料，它是以玻璃纤维及其制品为增强材料，以合成树脂为胶粘剂，加入多种辅助材料，经过一定的成型工艺制作而成的复合材料。

81. 由十二色相调和变化出来的大量色相统称为有彩色。

82. 由于广漆的漆膜干燥主要靠生漆，而生漆的干燥主要同气候条件有关。

83. 拉毛腻子配制得好与差，特别是它的稠度直接影响到拉毛的质量。

84. 在玻璃纤维生产过程中，有一道浸涂浸润剂这道工序，浸润剂主要有石蜡型及醋酸乙烯型浸润剂两种。

85. 除锈的方法有手工、机械、化学三种。

86. 用油性涂料划的线称油线，用水性涂料划的线称粉线。

87. 防霉涂料施涂前应对基层进行清理，如基层表面有霉变现象必须用铲刀清除干净，并用肥皂水擦洗干净，然后再用清水清洗干净，保持基层表面干燥。

88. 一种原色和另外两种原色调配成的间色互称为补色和对比色。

89. 广漆的正常干燥过程是，涂刷后在 6~8h 内指触不粘即表面干燥，12~24h 漆膜基本干燥，一星期内手摸有滑爽感，则说明漆膜完全干燥，两个月后即可使用。

90. 无光漆涂刷使用的是不脱毛的排笔，涂刷的手法一般是：一铺、二横均、三理通拔直。

91. 根据使用功能的需要，有的玻璃在安装前需作钻眼加工，常用的钻头一般有金刚石空心钻、超硬合金玻璃钻、自制钨钢钻三类。

92. 静电喷涂法式以接地的被涂物为阳极，涂料雾化器或电栅作为阴极，接上负高电压，在两极间形成高电场。

93. 玻璃钢地面、墙面在施工现场一般采用手糊法施工。此方法操作简单．造价低，但质量不够稳定，工效低。

94. 不同颜色的物体，其反光能力也不同，一般地说，色彩的明度越高，反射能力也越强，反之，越低。

95. 油色底广漆面施涂工艺，刷油色加色一般采用油溶性染料、各色厚漆或氧化铁系颜料调成后用 80 ~ 100 目铜筛过滤即可涂刷。

96. 由于无光漆涂料中的固体含量在 50% 以下，调制的溶剂主要是松香水，调制成的成品又较稀薄，故俗称为"香水油"。

97. 胶老粉石膏拉毛腻子适用于水泥抹面及纸筋灰抹面，并采用水性涂料作为罩面涂料的饰面。

98. "高喷"施涂操作工艺中的基层处理时，对局部较小的洞缝、麻面等缺陷，可采用聚合物水泥腻子嵌补平整，常用的腻子可用425 号水泥与107 胶（或801 胶）配制。

99. 涂膜的干燥可分为自然干燥、烘干、照射固化三种。

100. 虫胶清漆的最佳施工温度是25℃左右，相对湿度在80% 以下。

101. 白色的反射率为84% 。

102. 油色底广漆面施涂工艺，刷豆腐底色的目的，主要是对木基层染色，保证上漆后色泽一致。

103. 丙烯酸树脂是各种甲基丙酸酯和甲基丙烯酸共聚而成。其色白不易泛黄，透光性好，具有良好的耐气候性、耐光性、耐热性、防霉性和附着力，用以配制高级涂料。

104. 手工区的风速不能过高，一般不超过0.6m/s。

105. 喷雾图样度用椭圆长径表示。

106. 处理喷彩砂工艺要求墙面基层的含水率小于8% ，pH 值小于9。

107. 油基颜料适用于配制油性的涂料而不适用调制硝基涂料。

108. 豆腐底两道广漆面施涂工艺，当白木染色时，材料用嫩豆腐和生血料加色配成，加色颜料根据色泽而定。

109. 聚氨酯漆是聚氨基甲酸酯漆的简称。主要成膜物是中基二异纸酸酯。

110. 一般常用喷枪是由喷头、调节部分、枪体三部分构成。

111. 配置涂料用的辅助添加剂有流平剂、防缩孔剂等。

112. 要正确地判断所调制的涂料与样板色的成色差。一般讲油色宜浅一成，水色宜深三成左右。

113. 石膏拉毛涂饰工艺中的嵌批拉毛腻子划分粗、中、细拉毛的区别在于腻子嵌批厚度不同。

114. 调配丙烯酸漆应正确选择稀释剂：施工现场常用成品稀释剂来调配丙烯酸漆，型号为X-5。该稀释剂稀释性能良好，挥发速度适中。

115. 红木揩漆工艺按其木质可分为：红木揩漆、香红木揩漆、杂木仿红木揩漆工艺。

116. 对流烘干设备是利用热空气为热载体，通过对流方式将热量传递给工件和涂层。

117. 在喷涂时，涂料的供给方式有重力式、吸上式、压送式三种。

118. 调配各色涂料颜色是按照涂料样板颜色来进行的。

119. 彩弹所用的涂料均系酸、碱性物质，故不准用黑色金属做的容器盛装。

120. 虫胶清漆打底操作时，其重量配合比为：虫胶:酒精＝1:6。

121. 丙烯酸漆是由甲基丙烯酸酯、烯酸酯的共聚物为主要成膜物，加入颜料、溶剂和辅助材料配制而成。

122. 水磨退光是整个退光漆磨退工艺过程中最重要的一环，要认真对待。通过破粒，待漆膜充分干燥后，用600号水砂纸蘸肥皂水用手工精心轻磨、短磨。

123. 涂四杯是用来测量涂料的黏度。

124. 高压无气喷涂的动力源有压缩空气源、油压源、电源。

125. 多彩内墙涂料饰面层是由底涂料、中涂料、面涂料三层组成。

126. JH801无机涂料是以硅酸钾溶液为主要成膜物质，加入石英粉填料、表面活性剂、着色颜料调制而成。

127. 喷漆用的设备有气泵、滤气罐、风管和喷枪等。

128. 硝基漆是以硝化棉、油改性醇酸树脂、氨基树脂为主要成膜材料，加入成膜助剂、增韧剂或掺加部分填充料、颜料、经混炼砂磨配制而成。

129. 裱糊绸缎墙布使用的清油是用油基清漆∶松香水＝0.8∶1调配制成。也可用热桐油∶松香水＝1∶2.4调配。

130. 在木质面清色漆施涂的拼色和修色中，常用的材料有水色、油色、酒色三种。

131. 液力旋压喷漆室采用消水式漆雾捕集装置。

132. 为了保护色漆层、提高面漆层光泽及装饰性，面漆层的最后一道涂清漆，这一工序称之为罩光。

133. 根据来源不同油料可分为植物油、动物油和矿物油三种，用于涂料的主要是植物油。

134. 所谓稀释剂，即本身对油料或树脂不能溶解，但用于某种涂料中可稀释其他树脂或油料，使涂料黏度降低，起冲淡和稀释作用。

135. 各色过氯乙烯磁漆是由过氯乙烯树脂、醇酸树脂、颜料、增韧剂和酯、酮、苯类溶剂制成。

136. 防治涂膜粉化调制漆液黏度要适中，底、面层涂料应配套，防止内用涂料外用。

137. 虫胶清漆带浮石粉理平见光施涂工艺，嵌填虫胶腻子的目的主要是将钉眼、裂缝、缺损修补平整。

138. 半干性油涂膜干燥较慢，其干燥后的涂膜能重新软化及溶解，较易溶于有机溶剂。

139. 二甲苯在醇酸漆中能溶解醇酸树脂，它是醇酸漆的真溶剂，但在硝基漆中它不能溶解硝酸纤维素，而只能稀释硝酸纤维素及该漆中的其他树脂，故称为稀释剂。

140. 各色丙烯酸磁漆是由甲基丙烯酸酯、甲基丙烯酸、丙烯酸共聚树脂等分别加入颜料、氨基树脂、增韧剂、酯、酮、醇、苯类溶剂制成。

141. 涂漆后从溶剂挥发到初期结膜阶段，由于溶剂的急剧挥发，漆膜本身来不及补足空档，而形成一系列小穴即针孔。

142. 壁纸裱糊预防出现不垂直现象的措施，应在贴第一张壁纸前应先在墙面上吊垂直线，并弹出粉线，再用铅笔在粉线上描一条直线，裱糊第一张壁纸时纸边必须紧靠此线。如遇上阴角不垂直，对每一面墙面贴第一张壁纸前都应挂划垂线。

143. 润粉的目的是将木面的棕眼填实和木面着色。

144. 树脂可以是半固态、假固态。

145. 松节油对油料和松香来说是真溶剂，但对硝酸纤维素来说，就不是真溶剂，因为它不溶解硝酸纤维素。

146. 常用内外墙合成树脂乳胶漆以水作为分散介质，完全不用油脂和有机溶剂，调制方便，不污染空气，不危害人体。

147. 防治涂膜出现针孔的措施是，腻子层经涂刮及打磨后，表面要光滑。最好先喷两道底漆，再喷面漆，以填塞腻子层针孔。

148. 对所用的壁纸和裱糊的墙面未进行仔细地观察和计算而盲目进行操作。特别对阴角的叠缝和门窗框两边的花饰未作水平对应，造成花饰不对称。

149. 调配胶粉腻子比例为水∶胶（用龙须菜熬制的成品）∶老粉∶颜料 = 25∶15∶60∶适量。

150. 颜料是一种有色的细微粉末状固体，不溶于水，微溶于其他有机溶剂，但能均匀地分散在水和油中。

151. 溶剂的挥发速度对涂料的成膜质量影响很大。挥发速度太快，容易使漆膜产生刷纹、针孔、泛白、麻点、结皮、粗糙等。

152. 合成树脂乳胶漆用于内外墙时，涂层结膜迅速，在常温下（25℃左右）30min 内表面即可干燥，120min 内可完全干燥成膜。

153. 涂刷物面潮湿，木材本身含有的芳香油或松脂的挥发而产生起泡。

154. 壁纸裱糊花饰不对称的防治措施，在准备裱糊壁纸的房间，首先观察有无对称部位，如有，则要仔细设计排列壁纸花饰。裁割壁纸后，应先粘贴对称部位，并将搭缝挤入阴角处。

155. 调配油粉腻子的比例为熟桐油：松香水：老粉：颜料 = 4：26：70：适量。

156. 颜料在涂料中是次要的成膜物质，不仅有着色和遮盖作用，而且能改善涂层的物理、化学性能，提高漆膜的附着力和防锈性能，有的还可以反射紫外线，从而增强涂膜的耐候性和耐久性。

157. 溶剂闪点在25℃以下的就是易燃品。

158. 醋酸乙烯乳胶漆以水作分散介质，无毒、无臭味、不燃。

159. 基层腻子未完全干燥，凝在腻子中的水分受热蒸发而使涂膜起泡。

160. 壁纸裱糊出现离缝，其产生原因主要是壁纸在粘贴前的湿水率不均匀，或一次湿水过多，而且粘贴的前后时间过长，造成壁纸湿胀度的差异，易形成离缝疵病。

161. 修色和拼色主要是将腻子疤和异样色块修拼成统一的颜色。

162. 颜料按种类可分为着色颜料、体质颜料、防锈颜料三大类。

163. 溶剂沸点在100℃以下称为低沸点溶剂，如丙酮、乙酸乙酯。此类溶剂挥发迅速，漆膜表面干燥快，但用量过多时，容易引起漆膜发白，流平性差，使漆膜产生不平润的现象。

164. SB12-31苯丙乳胶漆，漆膜附着力、耐候、耐水、耐碱性均好，且有良好的保光、保色性。

165. 涂膜防止出现起泡的措施是，在潮湿及经常接触水的部位涂刷油漆时，应选用水性涂料。

166. 防治涂膜出现失光的措施是，选择与施工条件和环境相适应涂刷材料。

167. 壁纸裱糊出现离缝的预防措施，在粘贴前壁纸要先湿水，同类壁纸湿水的时间和数量应相等，一次不宜湿水过多。湿水后按花饰上下、朝向按序放好备用。

168. 着色颜料主要能使涂料具有色彩和良好的遮盖力，还可以提高涂料的耐候性和耐久性。

169. 由于苯的毒性较大，长期接触易引起苯中毒，使人体的白血球下降，故已限用。

170. 乙丙乳胶漆用水稀释，无毒、无味，易加工，易清洗，可避免因使用有机溶剂而引起的火灾和环境污染。

171. 涂膜出现失光现象，其产生原因是油漆内加入过多的稀释剂或掺入不干性稀释剂。

172. 壁纸裱糊表面出现皱纹凸起，又很难展平，其产生的主要原因是壁纸湿水不均匀。

173. 一般讲，在修色和拼色中用水色比酒色为好。

174. 体质颜料是用来增加涂膜的厚度，使涂膜有丰满感，能提高涂膜的耐磨性和耐久性。

175. 二甲苯可作为醇酸氨基、硝基、过氯乙烯、丙烯酸等涂料的稀释剂。又可作为聚苯乙烯、氧化橡胶涂料的溶剂。

176. 丙烯酸酯乳胶漆，其突出特点是涂膜光泽柔和，耐候性、保光性、保色性都很优异，在正常情况下使用，其涂膜耐久性估计可达5～10年以上。

177. 涂膜产生发笑的原因是，油漆使用的干性油过稠，基层表面太光滑。

178. 壁纸裱棚后对出现死褶的处理方法，当发现有死褶时，若壁纸尚未完全干燥，可把壁纸揭起来重新裱糊；若已经干结，只能将壁纸撕下来，把基层清理干净后再进行裱糊。

179. 虫胶清漆带浮石粉揩涂完成后需经24h，使涂膜充分干燥和沉陷，再用1:8的虫胶清漆顺木纹拨理出光即可。

180. 揩涂硝基漆时，每次揩涂不允许原地多次往复，以免损坏下面未干透的漆膜，造成咬起底层。

181. 防锈颜料能使涂料具有良好的防锈蚀性能，延长物件的使用寿命，它是防锈底漆的主要原料。

182. 酮类溶剂以合成树脂的溶解力很强，主要用于溶解硝基纤维素等。

183. 仿瓷涂料是一种新型无溶剂涂料。它填补了一般涂料在某些性能上的不足，涂刷后的表面具有瓷面砖的装饰效果。

184. 对过度光滑引起的局部发笑可用干水砂纸打磨后再进行涂刷。

185. 施工组织设计是施工单位用以直接指导现场工程施工活动的技术文件，它一经批准，必须严格执行，如需更改，应变更和编制补充方案，再经批准方能实施。

186. 虫胶清漆带浮石粉理平见光施涂工艺，上光蜡，即用细纱将油蜡均匀地涂于膜面，待其稍干后将油蜡收净出光即可。

187. 揩涂硝基漆时，移动棉花球切忌中途停顿，否则会溶解下面的漆膜。

188. 溶剂是一些能够溶解和稀释油料或树脂的挥发性液体。

189. 在使用各种涂料时必须选择相适应的溶剂，否则涂料就会发生沉淀、析出、失光和施涂困难等问题。

190. 仿瓷涂料施工后，保养期为7d，在7天内不能用沸水或含有酸、碱、盐等液体浸泡，也不能用硬物刻划或磨涂膜。

191. 涂膜产生渗色的原因是，喷涂硝基漆时，溶剂的溶解力强，下层底漆有时透过面漆，使上层原来的颜色被污染，如底层漆为红色漆，而上层涂其他浅色漆，红色浮渗，使白漆变粉红，黄色漆变橘红等。

192. 正确选择施工方案是施工组织设计的核心，它对主要的分部分项和技术复杂、结构特别重要的分部分项，从技术上和组织管理上进行统筹规划。

193. 揩擦浅色家具不能用深色虫胶清漆，以免将颜色揩深揩花。

194. 揩涂硝基漆最后一遍时，应适当减少圈涂和横涂的次数，增加直涂的次数，棉花球团蘸漆量也要少些。

195. 溶剂能溶解和稀释涂料中的成膜物质（油料和树脂），降低涂料的黏度，便于施工。

196. 液态催干剂在常温下应该能够均匀地扩散在清漆或磁漆中。

197. 丙烯酸酯外墙涂料，它是国内外建筑外墙涂料的主要品种之一，其装饰效果良好，使用寿命约在10年以上。

198. 涂膜出现渗色的预防方法是，可用相近的浅色漆作底漆，或采用虫胶清漆或血料作封闭层。

199. 建筑施工企业是从事建筑产品生产活动，进行独立经济核算的基本经济组织。

200. 硝基清漆俗称蜡光，是以硝化棉为主要成膜物质的一种挥发性涂料。

201. 为保证硝基漆的施工质量，操作场地必须保持清洁，并尽量避免在潮湿天气或寒冷天气施工，防止泛白。

202. 溶剂能提高涂料的储存稳定性，防止成膜物质产生凝胶，在密封的涂料包装桶内充满溶剂的蒸汽，可防止涂料表面结皮。

203. 液态催干剂颜色浅，不加深油性白涂料的颜色。

204. 气化橡胶涂料施工不受气温条件的限制，可在50℃高温或零下70℃低温环境中施工。

205. 腻子翻皮产生的原因是，在混凝土或抹灰基层的表面有灰尘未清除干净。

206. 班组管理的主要内容是落实岗位责任制做好经济核算工作，努力提高工作效率和经济效益。

207. 硝基清漆理平见光工艺是一种透明涂饰工艺，用它来涂饰木面不仅能保留木材原有的特征，而且能使它的纹理更加清晰、美观。

208. 为了提高硝基清漆的漆膜的平整度、光洁度，先用水砂纸湿磨，然后再抛光，使漆膜具有镜面般的光泽。

209. 溶剂能改善漆膜流平性，使漆膜厚薄均匀，避免刷痕和起皱现象，使涂层平滑光亮。

210. 锰催干剂对白漆不能采用，因为它能使颜色变深，容易泛黄，因此常与其他催干剂混合使用，单独使用量为含油量的 0.12%。

211. 水乳型环氧树脂外墙涂料的特点是与基层墙面黏结牢固，涂膜不易粉化、脱落，有优良的耐候性和耐久性。

212. 腻子翻皮的预防方法是，清除混凝土或抹灰基层表面的灰尘，涂刷隔离剂。

213. 班组要通过加强施工计划管理，确保施工任务的完成。

214. 有些木材遇到水及其他物质会变颜色，有的木面上有色斑，造成物面上颜色不均，影响美观，需要在涂刷油漆前用脱色剂对木材进行局部脱色处理，使物面上颜色均匀一致。

215. 硝基清漆用水砂纸湿磨时可加少量肥皂水砂磨，因肥皂水润滑性好，能减少漆尘的黏附，保持砂纸的锋利，效果也比较好。

216. 所谓真溶剂即对油料或树脂能直接起溶解作用。

217. 不干性蓖麻油使用在硝酸纤维素内时，它能分散成很细的油粒，均匀地分布在硝酸纤维的空隙内，所以使漆膜具有弹性，也就是增加漆膜的柔韧度。

218. 油基漆中广泛使用的是松香树脂加干性油料，它们的配合比例也即树脂与油料的比例，对涂膜的性质和成活质登有很大的影响。

219. 浆膜表面上部分或个别外颜色改变，产生的主要原因，混凝土或抹灰基层有沥青油迹、油漆印、色粉笔印、烟熏油迹等污物未处理干净，喷浆后浆膜覆盖不住底色，底色反到面层，或咬掉浆膜本身的颜色，产生新的色相。

220. 通过施工任务单，可以把建筑施工企业的各项技术经济指标分解为小组指标落实到班组和个人，保证施工计划的顺利进行。

221. 去除木毛采用湿法，是用干净毛巾或纱布蘸温水揩擦白坯表面，管孔中的木毛吸水膨胀竖起，待干后通过打磨将其磨除。

222. 所谓助溶剂，即其本身不能直接溶解油料或树脂，但与其他真溶剂配合使用时，它可以帮助溶剂来溶解，也就是说，它对油料或树脂具有潜在的溶解力，因此也叫做潜溶剂。

223. 分散剂具有抗絮凝或降低絮凝力的作用，既可以帮助漆料润湿颜料，提高研磨分散效率，又可以起到稳定颜料中均匀分散系统的作用。

224. 硝基漆中加入合成树脂能提高成膜物质的固化含量，增加涂膜硬度、柔韧性光泽和附着力，改善了硝基漆的涂膜性能，提高成活质量。

225. 预防浆膜出现咬色措施是，混凝土基层有裸露的铁件时，若不能挖掉，必须刷防锈漆和白厚漆。

226. 劳动保护的"五项规定"即关于安全生产责任制；关于安全技术措施；关于安全生产教育；关于安全生产定期检查；关于伤亡事故的调查处理。

227. 刷虫胶清漆要用柔软的排笔，顺着木纹刷，不要横刷，不要来回多理（刷）以免产生接头印。

228. 硝基清漆漆膜经过水砂纸打磨后，漆膜表面应是平整光滑、显文光、无砂痕。

229. 豆腐底两道广漆面施涂工艺，白木染色，加色颜料根据色泽而定，如做金黄色可用酸性金黄。

230. 涂料的成膜原理有的是因溶剂挥发而成膜，有的是常温或加热条件下干结而成膜，还有些则要在施工中加入一些酸、胺或有机过氧化物与成膜物质起化学反应，才能固化成膜，这些酸、胺有机过氧化物就是固化剂。

231. 为防止涂料发生沉淀，在涂料制造调配时要考虑用轻质颜料悬浮重质颜料来减缓沉淀。

232. 预防浆膜出现反碱的措施是，对局部潮湿反碱处，可用喷灯烘干后及时用<u>虫胶清漆</u>作封闭处理。

233. 班组长的安全责任是，经常对本班组人员进行安全教育，<u>狠抓有关安全规程的学习和落实</u>。

234. 硝基清漆理平见光及磨退施涂工艺，将木材表面的虫眼、钉眼、缝隙等缺陷用调配成与木基同色的<u>虫胶腻子</u>嵌补。

235. 硝基清漆漆膜经过水砂纸湿磨后，漆面现出文光，还必须经过<u>抛光</u>这道工序，首先擦砂蜡，用精回<u>丝</u>蘸砂蜡，顺木纹方向来回擦拭，直到表面显出光泽。

236. 刷漆要按基本操作要求步骤进行。每刷涂一个物件，必须<u>从难到易，从里到外，从左到右，从上到下</u>的程序逐一涂刷。

237. 石膏拉毛接缝最好留在<u>阴角及隐蔽处</u>，此时用鬃刷不方便，可用鸡毛刷代替。

238. 由于色漆中所用颜料的密度和粒径大小不同，因此在漆膜固化过程中颜色沉降速度不同。密度大、颗粒粗的颜料沉降较快，所以当涂膜干燥后所呈现的颜色已不是原配方所需的颜色，而是颗粒细、密度小的颜料成为整个色彩的主要颜料，但表面仍均匀一致，这种现象称为<u>浮色</u>。

239. 在颜料中以<u>钛白</u>的白度和遮盖力最为优异。

240. 混凝土或基层表面抹灰太光滑，<u>未清除干净</u>或油污、尘土、隔离剂等，浆膜附着不牢固，浆料胶性较大，而漆膜表面较厚，均容易起皮。

241. 班组安全员的责任是，<u>经常检查生产现场和设备</u>、施工机具的安全装置。

242. 硝基清漆理平见光及磨退施涂工艺，嵌补虫胶腻子，考虑到腻子干后会收缩，嵌补时要求填嵌<u>丰满、结实，要略高于物面</u>，否则一经打磨将成凹状。嵌补的面要尽量小，注意不要嵌成半实眼，更不要漏嵌。

243. 聚氨酯清漆刷亮与磨退施涂工艺，揩抹水老粉时，用力要均匀，应做到快速、整洁、均匀、干净，同时要防止木纹擦伤或漏抹。

244. 在清水活和半清水活的施工中，用于木材面上染色剂的调配主要是水色、酒色和油色的调配。

245. 醇酸清漆适用于室内外木器表面和作醇酸磁漆表面罩光用。

246. 涂膜表面粗糙，不但影响美观，还会造成粗粒凸出，使部分涂膜提前损坏。造成涂膜粗糙的原因之一是颜料颗粒过粗或研磨的细度不够。

247. 浆膜出现起皮的预防方法是，混凝土基层表面有灰尘时应清扫干净，有隔离剂、油污等时，可用5% ~ 10% 的火碱溶液涂刷 1 ~ 2 遍，然后再用清水洗净。

248. 油漆工安全教育的重点应放在防火、防爆、防苯中毒和高空作业防摔跌方面。

249. 通过润粉这道工序，可以使木面平整，也可调节木面颜色的差异，使饰面的颜色符合指定的色泽。

250. 聚胺醋清漆刷亮与磨退施涂工艺，施涂第一遍聚胺酯清漆时要排笔，顺着木纹涂刷，宜薄不宜厚，施涂要均匀，防止漏刷或流坠。

251. 刷涂水色的目的是为了改变木材面的颜色，使之符合色泽均匀和美观的要求。

252. 硝基木器清漆漆膜具有很好的光泽，可用砂蜡、光蜡抛光、但耐候性差，适用于中、高级木器表面、木质缝纫机台板、电视机、收音机等木壳表面涂饰。

253. 在涂料中使用挥发性快的的溶剂易产生涂膜皱纹。

254. 浆膜表面粗糙产生的原因是，基层处理和腻子批刮不平整，腻子打磨后未刷封底涂料。

255. 班组质量员的职责，应宣传贯彻"百年大计、质量第一"的思想，督促执行质量管理制度。

256. 硝基清漆理平见光及磨退施涂工艺，刷第二道虫胶清漆时要顺着木纹方向由<u>上至下</u>、<u>由左至右</u>、<u>由里到外</u>依次往复涂刷均匀，不出现漏刷、流挂、过楞、泡痕，榫眼垂直相交处不能有明显刷痕，不能留下刷毛。

257. 聚氨酯清漆刷亮与磨退施涂工艺，待最后两遍罩面漆干透后，用400~600号水砂纸蘸肥皂水打磨。打磨时用力要均匀，要求<u>磨平</u>、<u>磨细腻</u>、<u>把光泽全磨倒</u>、<u>磨滑</u>，并用湿毛巾揩净。

258. 因调配用的颜料或染料用水调制，故称水色，它常用于木材面<u>清水活和半清水活</u>，施涂时作为木材面底层染色剂。

259. 硝基内用清漆，漆膜干燥快，有较好的光泽，但户外<u>耐久性差</u>，适用于室内木器涂饰，也可供硝基内用磁漆罩光。

260. 在涂料制造中溶剂<u>加得太多</u>，颜料成分冲淡就会造成失光和<u>露底</u>现象。

261. 乳胶涂料涂膜产生流挂的原因是，<u>涂刷不均匀</u>。

262. 施工操作人员，要<u>严把质量关</u>不合格材料不使用，不合格工序不交接，不合格工艺不采用，不合格工程不交工。

263. 硝基清漆理平见光及磨退施涂工艺，刷水色是把按照样板色泽配制好的染料刷到<u>虫胶漆涂层</u>上。

264. 使用各色聚氨酯磁漆时，必须按规定的配合比来调配，并应注意在不同的施工操作或环境气候条件下，适当调整<u>甲、乙组分</u>的用量。

265. 由于氧化铁颜料施涂后物面上会留有粉层，加入<u>皮胶、血料水</u>的目的是为了增加附着力。

266. 丙烯酸木器漆主要成膜物质是甲基丙烯酸不饱和聚酯和甲基丙烯酸改性醇酸树脂，使用时按规定比例混合，可在常温下固化，漆膜丰满，光泽好，<u>经打蜡抛光</u>后，漆膜平滑如镜，经久不变。

267. 涂料的选用首先应根据施涂的对象来定，其次是考虑施涂对象所处的环境等影响，这是确保成活质量的<u>关键</u>。

268. 乳胶涂料涂膜产生流挂的预防措施为，应使涂料黏度适中，控制施涂厚度，一般厚度为 $20 \sim 25mm$ 为宜（指干膜）。

269. 班组施工技术管理责任制，对新技术、新工艺、新方法及特殊要求的，要做好<u>示范</u>。

270. 刷过水色的物面要注意防止<u>水或其他液态的溅污</u>，也不能用湿手（或汗手）触摸，以免破坏染色层，造成不必要的返工。

271. 丙烯酸木器清漆施涂工艺，若用虫胶清漆作底层漆，用醇酸清漆作中间涂层，再用丙烯酸清漆作面漆，经实践证明，这三者之间有<u>很好的附着力和结合力</u>，能达到施工质量的要求。

272. 聚氨酯清漆适用于<u>木器家具、地板</u>、甲板等涂饰。

273. 涂料的配套，要求彼此之间有一定的结合力，底层涂料又不会被面层涂料咬起。因此底层涂料应选择<u>坚硬、耐久性好的</u>，它既经得起上层涂料的溶解，又要与上层涂料有较好的附着力。

274. 乳胶涂料涂膜发花产生的原因，主要是在施工中由于涂刷不均匀，厚薄不均匀，施工技术不熟练等都会造成<u>颜色深浅不一</u>。

275. 材料消耗定额是建筑安装工程在合理、节约使用材料的前提下，单位产品生活过程中需消耗的<u>材料数量标准</u>。

276. 拼色时，先要调配好含有<u>着色颜料和染料</u>的酒色，用小排笔或毛笔对色差部位仔细地修色，修色时用力要轻，结合处要自然。

277. 硬木地板虫胶清漆打蜡施涂工艺，硬木地板原材料必须干燥，铺贴的木面<u>平整、光滑、无创刀</u>和砂纸打磨划痕。

278. 各色油性调和漆是由干性油、颜料、体质颜料经研磨后加催干剂、<u>200 号溶剂汽油或松节油</u>制成。

279. 刷漆时，涂漆过多而又未涂刷均匀；刷毛太软，漆液又稠，涂不开，易造成<u>流坠</u>。

280. 乳胶涂料涂膜发花的预防古法，对基层含水率应 $<10\%$，pH 值 <10，为使基层吸收涂料均匀，最好施涂<u>封闭底</u>

漆，对于外墙乳胶涂料的施工，这点很重要。

281. 班组应实行工具管理的赔偿与奖励制度。凡个人使用的工具，由个人负责保管，凡丢失或人为损坏者，按价赔偿。

282. 拼色后的物面待干燥后同样要用砂皮细磨一遍，将黏附在漆膜上的尘粒和笔毛磨去。注意打磨要轻，不要损坏漆膜。

283. 对木地板较大的拼缝、洞眼等缺陷，先要用较硬的石膏油腻子嵌补平整，待干燥后再满批腻子。

284. 氧化铁水色颜料易沉淀，所以在使用时应经常搅拌，才能使涂色一致。

285. 各色酚醛调和漆是由长油度松香改性酚醛树脂与着色颜料、体质颜料经研磨后，加催干剂、200 号溶剂汽油制成。

286. 底漆未干透而过早涂上面漆，甚至面漆干燥也不正常，影响内层干燥，延长干燥时间造成漆膜发黏。

287. 壁纸裱糊出现起泡的原因，是由于涂刷糨糊时有遗漏，壁纸粘贴后空气聚集在没有糨糊的部位，使这一部位的壁纸与墙面脱离，形成鼓包。

288. 对木制品的基层处理既是头道工序，也是整个工艺的重要一环，因为基层处理的好坏直接影响到涂层的质量、附着力、耐久性和美观程度。

289. 注意硝基清漆挥发性极快，如发现有漏刷，不要忙着去补，可在刷下一道漆时补刷。

290. 硬木地板虫胶清漆打蜡施涂工艺，在施涂第一遍虫胶清漆时，要检查硬木地板和踢脚板相互之间的颜色与样板颜色是否相似，如色差较大，就要用稀虫胶清漆和颜料（即酒色），进行拼色，对色差较大的腻子症也应在这道工序进行修色。

291. 水色的特点是：容易调配，使用方便，干燥迅速，色泽艳丽，透明度高。但在配制中应避免酸、碱两种性质的颜料同时使用，以防颜料产生中和反应，降低颜色的稳定性。

292. 各色酚醛地板漆是由中油度酚醛漆料、铁红等着色颜料、体质颜料经研磨，加催干剂、200 号溶剂汽油等制成。

293. 涂膜粗糙的产生原因是涂料贮存过久造成树脂凝聚。

294. 壁纸裱糊产生不垂直的原因，在贴第一张壁纸时未做垂线，或者操作中举握不准确，依次继续裱糊多张壁纸后，偏离越来越严重，特别是有花饰的壁纸更为明显。

295. 虫胶清漆带浮石粉理平见光施涂工艺施工时，刷第一遍虫胶清漆质量配合比为虫胶漆片：酒精 =1：6。

296. 用棉花团揩涂硝基漆的形式有圈涂、横涂、理涂三种。

297. 硬木地板聚氨酯耐磨清漆施涂工艺，在涂刷底油时，应先涂刷，踢脚板，后涂刷地板，从房间的内角开始从门口退出刷底油一定要刷均、刷透、无遗漏。

298. 调配时将喊性颜料或醇溶性染料溶解于酒精中，加入适量的虫胶清漆充分搅拌均匀称酒色。

299. 各色醇酸磁漆是由中油度醇酸树脂、颜料、催干剂、有机溶剂制成。

300. 防治漆膜粗糙措施之一是在刮风或有灰尘的场所不得进行施工，刚涂刷完的油漆应防止尘土污染。

2.2 选择题

1. 通过建筑工程图纸的剖面图可以了解以下 A、B、C、D 的构造。

A. 屋面　　B. 顶棚　　C. 楼面　　D. 地面

2. 构成图案的三要素是 A、B、D 。

A. 点　　B. 线　　C. 体　　D. 形

3. 下列属于挥发性配料的是 C 。

A. 颜料　　B. 树脂　　C. 溶剂　　D. 膜物质

4. 下列底漆中属于物理性覆盖达到防腐效果的是 B 。

A. 侵蚀底漆　　　　B. 环氧底漆

C. 聚氨酯底漆　　　D. 真空镀膜底漆

5. 短油度是指树脂与油的比例为 A 。

A. 1：2 以下　　B. 1：3 以上　　C. 1：2～3　　D. 1：2～2.5

6. 以下油度的油基漆在只能在室内可使用的是 D 。

A. 短油度　B. 中油度　C. 长油度　D. 短油度和中油度

7. 下列合成树脂有受热后软化而冷却后硬化特性的是 B 。

A. 热固性树脂　　　B. 热塑性树脂

C. 天然合成树脂　　D. A 和 C

8. 涂装有以下几方面的功能：保护作用、C 、特种功能。

A. 标制　　B. 示温　　C. 装饰作用　　D. 具有色彩

9. 汽车涂装的目的是使汽车具有优良的耐腐蚀性和 A ，以延长其使用寿命，提高其商品价值。

A. 高装饰性外观　B. 耐候性　C. 鲜映性　D. 耐擦伤性

10. 涂料常规性能试验主要有 C 、施工性能、涂膜性能三个方面。

A. 细度　　B. 黏度　　C. 原漆性能　　D. 固体分

11. 在涂料的组成中，加有大量体质颜料的稠厚浆体称为 C 。

A. 色漆　　B. 磁漆　　C. 腻子

12. 采用涂料涂膜的金属防腐蚀方法属于 B 。

A. 钝化　　B. 覆膜　　C. 屏蔽　　D. 阴极保护

13. 使用耐水性高，吸潮性大的涂料施工，易出现 B 现象。

A. 桔皮　　B. 霜露　　C. 咬底　　D. 流柱

14. 涂—4 杯黏度计的容积是 B mL。

A. 50　　B. 100　　C. 150　　D. 200

15. 清漆中主要配料是 B 。

A. 颜料　　B. 树脂　　C. 稀释剂

16. 铁黑是 B 颜料。

A. 无机红色　B. 无机黑色　C. 有机黑色　D. 氧化铁

17. C 是涂料中使用最早的成膜材料，是制造油性涂料和油基涂料的主要原料。

A. 油　　B. 脂　　C. 油脂　　D. 松香

18. 建筑图纸中，主要表示出内部的结构形式、分隔情况与各部位联系的是 A 。

A. 平面图　　B. 立面图　　C. 剖面图　　D. 标准图

19. 乳胶涂料是以水为 D 的涂料。

A. 辅助材料　　B. 稀释剂　　C. 溶解剂　　D. 分散介质

20. 在电泳过程中，当槽液的颜基比下降时，可采用 B 的方法调整。

A. 超滤　　　　　B. 添加色浆

C. 添加乳液　　　D. 改变工作电压、温度

21. 涂料一般包括底漆、中涂、面漆、抗石击涂料、 A 、腻子及修补涂料。

A. 密封涂料　　B. 特种涂料　　C. 保护性涂料　　D. 环保涂料

22. 采用硫酸酸洗的温度一般为 B ℃。

A. 20~30　　B. 50~70　　C. 常温　　D. 大于80

23. 下列喷枪适用于小面积喷涂，或作局部修补的是 A 。

A. 重力供漆式　　　B. 吸力供漆式　　　C. 压力供漆式

24. 建筑施工图纸上，表示尺寸的数字，除标高以外应以 D 为单位。

A. m　　B. 分米　　C. 厘米　　D. mm

25. 除少数含 C 的颜料外，多数涂料都是无毒的。

A. 铅、锌、铜、汞　　　B. 铅、铜、铁、汞

C. 铅、铜、钾、汞　　　D. 铅、镉、铜、汞

26. 纤维素涂料的清洗剂一般是 C 。

A. 水　　B. 石油溶剂　　C. 硝基稀料　　D. 醇酸树脂漆

27. 脱脂、磷化、电泳液的酸碱性分别为： B 。

A. 酸、碱、酸　　　B. 碱、酸、酸

C. 酸、碱、碱　　　D. 碱、酸、碱

28. 喷漆工喷涂作业时必须佩戴的防护用品是 C 。

A. 棉纱口罩　　　　　B. 过滤纸口罩

C. 复合式活性炭口罩　　D. 头

29. 浸涂法不适用于带有 C 的工件涂装。

A. 通孔　　B. 凸台　　C. 凹孔　　D. 平面

30. 在采用浸、淋、喷、刷等涂装方法的场合，涂料在被涂物的垂直面的边缘附近积留后，照原样固化并牢固附着的现象称为 C 。

A. 流淌　　B. 下沉　　C. 流挂　　D. 缩孔

31. 一般采用浸渍脱脂的时间为 C 分钟。

A. 1～2　　B. 2～3　　C. 3～5　　D. 8～10

32. 对于薄钢板工件的大面积除锈，宜采用 D 。

A. 喷砂　　B. 喷丸　　C. 钢丝刷　　D. 酸洗

33. 颜色一般分为两组，有彩色和无彩色。下列属于有彩色的是 A 。

A. 红　　B. 白　　C. 灰

34. 内墙涂刷时，冬季施工室内温度应保持在 B 以上。

A. 0℃　　B. 5℃　　C. 15℃　　D. 25℃

35. 外墙涂刷最适宜的温度是 B 。

A. 5～10℃　　B. 10～18℃　　C. 20～25℃　　D. 25～30℃

36. 按监控计划要求，测量面漆附着力所用划格刀的规格是 B 。

A. 1mm　　B. 2mm　　C. 3mm　　D. 4mm

37. 不属于涂装三要素的是 D 。

A. 涂装工艺　　B. 涂装材料　　C. 涂装管理　　D. 涂装设备

38. 喷漆前遮盖不需喷涂部位应选择不透漆、无纤维的 C 材料。

A. 报纸　　B. 农用地膜　　C. 单面有光竹浆纸　　D. 包装纸

39. 对人体无害的气体有 C 。

A. 溶剂的烟气　　B. 一氧化碳　　C. 乙炔　　D. 丙烷

40. 无空气喷涂的涂料雾化不是靠压缩空气而是靠 D 获得的。

A. 离心泵　　B. 立式泵　　C. 大气压　　D. 高的液压

41. 在配制氧化膜封闭处理液时，加入碳酸钠后应将溶液加温，是为了消除 B 。

A. CO   B. CO_2 C. CO_3 D. O_2

42. 涂装表面打磨砂纸不配套，则喷涂面漆后会出现 B 。

A. 气泡   B. 砂纸痕   C. 流挂

43. 在稀释过程中，下列哪种物质与树脂分子发生化学反应 A 。

A. 真溶剂   B. 助溶剂   C. 稀释剂

44. 下列何种颜色能给人以暖和的感觉 C 。

A. 白色   B. 绿色   C. 橙色   D. 蓝色

45. 涂料用量少，颜色更换频繁的场合应用 B 喷枪。

A. 吸上式   B. 重力式   C. 压送式   D. 空气

46. 图样是按一定的 A 和方法绘制的。

A. 规则   B. 规律   C. 原则   D. 规定

47. 根据正投影的原理及建筑图的规定画法，把一幢房屋的全貌包括它的各个细微的局部，均完整地表达出来，这就是房屋 B 。

A. 结构图   B. 建筑图   C. 立面图   D. 剖面图

48. 不属于喷涂三原则的是 C 。

A. 喷涂距离   B. 喷枪运行方式

C. 喷涂压力   D. 喷雾图样的搭接

49. 油漆工程质量检验时，室内按有代表性的自然间抽查 B 。

A. 5%   B. 10%   C. 20%

50. 碱液清洁剂除油机理主要基于皂化、乳化、分散、 A 和机械等作用。

A. 溶解   B. 搅拌   C. 循环   D. 碱洗

51. 涂料工程的冬期施工当气温相当低时，可采用 D 施工。

A. 涂料热水加温法   B. 加热法

C. 化学干燥法   D. 紫外线固化干燥法

52. 下列选项哪种附着力等级最高 A 。

A. 1 级   B. 2 级   C. 3 级   D. 4 级

53. 除各层平面图外，还有 C ，以及根据具体设计需要而绘制的局部平面图，如门厅彩色水磨石地坪图案的平面图，大厅天花板仰视平面图等。

A. 地下室平面图　　B. 楼梯平面图

C. 屋顶平面图　　　D. 墙柱平面图

54. 检测漆膜的 D 需使用烘箱。

A. 附着力　　B. 硬度　　C. 冲击强度　D. 固体分

55. 对于含有毒颜料（如红丹、铅铬黄等）的涂料，应以 A 为宜。

A. 刷涂　　B. 喷涂　　C. 电泳　　D. 浸涂

56. JH80-2 型建筑涂料的主要成膜物是 C 。

A. 环烷酸铜　　B. 硅酸钾　　C. 胶态氧化硅

57. 在涂装生产中，为满足新产品涂装颜色的要求，而又买不到该种颜色的涂料时，可能需要涂装操作者使用 B 进行调配颜色。

A. 颜料　　B. 涂料　　C. 助剂　　D. 树脂

58. 喷枪喷涂某些慢干涂料的喷涂距离可达 B 。

A. 30~50cm　　B. 50~75cm　　C. 80~90cm　　D. 100cm

59. 化学工业部标准中已编号的涂料有 C 个品种。

A. 18　　B. 36　　C. 48　　D. 96

60. 为增强金属底色漆的附着力和清漆的耐石击性，应采取哪项措施 B 。

A. 选择产品　　　　B. 底色漆加 5%~10% 固化剂

C. 清漆加柔软剂　　D. 厚喷

61. 建筑总平面图的识读方法与步骤：了解工程的名称、了解图样的比例、阅读设计 D 。

A. 意图　　B. 内容　　C. 目的　　D. 说明。

62. 除了用图形表达外，在建筑总平面图中还对下列事项用文字加以说明：建筑总平面图绘制依据和工程情况的说明、建筑物位置确定的有关事项、关于总体标高以及水准引测点的说明、补充 <u>A</u> 的说明等。

A. 图例　　B. 图号　　C. 图样　　D. 图标。

63. 喷雾图样搭接幅度为椭圆长径的 <u>B</u> 。

A. 0 ~ 1/4　　B. 1/4 ~ 1/3　　C. 1/3 ~ 1/2　　D. 1/2 ~ 1

64. 磷化处理溶液中有 <u>C</u> 存在，可改善磷化膜的结晶，使磷化膜细密坚固。

A. $CuO2 +$　　B. $Zn2 +$　　C. $Ni2 +$　　D. $Mn2 +$

65. 甲苯胺红是 <u>A</u> 颜料。

A. 有机红色　　B. 无机红色　　C. 金属

66. 如涂料施工黏度调制略有不当，涂料与稀释剂配套使用不合理会产生的湿漆膜弊病的主要现象之一是 <u>A</u> 。

A. 流挂　　B. 粉化　　C. 脱落　　D. 不固化

67. 图纸会审由 <u>C</u> 主持。

A. 设计单位　　B. 施工单位　　C. 建设单位　　D. 监理单位

68. 3 吨等于 <u>C</u> 。

A. 3000 克　　B. 6000 克　　C. 3000000 克　　D. 6000000 克

69. 普通经济型腻子按涂装工艺规程可刮涂在 <u>C</u> 上。

A. 铁板　　B. 镀锌板　　C. 环氧底漆　　D. 合金底漆

70. 调漆间通风换气为每小时 <u>C</u> 次。

A. 10 ~ 20　　B. 5 ~ 10　　C. 10 ~ 12　　D. 15 ~ 18

71. 新建工程的平面（ <u>B</u> ）方法有两种：一是以邻近原有永久建筑物的位置为依据引出相对位置；二是用坐标网或规划红线来确定其平面位置。

A. 位置方位　　B. 位置标定　　C. 位置目标　　D. 位置选定

72. 不能使用抛光法处理的面漆局部问题是： <u>C</u> 。

A. 颗粒　　B. 桔皮　　C. 漏喷　　D. 失光

73. 面漆为实色漆，底漆的最终研磨使用 <u>B</u> 即可。

A. 600 号砂网　　　　B. 400 号砂网

C. 1000 号精磨垫　　D. 2000 号精磨垫

74. 常用坐标网有两种：一种是测量坐标网；另一种是建筑

坐标网。以上两种坐标网按 C 进行分格，以此确定建筑物的位置。

A. 60m×60m 或 30m×30m

B. 80m×80m 或 40m×40m

C. 100m×100m 或 50m×50m

D. 120m×120m 或 60m×60m

75. 红丹粉属于 D 。

A. 着色颜料　　　B. 体质颜料

C. 防火颜料　　　D. 化学防锈颜料

76. 当阴极电泳槽 pH 值过低时，可采用 B 调整。

A. 加入酸性物质　　　B. 排放阳极液

C. 提高槽液温度　　　D. 补加溶剂

77. 对锈蚀有促进作用的颜料有 C 。

A. 红丹　　　B. 富锌漆　　　C. 炭黑合成铁红　　　D. A 和 B

78. 根据涂膜的分子结构，涂膜分为 A 结构形式。

A. 低分子球状、线型分子、立体型网状分子

B. 高分子球状、线型分子、立体型网状分子

C. 低分子球状、线型分子、平面型网状分子

D. 高分子球状、线型分子、平面型网状分子

79. 天蓝色是由白色:蓝色 = C 配比而成。

A. 2:1　　　B. 4:1　　　C. 91:9　　　D. 95:5

80. 加注详图索引标志的目的是为了 A 。

A. 便于查找和识读图样　　　B. 放大图样

C. 缩小图样　　　　　　　　D. 注明识读要点

81. 腻子实干并可开始研磨的时间是 +20 度 C 分钟。

A. 20　　　B. 60　　　C. 30~40　　　D. 10

82. 不属于涂料组成物质的是： D 。

A. 主要成膜物质　　　B. 次要成膜物质

C. 辅助成膜物质　　　D. 腻子。

83. 钙酯地板漆属于 A 。

A. 松香衍生物　　B. 虫胶漆　　C. 天然大漆　　D. 清漆

84. 判断涂料调配的颜色是否准确，应当待涂膜样板 _A_ 与标准色卡进行对比。

A. 干燥后　B. 表干后　C. 湿漆膜　D. 晾干10分钟后

85. 从建筑施工图的 _D_ 上能看到明沟或散水坡具体构造的做法。

A. 立面图　　B. 平面图　　C. 剖面图　　D. 外墙大样图

86. 青铜是以 _C_ 作为主要成分的合金。

A. 铜和锌　　B. 锌和镁　　C. 铜和锡　　D. 镁和锡

87. 远红外短波干燥灯与需干燥工件表面的垂直距离是 _A_ mm。

A. 600～700　B. 300～400　C. 400～500　D. 200～300

88. 通过建筑平面图各道 _D_ ，可反映建筑中房间的开间、进深、门窗及室内设备的大小和位置。

A. 线型的标注　　B. 尺寸的大小

C. 图例的标注　　D. 尺寸的标注

89. 下面哪一种烘干技术的固化速度最快 _B_ 。

A. 远红外线烘干法　　B. 高红外线烘干法

C. 热风对流烘干法　　D. A和C

90. 外墙涂刷时，雨后 _B_ h以内不宜涂刷。

A. 12　　B. 24　　C. 36　　D. 48

91. 建筑工程中的绘制建筑总平面图常用的比例是 _D_ 。

A. 1:5　　B. 1:10　　C. 1:20　　D. 1:200或1:500

92. 采用手提式静电喷枪进行涂装时,一般采用的电压为 _D_ 万伏。

A. 8～10　　B. 7～9　　C. 6～8　　D. 5～7

93. 按照使用性质和耐久年限，建筑物可分为 _B_ 。

A. 二类　　B. 三类　　C. 四类　　D. 五类

94. 门窗涂刷施工中，温度不宜低于 _B_ 。

A. 5℃　　B. 10℃　　C. 15℃　　D. 20℃

95. 选择极易研磨的腻子，并使用水砂纸研磨会使下道工序大量出现 __B__ 。

A. 浮色缺陷　B. 砂眼缺陷　C. 起皱缺陷　D. 咬边缺陷

96. 在建筑平面图中可以了解到 __A__ 、起步方向、梯宽、平台宽、栏杆位置、踏步、级数、上下行方向等。

A. 楼梯的位置　　　B. 楼面的大小

C. 楼顶的大小　　　D. 房间的尺寸

97. 建筑平面图中门窗采用专门的代号标注，其中门用代号 __D__ 表示。

A. N　　B. D　　C. L　　D. M

98. 木门的油漆计量面积为高乘以宽的 __C__ 倍。

A. 1.5　　B. 2　　C. 2.5　　D. 3.5

99. 由一点光源照射物件后产生的投影叫 __D__ 。

A. 正投影　　B. 斜投影　　C. 轴侧投影　　D. 中心投影

100. 治理废气最好的吸附材料是 __D__ 。

A. 硅胶　　B. 磁棒　　C. 氧化铝　　D. 活性炭

101. 为保护色漆层、提高面漆层的光泽及装饰性，面漆层最后一道涂清漆，这一工序称之为 __B__ 。

A. 打磨　　B. 罩光　　C. 面漆　　D. 抛光

102. 建筑立面图的图名称呼有两种情况：一是按立面图所表明的朝向来称呼，如东立面图、南立面图……；二是按立面图中建筑两端的 __B__ 编号来称呼，如①＝⑨轴立面图……。

A. 外墙到外墙　B. 定位轴线　C. 房间宽度　D. 标准尺寸

103. 在铜中掺入 __A__ 等元素制成铜合金，可以提高铜的强度。

A. 锌和锡　　B. 锌和铅　　C. 锰和锡　　D. 锰和铅

104. 用砂绿和土黄可以调配出 __C__ 。

A. 浅蓝色　　B. 米黄色　　C. 草绿色　　D. 棕色

105. 排除喷枪损坏和堵塞的因素，喷涂图形呈葫芦状的原因是： __A__ 。

A. 喷幅大流量小气压大　　B. 气压大

C. 流量大   D. 喷幅大

106. 我们通常指某物体是什么颜色，是指在自然光的作用下呈现的颜色，所以为了了解色彩的一些基本原理，对自然光（即太阳光）了解是有 C 的。

A. 重要作用   B. 好处的   C. 重要意义   D. 关系的

107. 喷涂后的工作有哪些 B 。

A. 打磨   B. 抛光   C. 擦净   D. 刮腻子

108. 现代色彩学以 D 作为标准发光体，并以此为基础解释光色等现象。用科学的方法证实，太阳发出的白光是由多种光色组成的，太阳光由红、橙、黄、绿、蓝（青）、紫色组成。

A. 灯光   B. 太阳   C. 月亮   D. 阳光

109. JH80-2 属于 D 。

A. 防水涂料   B. 水浆涂料

C. 乳胶漆   D. 无机高分子涂料

110. 烘烤温度在多少度以上才能固化的漆叫烤漆 C 。

A. 50℃   B. 80℃   C. 100℃   D. 150℃

111. 通过人的眼睛的辨色能力仅能直观感受到红色至紫色的这段光谱，所以通称为 A 。

A. 可见光谱   B. 不可见光谱   C. 可见光亮   D. 可见光色

112. 手提式静电喷枪的电压为 C kV。

A. 20~40   B. 40~60   C. 60~80   D. 80~100

113. 使用 70×115mm 小手刨集尘干研磨腻子的砂网过渡号数是 B 号。

A. 80/180/320   B. 80/120/180/240/320

C. 80/240   D. 120/320

114. 孔雀绿属于 B 染料。

A. 酸性   B. 碱性   C. 油溶性   D. 绿色颜料

115. 下面哪种打磨方法适合装饰性较低得打磨操作 A 。

A. 干打磨   B. 湿打磨   C. 机械打磨   D. 所有方法

116. 在整个涂饰过程中，依对打磨的不同要求和作用，可大致分为 B 个阶段。

A. 二　　B. 三　　C. 四　　D. 五

117. 喷涂底漆宜选择 D 型喷枪。

A. 常规高压　　　　　　B. 常规中压

C. 环保低压高雾化　　　D. 环保低雾化

118. 自动喷涂机在油漆施工线上的优点为 C 。

A. 涂料使用量于手工喷涂相近

B. 只是取代了人工喷涂，减少了人工作业

C. 连续施工性强，稳定性好，可降低原料成本

D. 要求空间比较小，节省动能

119. 对紫色光以外和红色以外的光波是人眼睛辨识所无法感受到的，仅用仪器可以测量到，这就是红外线和紫外线光，通称为 B 。

A. 不可见色　B. 不可见光　C. 不可见亮　D. 不可见光谱

120. 过氯乙烯漆类耐热性差，只适宜在 A 以下使用。

A. 60℃　　B. 70℃　　C. 80℃　　D. 100℃

121. 漆面起痱子处理的方法是 B 。

A. 双组分底漆隔离　　B. 除去旧漆

C. 红灰隔离　　　　　D. 腻子隔离

122. 人们在试验中发现，将可见光谱上位置比例相同的红、绿、蓝三种色光混合后能成白光，即人们用眼睛能直观感受到的白光就是由这三种色光组成的，所以人们把红、绿、蓝三种色光称为光的 C 。

A. 原光　　B. 彩色　　C. 原色　　D. 色彩。

123. A 属于阔叶树。

A. 银杏　　B. 槐木　　C. 杨木　　D. 桉树

124. 双轨迹圆形振动磨灰机适合 A 作业。

A. 腻子底漆面漆　B. 脱漆　　C. 抛光　　D. 除锈

125. 面漆层不应具有 C 特性。

A. 优较好的抗冲击性

B. 优较好的抗紫外线特性

C. 填充性和柔韧性一般

D. 装饰性较高

126. 由红、绿、蓝这三种色光按一定比例组成可以得到 D 。这就是彩色电视由红、绿、蓝三种色光来显示彩色的道理。

A. 各种光谱　B. 各种颜色　C. 各种色彩　D. 各色色光

127. 下列哪种颜色是冷色 C 。

A. 红色　　B. 橙色　　C. 绿色　　D. 黄色

128. 颜料的颗粒越 B ，颜料的分散度越高，着色力越强。

A. 粗　　B. 细　　C. 大　　D. 小

129. 下列 D 溶剂有毒性。

A. 甲苯　B. 甲醛　C. 丙酮　　D. 以上都对

130. 面漆的主要作用是 B 。

A. 防腐　　　　B. 美观

C. 特殊功效　　D. 增加附着力、饱满度和抗紫外线

131. 色彩的呈现是由于光的存在，物体只有受到光的照射，对光中的色彩产生吸收和反射的不同反应，即有的色光被物体吸收，有的色光被物体 A ，我们日常视觉所看到的颜色正是被物体反射出来的色光。

A. 反射　　B. 反光　　C. 折射　　D. 斜射

132. 中间涂层不具有下列何种性能 B 。

A. 中间涂层的附着力、流平性好

B. 中间涂层具有较好的防锈性能

C. 中间涂层平整、光滑、易打磨

D. 中间涂层填充性好

133. 手工水研磨可能产生的主要喷涂缺陷是 C 。

A. 失光　　　　　　B. 砂纸痕透现

C. 痱子和漆膜脱落　D. 针孔过多

134. 吸入式送料容器的容量一般为 B 。

A. 0.2~0.5kg　　B. 0.5~1.0kg

C. 1. 0 ~ 2. 0kg   D. 2. 0 ~ 3. 0kg

135. 油漆在涂装前应检验的内容包括有 _A_ 。

A. 黏度、打磨性、防锈性   B. 纯度、耐热性、耐久性
C. 强度、涂刷性、流平性   D. 比重、附着力、柔韧性

136. 下列哪种喷涂涂料利用效率最高 _A_ 。

A. 静电喷涂   B. 空气喷涂   C. 刷涂

137. 树叶吸收了红、黄、橙、青、紫，反射出了 _B_ ，白色物体反射了大部分光色而呈白色，黑色物体吸收了大部分光色而成黑色。

A. 紫色   B. 绿色   C. 青色   D. 黄色

138. 虽然物体的颜色要依靠光来显示，但光和物的颜色并不是一回事，就它们的原色来讲，光色的原色为红、绿、青，混合近于白；物体的原色为红、黄、青，混合近于 _C_ 。

A. 紫   B. 绿   C. 黑   D. 橙

139. 加热干燥可分为 _A_ 三种。

A. 低温烘干、中温烘干、高温烘干
B. 自然烘干、低温烘干、中温烘干
C. 自然烘干、高温烘干、照射固化
D. 自然烘干、中温烘干、高温烘干

140. 小修补喷底漆时，局部遮盖的要领是 _A_ ，才能保证边缘无底漆棱线。

A. 反遮盖   B. 直接贴
C. 不遮盖   D. 沿最近的钣金边缘遮盖

141. 喷漆室中进行喷漆作业时，需要保持一定的温度，通常情况下保持在 _A_ 。

A. 23 ~28℃   B. 12 ~23℃   C. 15 ~22℃   D. 15 ~20℃

142. 蓝绿色用 _A_ 来表示。

A. BG   B. PB   C. YR   D. GY

143. 不同色相的明暗程度是不同的，在所有彩色中，以 _D_ 明度为最高，由黄色向上端发展，明度逐渐减弱，以紫色明度为

最低。

A. 青　　B. 红色　　C. 绿　　D. 黄色

144. 颜料与调制涂料相配套的原则，在涂刷材料配制色彩的过程中，所使用的颜料与配制的涂料 A 必须相同，不起化学反应，才能保证色彩配制涂料的相容性、成色的稳定性和涂料的质量，否则，就配制不出符合要求的涂料。

A. 性质　　B. 性能　　C. 特点　　D. 质量

145. 采用优质的涂料和正确的工艺，汽车涂膜能使用 C 年。

A. 1~2　　B. 5~10　　C. 10~15　　D. 15~20

146. 刚涂装完的涂膜的色相、明度、彩度与标准色板有差异，或在补漆时与原漆色有差异的现象称为 B 。

A. 掉色　　B. 色差　　C. 发糊　　D. 桔皮

147. 如希望加快底漆干燥速度，在保证质量的前提下还可以选择 A 底漆。

A. 丙烯酸单组分　　B. 合金底漆

C. 黄色底漆　　　　D. 硝基底漆

148. 划格法测试漆膜的附着力时，最好的级别为 A 级。

A. 0　　B. 2　　C. 3　　D. 5

149. 在漆膜上产生气泡状的肿起和孔的现象称为 D 。

A. 凹洼　　B. 拉丝　　C. 针孔　　D. 气泡

150. 调制油漆应注意 D 。

A. 取过一个空桶久可以使用

B. 开桶后立即调漆

C. 雨后立即开桶调漆

D. 用清洁的桶调漆

151. 在调色时还应注意加入辅助材料对 B 的影响。

A. 彩色　　B. 颜色　　C. 质量　　D. 成活

152. 芳香烃溶剂中的甲苯沸点 B ℃，挥发速度仅次于苯，溶解性能与苯相似。

A. 105.5　　B. 110.7　　C. 115.5　　D. 125.6

153. 下列涂装方法中，在底漆涂装方面没被采用过的是 D 。

A. 刷涂　　B. 喷涂　　C. 浸涂　　D. 刮涂

154. 喷涂中涂底漆的要领是，根据表面状况喷 2~3 道，每一道 C 喷涂。

A. 同样面积　　　　B. 由中间向外扩大

C. 由外向中间缩小　D. 随意

155. 下面哪一种涂装方法更适于流水线生产 C 。

A. 刷涂　　B. 高压无气喷涂　　C. 电泳涂装　　D. 手工喷涂

156. 油料在涂料工业中是最早使用的成膜物质，可用来制造清漆、色漆、油改性合成树脂，以及作为 C 使用。

A. 增强剂　　B. 防污剂　　C. 增塑剂　　D. 防腐剂

157. 芳香烃溶剂中的二甲苯挥发比甲苯慢，沸点为 C ℃，毒性比苯小，溶解力略次于甲苯，挥发快慢适中，可代替松香水，用于短度醇酸、酚醛、脲醛树脂中常与其他溶剂合用，作为醇酸氨基、硝基、过氯乙烯、丙烯酸等涂料的稀释剂。

A. 133.1　　B. 136.1　　C. 139.1　　D. 142.1

158. 增韧剂单体化合物苯二甲酸酯，无毒、无色、无味透明油状黏稠液体，不溶于水，具有溶解硝酸纤维的能力，与大部分树脂能很好地 C 。

A. 混合　　B. 结合　　C. 混融　　D. 融合

159. A 可以缩短涂料干燥时间降低烘干温度。

A. 固化剂　　B. 催化剂　　C. 脱漆剂　　D. 防潮剂

160. 实色漆颜色调到和车身一致时，喷涂后颜色与车身相比 A 。

A. 变深　　B. 变浅　　C. 一致　　D. 鲜艳

161. 下列不是色差产生的原因是 D 。

A. 涂料批次间色差大　　B. 在换色时，管路没有清洗干净

C. 补漆造成的补漆痕　　D. 喷漆室湿度大

162. 根据来源不同，油料可分为植物油、动物油和矿物油三种，用于涂料的主要是 D 。

A. 矿物油　　B. 动物油　　C. 合成树脂　　D. 植物油

163. 酯类溶剂是低碳的有机酸和醇的结合物，和酮、醇、醚等相同，溶解力很 D ，能溶解硝酸纤维素和各种人造树脂，是纤维漆中的主要溶剂。

A. 差　　B. 弱　　C. 好　　D. 强

164. 增韧剂单体化合物己二酸二辛酯，大量使用在乙烯树脂中，有突出的抗低温开裂性及抗高温紫外线的性能，且不使涂料 D 。

A. 变灰　　B. 变黄　　C. 变绿　　D. 变色

165. 中温烘烤温度是 B 。

A. 100℃以下　　B. 100 ~ 150℃

C. 150 ~ 200℃　　D. 200℃以上

166. 空气喷涂溶剂型涂料所采用的涂料供给装置中，较先进的输送金属底漆的方式是 D 。

A. 油漆增压箱　　　　B. 盲端式循环系统

C. 二线式循环系统　　D. 三线式循环系统

167. 油料根据其干燥性可分为干性油、半干性油和 A 。

A. 不干性油　　B. 天然树脂　　C. 人造树脂　　D. 合成树脂

168. 乙酸丁酯是无色透明而具有香蕉味的液体，闪点为 A ℃，毒性小，能溶解硝酸纤维和各种人造树脂。

A. 21 ~ 25　　B. 25 ~ 29　　C. 29 ~ 33　　D. 33 ~ 37

169. 聚合高分子化合物，干性油、半干性油或不干性油改性的苯二甲酸甘油或季戊四醇醇酸树脂，常在脲醛或三聚氯胺树脂漆中用作 A 。

A. 增韧剂　　B. 增强剂　　C. 防腐剂　　D. 防霉剂

170. 仿瓷涂料主要用于建筑物的内墙面，如厨房、餐厅、卫生间、浴室以及恒温车间等的墙面、地面。特别 B 铸铁、浴缸、水泥地面、玻璃钢制品表面，还能涂饰高级家具等。

A. 使用在　　B. 适用于　　C. 不能用在　　D. 用在

171. 贮存危险化学品的仓库必须配备有专业知识的技术人

员，其仓库及场所应设专人管理，管理人员必须配备可靠的 A 。

A. 劳动保护用品　　B. 安全检测仪器

C. 手提消防器材　　D. B 和 C

172. 油中的不饱和脂肪酸含量越多，聚合越强，成膜速度越快。称这类植物油为 B 。

A. 不干性油　　B. 干性油　　C. 动物油　　D. 半干性油

173. 丙酮是无色透明的液体，能和 B 以任何比例混合，与大量的甲苯混合而不浑，溶解力强，使漆液黏度明显降低。

A. 苯　　B. 水　　C. 二甲苯　　D. 油

174. 制造漆时的研磨工序是一个复杂的分散过程，色漆配方组成又彼此不同，在选择分散剂的种类、使用数量以及加料 B 中一定通过试验慎重对待。常用的有烷酸锌、卵磷脂等。

A. 过程中　　B. 顺序　　C. 配方中　　D. 程序

175. 浅绿色的反射率为 64.3，深绿色的反射率为 B 。

A. 10%　　B. 9.8%　　C. 9.7%　　D. 9%

176. 调漆间通风换气为每小时 C 次。

A. 10～20　　B. 5～10　　C. 10～12　　D. 15～18

177. 在油中的不饱和脂肪酸含量愈少，与氧聚合愈弱，成膜速度愈慢，这就称为 C 。

A. 动物油　　B. 不干性油　　C. 半干性油　　D. 干性油

178. 环己酮可溶解纤维、过氯乙烯树脂等。性质稳定，不易挥发，为高沸点强溶剂，同其他溶剂混合使用，可改善漆膜的流平性，使漆膜平滑光亮，并可防止喷漆发 C ，防止漆膜有气泡。

A. 粉　　B. 红　　C. 白　　D. 灰

179. 涂料的成膜 C 有的是因溶剂挥发而成膜，有的是常温或加热条件下干结而成膜，还有些则要在施工中加入一些酸、胺或有机过氧化物与成膜物质起化学反应才能固化成膜。这些酸、胺有机氧化物就是固化剂。

A. 原因　　B. 方法　　C. 原理　　D. 过程

180. 涂料产生凝聚的主要原因是（B）所造成。

A. 涂料调制不当　　B. 生产配料不当

C. 储存保管过失　　D. 溶剂不合格

181. 醇类溶剂是一种有很大极性的有机溶剂，分子内含有羟基，能同水混合。对涂料的溶解力差，一般仅能溶解 D 或缩丁醛树脂。

A. 酯胶清漆　　B. 清油　　C. 酚醛清漆　　D. 虫胶

182. 为了缓和沉淀现象，除增加漆液黏度外，通常在制造涂料时加入防沉剂，改进 D 在涂料中的悬浮性能。

A. 填料　　B. 染料　　C. 彩色　　D. 颜料

183. 仿瓷涂料由 A、B 两个组分组成，A 组分和 B 组分的常规比例为 C ，但也可按被涂物的要求配制，B 组分分量多，涂膜硬度高，反之涂膜柔韧性好。

A. 1:0.1~0.4　　B. 1:0.2~0.5

C. 1:0.3~0.6　　D. 1:0.4~0.7

184. 油漆涂膜出现慢干和反粘的主要原因是，旧漆膜上附着大气污染物（硫化物、氧化物），涂在旧漆膜上干燥很慢，甚至不干。住宅厨房的门窗尤为 A 。

A. 突出　　B. 厉害　　C. 严重　　D. 重要

185. 腻子翻皮的主要原因是腻子刮得过厚，基层 C ，且胶性不足。

A. 清洁　　B. 光洁　　C. 较干燥　　D. 干净

186. 树脂的纯粹体呈透明或半透明状，不导电，无固定熔点，只有软化点，受热变软，并逐渐熔化，熔化时；大多数不溶于水，易溶于有机溶剂 D 。

A. 变硬　　B. 发软　　C. 发湿　　D. 发黏

187. 乙醇、俗称酒精，易吸潮，不能单独溶解硝酸纤维。但与酯类、酮类溶剂混合后，则可同 A 一样，溶解同等数量的硝酸纤维。

A. 溶剂　　B. 漆　　C. 酯类　　D. 酮类

188. 由于色漆中所用颜料的密度和粒径大小不同，因此在漆膜 A 过程中颜料沉降速度不同。密度大、颗粒粗的颜料沉降较快，所以当涂膜干燥后所呈现的颜色已不是原配方所需的颜色，而是颗粒细、密度小的颜色成为整个色彩的主要颜料。

A. 固化　　B. 生化　　　C. 化学反应　　　D. 干燥

189. 仿瓷涂料施工前必须将被涂物基层表面的油污、凸疤、尘土等清理干净，并要求基层干燥平整，施工墙面含水率一般控制在 D ％以下，不平整的被涂基层，必须用腻子批刮填平。

A. 5　　B. 6　　C. 7　　D. 8

190. 油漆涂膜表面出现慢干和反粘的主要原因是，催干剂使用 B 数量过多或不足，涂料贮存过久，催干剂被颜料吸收而失效，造成涂膜不干燥。

A. 不合适　　　B. 不适当　　　C. 不合理　　　D. 不恰当

191. 防治腻子翻皮，在调制腻子时，加入适量的胶液，不宜过稠，但也不宜过稀，以使用 D 为准。

A. 顺手　　B. 方法　　C. 合适　　D. 方便

192. 溶剂在涂料制造和施工中也起着十分重要的作用，所以说溶剂同样是涂料中的重要组成部分。认真掌握各种溶剂的 A ，合理选择和使用各种溶剂，对保证涂料施工质量，具有十分重要的意义。

A. 性能　　B. 性质　　C. 特点　　D. 用途

193. 丁醇挥发速度较慢，常与乙醇、异丙醇合用，用于硝基漆，可使漆膜平滑、光亮，防止发 B ，并能消除针孔、桔皮、气泡等缺陷。

A. 粉　　B. 白　　C. 黑　　D. 灰

194. 漆膜中的有机物（如糖类、淀粉、纤维素、保护胶等物质）在湿热条件下 B 霉菌生长，会破坏涂膜并影响美观。霉菌生长的分泌物还会腐蚀底材。所以，在潮湿和亚热带地区使用的涂料，要加入一定量的防霉剂，才能使涂膜的寿命延长。

A. 促使　　B. 很适应　　C. 提供　　D. 很适合

195. 芳香烃及氯烃也都是丙烯酸树脂涂料的较好的溶剂。溶剂的用量为 A ，为了改善涂料的性能，还可以加入少量的其他助剂，如偶联剂、紫外线吸收剂等。

A. 50%～60%　　B. 60%～70%

C. 70%～80%　　D. 40%～50%

196. 防治漆膜慢干和反黏的措施是，底漆干透后，再涂面漆，两遍相隔不少于 C h。

A. 4　　B. 8　　C. 24　　D. 12

197. 预防腻子翻皮的措施，当发现翻皮的腻子时应清除干净，找出翻皮的原因，采取 A 措施后，再批刮腻子。

A. 相应的　　B. 合适的　　C. 相当的　　D. 恰当的

198. 溶剂按其溶解 B 一般可分为真溶剂、助溶剂和稀释剂三种。

A. 特点　　B. 性能　　C. 用途　　D. 性质

199. 丁醇能溶解凝结的颜料浆，防止涂料 C ，它还可降低短油醇酸漆的黏度，又可作为氨基树脂漆的溶剂。

A. 硬化　　B. 干结　　C. 胶化　　D. 凝固

200. 高效低毒、稳定性好的防霉剂有相当的防霉 C 。常用的有五氯酚、醋酸苯汞、喹啉铜、环烷酸锌等。

A. 效率　　B. 措施　　C. 效果　　D. 方法

201. 氯化橡胶外墙涂料常用的溶剂有二甲苯、 B 号煤焦溶剂，有时也可加入一些200号汽油，以降低对于底层涂膜的溶解作用，从而增进涂刷性与重涂性。

A. 150　　B. 200　　C. 250　　D. 300

202. 防治漆膜慢干和反粘的措施是，对旧漆膜应进行打磨及 D ，对大气污染的旧漆膜用石灰水清洗（50kg水加消石灰3～4kg），有污垢的部位还要用刷子刷一刷，油污多时，可用汽油清洗。基层可用虫胶漆、血料涂刷隔离。

A. 干净处理　　B. 洁净处理　　C. 光洁处理　　D. 清洁处理

203. 漆膜出现咬色的原因，主要是混凝土基层的钢筋、预埋铁件等物未处理，或未刷防锈漆，或未被虫胶 B 。

A. 覆盖　　B. 封闭　　　C. 掩盖　　　D. 遮盖

204. 在裱糊壁纸过程中壁纸出现不垂直现象，其原因壁纸选用不严格，花饰与纸边 A ，又未经处理就裱糊。

A. 不平行　　B. 未对齐　　C. 不垂直　　D. 未对正

205. 在实际 C 中并非所有涂料的溶剂都由三个部分组成。有的需要全部采用真溶剂类，有的只需要稀释剂即可，也有的是由真溶剂和稀释剂两个部分组成。

A. 选择　　　B. 调配　　　C. 运用　　　D. 使用

206. 醇醚溶剂是挥发慢的高沸点溶剂，可用于硝基漆、环氧漆、聚胺酯漆和乳胶漆中，其中乙二醇丁醚为最好的防白剂，能使硝基漆提高流平性和光泽，效果最好，而用量最少，为稀释剂的 A 。

A. 2% ~ 7%　　B. 3% ~ 8%　　C. 4% ~ 9%　　D. 5% ~ 10%

207. 酯胶清漆是由干性油和甘油松香加热熬炼后，加入 D 号溶剂汽油或松节油调配制成的中、长油度清漆，其漆膜光亮、耐水性较好。

A. 350　　　B. 300　　　C. 250　　　D. 200

208. 水乳型环氧树脂涂料是 E-44 环氧树脂配以乳化剂、增稠剂、水，通过高速机械搅拌分散为稳定性好的环氧乳液，再与颜料、填充料配制而成的厚聚涂料（A 组分），再以 C 与之混合均匀制得。

A. 分散剂（B 组分）　　　B. 防晒剂（B 组分）

C. 固化剂（B 组分）　　　D. 增强剂（B 组分）

209. 漆膜出现泛白主要是湿度过大，空气中相对湿度超过 A ％时，由于涂装后漆膜中溶剂的挥发与空气对流，水分积聚在漆膜中形成白雾状。

A. 80　　　B. 85　　　C. 75　　　D. 90

210. 防治漆膜咬色的措施，当基层有油漆、色粉笔印等时，应用铲刀或擦布 C 。

A. 打扫干净　　B. 清洗干净　　C. 清除干净　　D. 清扫干净

211. 防治壁纸裱糊不垂直的措施，当裱糊第二张壁纸与第一张壁纸的拼接时，可采用 B 时，应注意拼缝的紧密性和花纹的对称，及时进行修整。

A. 边对边法　　B. 接缝法　　C. 齐缝法　　D. 对缝法

212. 同一种溶剂，对不同品种的涂料所起的作用并不 D 。

A. 一致　　B. 一样　　C. 相容　　D. 相同

213. 硝基化物类溶剂能溶解硝化棉、硝酸纤维和氯乙烯乙酸乙烯共聚树脂，有较强的解力，可用于油基漆、酚醛漆、硝基漆中，因其颜色深，易变 B ，故不用于白色或浅色漆中。

A. 黄　　B. 绿　　C. 青　　D. 灰

214. 酚醛清漆的耐水性比酯胶清漆好，但容易 A ，主要用于普通、中级家具罩光和色漆表面罩光。

A. 泛黄　　B. 泛青　　C. 泛灰　　D. 泛白

215. 水乳型环氧树脂外墙涂料喷涂时，为了防止涂料飞溅于其他饰面而污染，对门窗等部位必须用塑料薄膜或其他材料 D ，如有污染应及时用湿布抹净。

A. 覆盖　　B. 遮盖　　C. 掩盖　　D. 遮挡

216. 漆膜出现泛白主要原因是溶剂 B ，低沸点稀料较多，或稀料内含有水分。

A. 选拔不当　　B. 选用不当　　C. 择用不当　　D. 选择不当

217. 漆膜出现反碱的主要原因，基层含碱成分较高，又由于长期的潮湿造成碱质的沉结和外析，而未进行 D 。

A. 掩盖处理　　B. 覆盖处理　　C. 遮盖处理　　D. 封闭处理

218. 每种成膜物质都只能溶解在和它的分子结构 A 的液体中。所以植物油不能溶于醇类，唯有蓖麻油能溶于醇中，因蓖麻油中含有羟基的蓖麻油酸和醇的结构。

A. 相类似　　B. 一样的　　C. 差不多　　D. 相反的

219. 在涂料生产与施工中常用的辅助材料有催干剂、增韧剂、分散剂、固化剂、消泡剂、防沉剂、防结皮剂、防浮色发花剂、防霉剂等。其中以催干剂和增韧剂的 C 最为广泛。

A. 使用　　B. 用途　　C. 应用　　D. 采用

220. 过氯乙烯木器清漆是由过氯乙烯树脂、松香改性酚醛树脂、蓖麻油松香改性醇酸树脂等分别加入 B 、稳定剂、酯、酮、苯类溶剂制成。

A. 防腐剂　　B. 增韧剂　　C. 防污剂　　D. 增强剂

221. 涂料的主要成膜物质又称胶粘剂,它是构成涂料的 A ,涂料产品的分类就是以此为依据,主要成膜物质的质量和性能直接影响到涂膜的质量,而成膜物质又分油料和树脂两大类。

A. 基础　　B. 基本　　C. 根基　　D. 都不是

222. 漆膜粗糙的原因主要是,涂料在制造过程中研磨不够,颜料过粗,分散性不好,用油 C 等都会产生漆膜粗糙。

A. 不够　　B. 太少　　C. 不足　　D. 量少

223. 防治漆膜反碱措施,严格 A 稠化剂(如羧甲基纤维素)的用量,可适当增加一些六偏磷酸钠来促凝,以减少反碱变色。

A. 控制使用　　B. 适当使用　　C. 合理使用　　D. 严禁使用

224. 防治壁纸裱糊不垂直的措施,当裱糊第二张壁纸与第一张壁纸的拼接时,可采用搭缝法,对于一般无花纹的壁纸,应注意使壁纸间的拼缝重叠 C mm,而对于有花纹的壁纸,可使两张壁纸花纹重叠,对花准确后,在准备拼缝的部位用钢尺将重叠处压实,由上而下一刀裁割,将切去的余纸撕掉。

A. 5～10　　B. 10～20　　C. 20～30　　D. 30～40

225. 溶剂如果溶解力 B ,则容易造成漆膜粗糙,不平滑,影响漆膜光泽。

A. 弱　　B. 差　　C. 好　　D. 强

226. 催干剂虽然在漆中用量很少,但对漆层的氧化和聚合等 D 都有相当效果。特别是在冬季施工的情况下,由于涂料干燥慢,经常要停工待干,还会使涂膜表面被灰尘沾污,降低涂料的保护和美观作用,影响涂膜的质量。

A. 物理作用　　B. 生化作用　　C. 化学作用　　D. 凝聚作用

227. 硝基木器清漆是由硝化棉、醇酸树脂、改性松香、C 酯、酮、醇、苯类溶剂组成。漆膜具有很好的光泽。

A. 增强剂　　B. 防毒剂　　C. 增韧剂　　D. 防污剂

228. 涂料生产厂对树脂与油类的 A 掌握不严格或在施工中任意调配，则将直接对成活质量产生不良影响。

A. 配合比　　B. 比较　　C. 比例　　D. 对照

229. 漆膜粗糙产生的原因主要是涂料调制搅拌不均匀，过筛不细致，杂质污物 D 漆料中；调配漆料时产生的气泡在漆液内未经散开即施工。

A. 加入　　B. 混合　　C. 掺入　　D. 混入

230. 防治漆膜起皮措施，如混凝土或抹灰基层表面烟熏、油污严重，需先用水清洗一遍，再用血料液加水泥涂刷一遍，配合比为血料: 水泥 = B ，并适当加水稀释，但用水量不得超过 10%。

A. 60: 40　　B. 70: 30　　C. 80: 20　　D. 90: 10

231. 壁纸裱糊时花饰不对称，其原因是在裱糊时由于多次拉黏，造成壁纸的自然 D ，使壁纸花饰无法对称。

A. 延长　　B. 延续　　C. 拉伸　　D. 延伸

232. 溶剂的挥发率，即溶剂的挥发速度，它对涂料的成膜 C 影响很大。

A. 成活　　B. 干燥　　C. 质量　　D. 固化

233. 铅催干剂主要起促进聚合作用，促进涂膜的表面和内层同时干燥，所以催干剂作用比较均匀，且可达到涂膜的深处。其用量一般为含油量的 D 。

A. 0.2% ~1.7%　　B. 0.3% ~1.8%

C. 0.4% ~1.9%　　D. 0.5% ~2%

234. 硝基内用清漆是由低黏度硝化棉、甘油、松香酯、不干性醇酸、树脂、 D 、酯、醇、苯等溶剂组成。漆膜干燥快，有较好的光泽。

A. 防污剂　　B. 增强剂　　C. 防腐剂　　D. 增韧剂

235. 颜料密度、颗粒大小不同及颜料润湿力的不同,或颜料不纯,杂质较多,因而使颜色上浮,这些都是导致涂膜发花的 C 。

A. 结果　　B. 条件　　C. 因素　　D. 原因

236. 漆膜粗糙产生的原因主要是施工环境 A ,空气中有灰尘,刮风时将砂粒等飘落于漆料中,或粘在未干的漆膜上。

A. 不清洁　　B. 不干净　　C. 不洁净　　D. 不光洁

237. 防治漆膜起皮措施,对于已起皮的粉饰,应将起皮部分 C ,找出基层上影响起皮的原因,处理后修补腻子,涂刷面层。

A. 打扫干净　　B. 擦拭干净

C. 铲除干净　　D. 用抹布抹干净

238. 壁纸裱糊时,出现离缝,产生的原因主要是胶液被 A 吸收,使壁纸粘贴不牢,干燥后形成离缝。

A. 基层　　B. 底层　　C. 基础　　D. 面层

239. 当溶剂挥发时,蒸汽散发到空气中,随着温度的升高,空间溶剂蒸汽的浓度逐渐增高,当遇有明火时,就有火光闪出,但随即熄灭。这个温度称为 D 。闪点越低,越不安全。

A. 火点　　B. 亮点　　C. 明点　　D. 闪点

240. 钴催干剂主要起促进氧化反应。如果用量过多,就会形成涂膜表面干而内部不干,甚至引起皱皮等缺陷。因此用量要少,不单独使用,一般最大用量为含油量的 A %,常与铝、锰等催干剂混合使用。

A. 0. 13　　B. 0. 4　　C. 0. 5　　D. 0. 6

241. 丙烯酸木器漆主要成膜物质是甲基丙烯酸不饱和聚酯和甲基丙烯酸酯改性醇酸树脂,使用时按规定 A 混合,可在常温下固化。

A. 比例　　B. 数量　　C. 数字　　D. 要求

242. 涂料中辅助成膜物质主要是溶剂、催干剂、固化剂等。因催干剂或溶剂选用不当会影响成活 D 。

A. 条件　　B. 因素　　C. 原因　　D. 质量

243. 预防漆膜粗糙措施是,当发现底漆膜粗糙时,应先进行 B ，再涂刷面漆并适当调整涂料的挥发性。

　　A. 打磨后　　B. 处理后　　C. 磨平后　　D. 擦拭后

　　244. 水性涂料工程涂膜表面粗糙的原因，是因为混凝土或抹灰基层表面太 D ，施工环境温度较高，使涂料的水分挥发过快。

　　A. 平滑　　　B. 固化　　　C. 平整　　　D. 干燥

　　245. 壁纸裱糊时，出现离缝，其主要原因是在裁割时，由于裁刀和 B 等问题使边缘不直、不挺，出现亏纸现象。

　　A. 操作能力　B. 操作技能　C. 操作技术　D. 操作技巧

　　246. 溶剂闪点在 6CTC 以上的是非易燃品；闪点在 25 ~ 60℃之间叫 A 。在闪点范围内，禁止与明火接触。

　　A. 可燃性　　　B. 可烧性　　　C. 易燃性　　　D. 不安全性

　　247. 锰催干剂既能促进聚合又能促进氧化,常用于一般油漆中,常与其他催干剂混合使用,单独使用量为含油量的 B %。

　　A. 0. 11　　　B. 0. 12　　　C. 0. 13　　　D. 0. 14

　　248. 聚胺酯清漆有甲、乙两个组分：甲组分由羟基聚酯和甲苯二异氨酸酯的预聚物 B ；乙组分是由精制蓖麻油、甘油松香与邻苯二甲酸酐缩聚而成的羟基树脂。

　　A. 组合　　B. 组成　　C. 结合　　D. 合成

　　249. 涂料的合理配套，要求彼此之间有一定的结合力，底层涂料又不会被面层涂料咬起。因此，底层涂料应选择坚硬、耐久性好的，它既经得起上层涂料的溶解，又要与上层涂料有较好的 A ，这也是确保成活质量的关键。

　　A. 附着力　　　B. 结合力　　　C. 黏结力　　　D. 凝聚力

　　250. 漆膜出现粉化的主要原因是强烈的日光暴晒，水、霜、冰、雪的 C 。

　　A. 侵害　　　B. 腐蚀　　　C. 侵蚀　　　D. 风化

　　251. 水性涂料工程防治涂膜表面粗糙措施，喷浆气压应控制在 A MPa，喷枪距基层表面不超过 300mm，防止喷浆在未到达基层表面时已干结而形成小颗粒。

A. 1. 5   B. 1. 6   C. 1. 7   D. 1. 8

252. 溶剂按其挥发 B 可分为高沸点、中沸点和低沸点。

A. 快   B. 速度   C. 慢   D. 快慢

253. 锌催干剂为辅助催干剂，一般不单独使用。与钴催干剂混合使用，可避免皱皮，与铝催干剂混合使用可防止沉淀。一般用量为含油量的 C %。

A. 0. 13   B. 0. 14   C. 0. 15   D. 0. 16

254. 各色过氯乙烯防腐漆，具有优良的耐酸、耐碱、耐化学性。常用于化工机械、管道、建筑五金、木材及水泥表面的涂饰，以防止酸碱等化学药品及有害气体的 C 。

A. 侵害   B. 污染   C. 侵蚀   D. 危害

255. 油漆涂膜出现流坠，主要是涂料 B ，涂层过厚；有沟、槽形的零件也易于积漆溢流。

A. 稀度过大   B. 黏度过大   C. 胶性过大   D. 稠度过大

256. 防治漆膜粉化的措施，根据要求选择耐候性好、防水性好的涂料，如长油度醇酸漆或丙烯酸漆，漆膜 D ，可延长使用期。

A. 较坚固   B. 较稳固   C. 较坚硬   D. 较稳定

257. 预防乳胶涂料产生流挂的措施是，施工环境的温度应保持在10℃以上，湿度应小于 B %。

A. 81   B. 80   C. 82   D. 83

258. 双戊烯溶剂可防止针孔、缩边，并增强漆膜光泽。由于它本身能抗氧化，加入桐油中，能防止结皮，另外能使漆很好地分散，故可用在短油度醇酸漆中，防止贮存时 C 。

A. 结皮   B. 干结   C. 胶化   D. 固化

259. 在施工中一般不必补加催干剂。在冬季施工或较冷的天气施工，涂料的贮存时间又过久，干燥性减退时，可适当补加一定数量的催干剂，以调节油漆 D 。

A. 成膜性能   B. 固化性能   C. 成活性能   D. 干燥性能

260. 各色环氧磁漆是由环氧树脂色浆与乙二胺双组分按比

例混合而成。其附着力、耐油耐碱、抗潮性能很好，_D_ 大型化工设备、贮槽、贮管、管道内外壁涂饰，也可用于混凝土表面。

A. 不可用于　　B. 可用于　　C. 不适用于　　D. 适用于

261. 油漆涂膜出现流坠的主要原因是，施工环境_C_，涂料干燥性太差。

A. 温度过高　B. 湿度太大　C. 温度过低　D. 潮气太大

262. 漆膜出现钉孔的主要原因，施工粗糙，腻子层不光滑，未涂底漆或_A_，就急于喷面漆。硝基漆比其他漆尤为突出。

A. 两道底漆　B. 三道底漆　C. 四道底漆　D. 一道底漆

263. 乳胶涂料涂膜发花的原因是颜色_C_或密度相差过大，在涂刷或辊涂施工时，在刷、辊方向上产生条纹状色差，即有浮色产生。

A. 分布不好　B. 散开不好　C. 分散不好　D. 分开不好

264. 防治壁纸裱糊出现离缝的措施，当裁割壁纸时，必须掌握尺寸，下刀前应_C_尺寸有无出入。尺边压紧壁纸后不得再移动，刀刃贴紧尺边一气呵成，中间不得停顿或变换操刀角度，手劲要均匀。

A. 审核　　B. 审查　　C. 复核　　D. 检查

265. 双戊烯溶剂由于其挥发较慢，故在溶剂中的用量一般控制在_D_%即可。

A. 12　　B. 13　　C. 14　　D. 15

266. 增韧剂在漆中的用量一般为树脂量的_A_%，但有些增韧剂会给漆膜带来一定的影响，如降低抗强力，降低耐水、耐碱、耐酸、抗溶剂性及抗油性等。所以在使用增韧剂时，必须严格选用。

A. 10　　B. 11　　C. 12　　D. 13

267. 常用内外墙涂料乳胶漆涂膜透气性好，它的涂膜是气空式的，内部水分容易蒸发，因而可以在_A_%含水率的墙面上施工。

A. 15　　B. 16　　C. 17　　D. 18

268. 防治油漆涂膜出现流坠的措施是，涂刷前预先处理好物体表面的凹凸不平之处，凸鼓处铲磨平整，凹陷处用腻子抹平，较大的孔洞分多次抹平整。对转角、凹槽要 __D__ 。

　　A. 溜平　　B. 理顺　　C. 刮平　　D. 回理

269. 漆膜出现气泡的主要原因是，基层腻子未完全 __B__ ，凝在腻子中的水分受热蒸发。

　　A. 干净　　B. 干燥　　C. 固化　　D. 干结

270. 乳胶涂料涂膜发花的原因，是基层表面粗糙度不同，对所施涂料吸收；基层碱性过大，也易造成色泽 __D__ ；脚手架遮挡部位在重新喷或刷涂料时，涂布量及涂布色调可能与大面积的刷涂不同，也会造成色泽不均。

　　A. 不一样　　B. 不平衡　　C. 不一致　　D. 不均匀

271. 防治壁纸裱糊出现离缝的措施，即在粘贴第二张壁纸时，必须与第一张壁纸靠紧，争取无缝隙，在赶压壁纸底的胶液时，由拼缝处横向往外赶压胶液和气泡， __D__ 使壁纸对好接缝后不再移动。如果已出现移动，则要及时赶压回原位。

　　A. 保险　　B. 保持　　C. 确保　　D. 保证

272. 石油溶剂是由石油分馏而制得。它们的 __A__ 主要是链状碳氢化合物，含有烷族烃、烯族烃和饱和环烷族烃，其溶解力依次增强。

　　A. 组成　　B. 种类　　C. 品种　　D. 结构

273. 由于增韧剂不干性油不能溶解硝酸纤维素，油分子太大，遇高温时从漆膜中析出，因而失去软化的能力，而且容易 __B__ ，所以不宜在白漆中使用。

　　A. 泛绿　　B. 泛黄　　C. 泛灰　　D. 泛青

274. 由于乳胶漆具有优良性能，因而非常 __B__ 作内墙面装饰，其装饰效果可以与无光漆相媲美。

　　A. 能　　B. 适宜　　C. 可用　　D. 适合

275. 防治油漆涂膜出现流坠的措施是，施工环境温度和湿度要选择适当。最适宜的施工环境温度为 __A__ ℃，相对湿度为50% ~75%。

A. 15 ~ 25　　B. 16 ~ 26　　C. 17 ~ 27　　D. 18 ~ 28

276. 防治漆膜发笑的措施，对污染 C 发酵，可用稀释剂、肥皂等洗洁剂对发酵部位进行擦拭，以消除基层污物。

A. 发起的　　B. 造成的　　C. 引起的　　D. 产生的

277. 防治乳胶涂料涂膜发花措施 A 乳胶涂料的黏度，如果黏度过低，浮色现象严重；黏度偏高时，即使密度相差较大，颜色也会减少分层的倾向。

A. 适当提高　B. 适当减少　C. 适当增加　D. 适当调配

278. 防止壁纸裱棚时出现离缝的措施，对离缝或亏纸轻微的壁纸墙面，可用与壁纸颜色 A 的乳胶漆点描在缝隙内，漆膜干燥后一般不易显露。较严重的部位，可用相同的壁纸补贴好，不使有痕迹。

A. 相同　　B. 同样　　C. 相似　　D. 类似

279. 在分馏石油时，依其沸点的不同而将其分成为几种不同的产品。沸点小于80℃的这一段产品称为石油醚，挥发极快，只用来提取香精；80 ~ 150℃的一段产品称为汽油；B ℃这一段馏出物叫松香水；馏程比松香水高的叫煤油。

A. 140 ~ 200　B. 150 ~ 204　C. 160 ~ 250　D. 170 ~ 300

280. 增韧剂天然蜡能溶于松节油、煤焦系溶剂和石油系溶剂，与植物油及松香、酚醛、醇酸等树脂 C ，能作溶剂树脂漆的增韧剂。

A. 混合　　B. 结合　　C. 融合　　D. 溶解

281. 醋酸乙烯乳胶漆是由醋酸乙烯共聚乳液加入颜料、填充料及各种助剂，经过研磨或 C 而制成的一种乳液涂料。

A. 分开处理　B. 松散处理　C. 分散处理　D. 宽松处理

282. 油漆涂膜出现慢干和反粘的主要原因是，被涂物面不 B ，物面或底漆上有蜡质、油脂、盐、碱类等污染物。

A. 干净　　B. 清洁　　C. 光洁　　D. 洁净

283. 漆膜出现渗色的主要原因，在涂刷时，遇到木材上有染色剂或木质含有染料颜色未被 D 。

A. 掩盖　　B. 覆盖　　C. 遮盖　　D. 封闭

284. 防治乳胶涂料涂膜发花措施，即在施工时应力求均匀，严格按照 B 进行。涂膜不宜过厚，涂膜越厚，越易出现浮色发花现象。

A. 操作方法　B. 操作规程　C. 操作顺序　D. 操作步骤

285. 壁纸裱糊出现翘边的原因，阳角处裹角壁纸少于 B mm，受干燥收缩的作用而翘边。

A. 4　　B. 5　　C. 6　　D. 7

286. 200 号溶剂汽油，即松香水，它的沸点和挥发速度都与松节油相似。它能够溶解松香衍生物、改性酚醛树脂。它的最大 C 是毒性较小，这是其他常用溶剂所不能比拟的。

A. 特性　　B. 优点　　C. 特点　　D. 长处

287. 增韧剂单体化合物氧化联苯，含气量在 D % 以下的为液体，可以在漆内应用，降低纤维漆的易燃性，含氯量越高，防止燃烧的效力越大。

A. 35　　B. 40　　C. 45　　D. 50

288. SB12-31 苯丙乳液漆，它以水作 D ，具有干燥快、无毒、不燃等优点，施工方便，可采用刷涂、滚涂、喷涂等方法进行操作。

A. 稀释剂　B. 松散介质　C. 媒体介质　D. 分散介质

289. 油漆涂膜出现慢干和反粘的主要原因是，漆膜太厚，氧化作用限于表面，使内层长期没有 C 。

A. 干硬　　B. 硬化　　C. 干燥　　D. 干结

290. 漆膜出现渗色产生的主要原因，是油性涂料被基层水泥砂浆中的 A 腐蚀。

A. 碱性　　B. 盐　　C. 酸性　　D. 金属

291. 防治乳胶涂料涂膜发花的措施，即被脚手架遮挡的部位在重新喷涂或刷涂时，要认真操作，涂布量不要少于规定的 C ，且尽量使用同一批涂料，以确保整体饰面颜色的一致。

A. 数字　　B. 数目　　C. 数量　　D. 质量

292. 芳香烃溶剂中的苯的闪点更低，只有 D ℃至7℃，极易着火，必须密封，小心贮藏。

A. 0   B. − 5   C. − 10   D. − 12

293. 增韧剂单体化合物氯化石蜡，含气量高，不会燃烧，不会氧化，与树脂融合性较好，抗酸碱性、抗醇性极强，耐候性优良，一般用于聚氯乙烯、树脂、橡胶、纤维脂等。氯化石蜡含气为 A %。

A. 40   B. 50   C. 60   D. 70

294. 丙烯酸酯乳胶漆施工方便，可采用喷涂、刷涂、滚涂等方法进行，施工温度应在 A ℃以上，头道漆干燥时间为 2 ~ 6h，二道漆干燥时间为24h。

A. 4   B. 10   C. 15   D. 20

295. 油漆涂膜出现慢干和反黏的主要原因是，木材潮湿，木材本身有木质素，还含有油脂、树脂、单宁、色素、氮化合物等，这些物质会与涂料作用 D 反黏现象。

A. 会造成   B. 会出现   C 表现   D. 产生

296. 防治漆膜渗色措施，事先涂虫胶清漆或血料封闭染色剂，或采用 B 的颜色漆。

A. 相配套   B. 相适应   C. 相配合   D. 相适合

297. 在裱糊壁纸过程中，垂直是保证裱糊质量的 D ，它直接影响整个裱糊面的美观，尤其是对花的壁纸影响就更大，故在施工中应引起足够的重视。

A. 基本规定   B. 起码要求   C. 基本尺度   D. 基本要求

298. 壁纸裱糊出现翘边的原因，阴角处重叠 C 或有空鼓，如胶粘剂黏性小也易翘边。

A. 搭接   B. 接缝   C. 拼接   D. 盖缝

299. 增韧剂单体化合物磷酸醋有抗燃性,挥发性低,绝缘性高,与大部分树脂相溶性较好,但使用在涂料中会 B ,见光会分解。不溶于水,可与溶剂以任何比例混合,可溶解硝酸纤维。

A. 泛白   B. 泛黄   C. 泛绿   D. 泛灰

300. 芳香烃溶剂中的苯，其溶解力 __A__，为天然干性油（聚合油或氧化油）、树脂（包括松香衍生物、达麦、改性酚醛、长油或短油醇酸、脲醛、氧茚树脂、各种沥青、乙基纤维素等）的强溶剂。

A. 大　　B. 小　　C. 差　　D. 强

2.3　简答题

1. 什么是色彩的色相、明度和纯度？

答：所谓色相就是指色彩的面貌，也就是色彩的名称。用它可以区别不同色彩之间的相互关系，各色彩可以调配成千变万化的优美色调；明度是指色彩的明暗深浅程度，也叫色彩的亮度。不同的色彩，其明度是很不相同的，例如黄色明度就亮，蓝色明度就暗；纯度是指色彩的饱和程度。也即每种颜色含色的多少。

2. 涂料是如何分类的？共分为哪几类？

答：涂料是以主要成膜物质为基础进行分类的，共可分为17 大类，另加一类辅助材料（见下表）。

涂料的分类

序号	类别	代号	序号	类别	代号
1	油脂漆类	Y	10	乙烯树脂	X
2	天然树脂	T	11	丙烯酸树脂	B
3	酚醛树脂	F	12	聚酯树脂	Z
4	沥青树脂	L	13	环氧树脂	H
5	醇酸树脂	C	14	聚胺酯树脂	S
6	氨基树脂	A	15	元素有机漆类	W
7	硝基漆类	Q	16	橡胶漆类	J
8	纤维素漆类	M	17	其他漆类	E
9	过氯乙烯树脂	G	18	辅助材料	

手工清理→预脱脂→脱脂→水洗→水洗→表调→磷化→水洗→水洗→（钝化）→纯水洗→新鲜纯水洗→水分吹干。

3. 现代汽车涂装典型前处理工艺举例？

答：溶剂的挥发率即为溶剂的挥发速度，通常表现为漆膜的干燥速度，若挥发速度太慢，则会使漆膜流挂及干燥缓慢。

4. 什么叫溶剂的挥发率？

答：除油的目的不是因参与化学反应而除油，而是使油脂失去附着力。所以采取两块洁净抹布。

5. 除油时为什么要同时准各两块洁净的抹布？

答：除油的目的不是因参与化学反应而除油，而是使油脂失去附着力。所以采取两块抹布。

6. 为什么木制品涂饰比其他材料制品的涂饰要困难？

答：这主要是由材料的性质和构造决定的。木材是一种天然生长的有机体，花纹美丽，光泽好，易油漆和染色。但木材的材性不太稳定，木材空隙度、含水率、颜色、纹理也各不相同，因此要根据不同的材质采用不同的施工方法。木制品的涂饰工艺要求至少进行底漆和面漆的两次涂饰，并要求涂料和家具表面以及涂料与涂料之向有很好的附着力结合力，色泽均匀，木纹清晰，漆膜平整光滑，各件家具之间色调一致，与环境相协调。金属、塑料等制品的性质比木材稳定，一般均用混色涂装，施工比较简单。所以木家具的涂饰要比其他材料制品的涂饰来得困难。

7. 目前，涂料中使用的溶剂种类很多，按其来源和化学组成，主要分哪几种？

答：（1）石油烃类溶剂；（2）萜烯溶剂；（3）煤焦溶剂；（4）醇类溶剂；（5）酯类溶剂；（6）酮类溶剂。

8. 光敏树脂漆的固化分为哪几个阶段？

答：光敏树脂漆的固化分为三个阶段：（1）链的引发阶段：光敏涂层经一定波长的紫外线照射后，光敏剂分子先分解出游离基，这种活泼的游离基起了引发作用。（2）链的增长阶段：

光敏树脂与稀释剂中的活性基因发生连锁反应，使分子结构中的双键打开，致分子链增长。（3）链的终止阶段：在极短的时间内（几秒钟到几分钟），分子交联形成网状结构的大分子快速固化成光敏漆膜。

9. 喷枪维护的基本要求？

答：每次喷涂后立即用溶剂清洗；每班结束后将喷枪等工具彻底清洗干净（尤其喷嘴、针阀、空气帽），将喷枪空气帽放到适当容器中用溶剂浸泡清洁。

10. 简述红丹底漆的特性及用途。

答：特性：防锈好、膜厚；用于手工清理的物体表面时，对底漆性能的影响不大；非还原型涂层。用途：（1）用于大型钢铁结构，如厂房、设备、煤气罐、储藏罐。（2）用于小型钢铁结构，如铁道、雨水管、水槽。

11. 各种油漆材料应如何安全存放？

答：应分类单独存放在专用库房内，不得与其他材料混放。

12. 油漆工施工中的注意事项有哪些？

答：（1）基层处理要按要求施工，以保证表面油漆涂刷不会失败。

（2）清理周围环境，防止尘土飞扬。

（3）因为油漆都有一定毒性，对呼吸道有较强的刺激作用，施工中一定要注意做好通风。

13. 什么是硝基漆？它由哪些物质组成，其特点是什么？

答：硝基漆又称"硝酸纤维漆"、"清喷漆"、"蜡克"。硝基漆是由硝化棉为主，加入合成树脂、增韧剂、溶剂与稀释制成基料，然后再添加颜料，经机械研磨、搅拌、过滤而制成的液体。其中不含颜料的透明基料即为硝基清漆，含有颜料的不透明液体则为硝基磁漆。

按涂料中挥发部分和不挥发部分的作用，硝基漆的组成和性能如下：

硝基漆的组成

挥发部分

硝化棉：漆膜的主要组成物质；合成树脂：增强漆膜的光泽和附着力等；增韧剂：增强漆膜的柔韧性等；颜料：可制成各种色彩的磁漆，增加漆膜的硬度，提高漆膜的机械性能，阻止紫外线的穿透等。

不挥发部分

真溶剂：溶解硝化棉及树脂；助溶剂：能提高漆的一定溶解度；稀释剂：调节黏度增加漆液的流动性。

在我国木家具行业中，用硝基漆作罩光的涂料，已有半个多世纪的历史了，至少仍为常用涂料之一。硝基漆属于挥发性涂料，其漆膜干燥成膜是靠涂料中溶剂挥发进行的。硝基漆的特点是：

（1）干燥迅速。一般油漆干燥时间需24h，而硝基漆只要10min。由于干燥迅速，被涂物表面不易粘上灰尘，能够保证质量。

（2）漆膜易修复。干燥的漆膜如局部损伤，可修复到与原漆膜完全一致的程度。

（3）漆膜坚硬耐磨，韧性好，不像油基漆那样干燥后尚有粘尘、发黏、皱皮等缺点。

（4）耐化学药品和耐水性好。

14. 清代彩画有哪几个代表作？各有何特点？

答：（1）和玺彩画：它是彩画中最高级的一种，仅装饰于宫殿及坛庙的主殿、堂门等，一般的建筑不可套用此种图案。它的特点表现在构图格式和色彩金碧辉煌的程度以及图案的内容上。

（2）旋子彩画：它用于一般官衙、坛庙的配殿以及牌楼等建筑上，应用范围很广。其主要特点是找头内使用带旋涡状的几何图形，故称"旋子"。

（3）苏式彩画：苏式彩画多用于住宅和园林。它的特点是由图案和绘画两个部分组成，绘画包括各种人物的故事、山水、花鸟、鱼虫等。

（4）顶棍彩画：彩画分别绘制在顶棚板和四周的梁上。

15. 油漆溅到皮肤上如何处理？

答：先用布擦掉，并立即用肥皂或专用洗手液清洗；不要用稀释剂或其他溶剂清洗。

16. 油漆桶失火时应怎样进行扑救灭火？

答：应快速使用灭火器进行灭火，或者使用石棉布等物品进行覆盖。

17. 常用无机高分子涂料有哪些特点？

答：（1）资源丰富、价格低、节省能源、减少环境污染。

（2）涂膜黏结力强，耐久性、耐候性、耐水性、耐污染性好。

（3）具有良好的温度适应性。

（4）涂刷性好，可喷涂、滚涂或刷涂。

（5）无毒、无味、有利于改善施工条件。

（6）储存稳定性好。

18. 手工空气喷涂的操作要领？

答：手工空气喷涂的操作要领为：（1）喷枪调节；（2）喷枪头到被涂物距离 15～25cm，大型喷枪为 20～30cm；（3）喷枪与被涂物面呈直角平行移动，移动速度一般为 30～60cm/s；（4）喷流搭接幅度应保持一定，一般为 1/4～1/3。

19. 在地下室、池槽、管道和容器内进行有害或大面积涂料作业时应采取哪些安全措施？

答：除应使用防护用品外还应采取人员轮换间歇、通风换气等措施。

20. 混色油漆施工工艺有哪些步骤？

答：首先清扫基层表面的灰尘，修补基层→用磨砂纸打平→节疤处打漆片→打底刮腻子→涂干性油→第一遍满刮腻子→磨光→涂刷底层涂料→底层涂料干硬→涂刷面层→复补腻子进行修补→磨光擦净第三遍面漆涂刷第二遍涂料→磨光→第三遍面漆→抛光打蜡。

21. 制造丙烯酸酯用哪些原料，其主要特点是什么？

答：制造丙烯酸酯的原料有丙烯酸、丙烯酸甲酯、丙烯酸乙酯、丙烯酸戊酯、丙烯酸丁酯、丙烯酸辛酯、甲基丙烯酸、甲基丙烯酸甲酯、乙酯、丙酯、丁酯等。此外，为了改进树酯的性能和降低成本，还采用其他烯属单体，这些单体都具有不饱和双键结构。

丙烯酸酯的主要特点是：耐紫外线，保色、保光性好；光泽高，经久不失；耐久性良好，长期暴晒下不损坏；漆本身呈水白色，便于调制色漆；硬度高、有较好的耐磨性；抗化学品与抗水性能良好。

22. 裱糊工程质量验收应符合哪些规定？

答：裱糊工程的质量应符合下列规定：

（1）壁纸、墙布必须粘贴牢固，表而色泽一致，不得有气泡、空鼓、裂缝、翘边、皱折和斑污，斜视时无胶痕。

（2）表面平整，无波纹起伏。壁纸、墙布与挂镜线、贴脸板和踢脚板紧接，不得有缝隙。

（3）各幅拼接横平竖直，拼接处花纹、图案吻合，不离缝，不搭接，距墙面 1.5m 处正视，不显拼缝。

（4）阴阳转角垂直，棱角分明，阴角处搭接顺光，阳角处无接缝。

（5）壁纸、墙布边缘平直整齐，不得有纸毛、飞刺。

（6）不得有漏贴、补贴和脱层等缺陷。

23. 列举多彩内墙涂料常见的质量通病及防治措施。

答：（1）流淌

产生原因：喷涂太厚。

防治措施：1）预先试喷涂；2）转角处使用遮盖物。

（2）花纹不规则

产生原因：1）喷涂压力不稳；2）喷涂操作不当；3）不胜任喷涂操作；4）涂层遮盖率不够；5）脚手架搭设不符合要求。

防治措施：1）遵循操作说明；2）组成 2~3 人的小组，明确每人责任；3）加强培训，总结经验；4）喷涂厚些；5）合理搭设脚手架。

（3）光泽不均匀

产生原因：中涂层吸收面涂料不均匀。

防治措施：在中涂之前，对批嵌过的墙面应先涂刷底涂料。

（4）黏结差、易剥落

产生原因：1）墙面湿度大；2）墙面强度低；3）稀释中涂料用水过度；4）中涂层没有充分干燥；5）中涂料质量原因。

防治措施：1）干燥墙面；2）涂二道底涂料；3）按合理配合比；4）遵循操作说明；5）使用优质中涂料。

（5）屑状脱落

产生原因：1）高湿度；2）用水稀释面涂料。

防治措施：1）避免雨天施工；2）不稀释。

24. 简述产生"起皱"问题的原因及防治措施。

答：产生原因：施涂广漆时，涂层厚薄不匀，并且匀理次数不够。

防治措施：施涂应均匀，涂层厚薄一致，做到反复理匀，直至目测颜色均匀，涂刷感到发黏费力时，再顺木纹理顺理通。

25. 简述产生"老虎斑"问题的原因及防治措施。

答：产生原因：由于气候潮湿，使漆膜干燥快，未刷均匀已开始干燥，而产生斑迹。

防治措施：操作时，上漆及匀理动作应快，自揩自理来不及时，须两人或多人密切配合，中途不可停顿，应连续完成。另一方面操作技术应熟练。

26. 油漆工的作业场所有哪些防火要求？

答：（1）严禁存放易燃易爆物品；（2）不准吸烟；（3）必须配备消防用具；（4）不准进行焊接和一切明火作业。

27. 墙面漆的刷漆工艺有哪些？

答：如果墙面是旧墙的，需要先把表层湿水后刮除。干透后滚涂一遍光油。如果是旧房而基质良好，则使用粗砂纸打磨一两遍即可，不需要刮除。（1）先用108胶、熟胶粉和双飞粉调配成灰腻子后批平整个墙面。（2）干透后用细砂纸磨光。以上工序一般要连续三遍，直至墙面批平为止。（3）刷一遍面漆（乳胶漆）。（4）干透后用细砂纸磨光。（5）刷第二遍面漆。

28. 木材表面处理包括哪些内容？

答：木材表面进行处理，应包括清除木材表面的灰尘、磨屑、胶迹、油污，去木毛，去脂，修整压痕、裂纹、嵌补钉眼、虫眼，填平管孔及白坯砂光等。某些涂饰工艺尚需漂白。

29. 简述涂料施涂过程中，产生"脱皮"质量疵病的原因及防治方法。

答：脱皮又称开裂、卷皮。是指涂膜破碎成小片从物面上浮卷起来，并逐渐掉落。

（1）产生原因

1）主要是涂料品质低劣，涂料内树脂、胶质成分太多，施涂后易脆裂。

2）被施涂物面的基层处理不当，粘有各种油污等物质，成膜后附着不好或物面太光滑（如镀锌薄钢板表面）。

3）稀释剂掺加过度，施涂后涂膜太薄，附着力差。

4）基层潮湿或底涂料未干透就施涂面涂料。

5）在水泥为主要材料的物面上，基层清理后未先施涂底油或清油，就嵌批腻子，其油质被基层吸收过多，也会造成附着力差。

6）在旧涂膜上施涂新涂料，因旧涂膜吸收新涂料内的溶剂后发生膨胀，造成涂膜脱落。

（2）防治方法

1）选用合格及配套的涂料。

2）对物面上的油污等一定要用溶剂揩擦干净后再施涂。施涂下遍涂料一定要待前遍涂料干燥后才能进行。

3）在水泥为主要材料的物面上施涂涂料，应先施涂底油或清油一遍后，再嵌批腻子。

4）对旧涂膜基层应先刷虫胶清漆或猪血和清油封闭，或应将旧涂膜清除干净。

30. 简述涂料施涂过程中，产生"裂纹"质量疵病的原因及防治方法。

答：裂纹是指在已固化的涂膜上产生细小裂纹。按裂纹的形状和程度来区分一般有：如头发丝般的裂纹称为细微裂纹；如龟甲状般的裂纹，称为龟裂；如松树叶状般的裂纹，称为针叶裂纹；如玻璃裂开般的裂纹称为玻璃裂纹。

（1）产生原因

1）涂层涂料配套使用不适当，底层涂膜比面层涂膜软，在长油度底漆上施涂短油度面漆也容易开裂。

2）头遍涂料未干透就施涂下遍或涂料施涂太厚。

3）物面沾有油污、蜡质或旧涂膜未清除干净，造成涂膜收缩不一致。

（2）防治方法

对于不透底的细裂纹，可先洗净涂膜表面，待干燥后在裂纹处点涂少许溶剂，使涂膜溶化变软，再轻轻擦抹使其弥合，待干透后重新施涂面层涂料。如效果不理想时，再进行局部补修。对于透成的裂纹，如不严重时，可局部补修，严重时则应彻底返工。

31. 简述聚氨酯清漆的性能和适用范围。

答：性能：涂膜具有良好的耐水、防潮、耐磨、防霉、防化学腐蚀等性能，涂膜光泽丰满、附着力好。

适用范围：可用于要求耐酸碱及易受机械损伤的设备、防潮层、绝缘层及木器装饰涂层。

32. 如何调配油色？

答：油色的调配方法与铅油大致相同，但要细致。将全部用量的清油加 2/3 用量的松香水，调成混合稀释料，再根据颜色组合的主次，将主色铅油称量好，倒入少量稀释料充分拌和均匀，然后再加次色、副色铅油依次逐渐加到主色铅油中调拌均匀，直到配成要求的颜色，然后再把全部混合稀释料加入，搅拌后再将熟桐油、催干剂分别加入并搅拌均匀，用100目铜丝箩过滤，除去杂质，最后将剩下的松香水全部掺入铅油内，充分搅拌均匀，即为油色。

33. 试述 JM811 防水装饰地面涂料的特点。

答：（1）涂膜富有弹性，黏结强度高，抗渗，耐水性能好；

（2）没有接缝，不易渗漏；

（3）涂膜色彩多样，平整光洁，装饰效果好；

（4）具有耐酸、碱等化学品、耐老化及耐磨耗等优良性能；

（5）抗拉强度高，延伸率大；

（6）造价低，施工工序少，操作方便。

34. 油漆的危害有哪些？

答：（1）过敏：普通聚酯漆中的重要组分 TDI 在国家标准《职业性接触毒物危害程度分级》GBZ 230 - 2010 中被列为高度危害级物质。诱发皮疹，头晕，免疫力下降、呼吸道受损、哮喘等过敏反应。

（2）败血：油漆和装饰胶中大量使用的苯系物（苯、甲苯、二甲苯）会损害造血机能，引发血液病，也可致癌；诱发白血病。

（3）脑毒：表现为神经系统受损。有油漆中的溶剂（俗称稀料）长期蓄积于中枢神经系统，导致大脑细胞受损，引发慢性溶剂中毒综合症、神经性精神功能紊乱等等。使儿童智力降低。

（4）致畸：大量研究资料证实，其有毒物质可致生育畸形。

35. 腻子是由哪些材料配成的，怎样进行调配？对腻子有何要求？

答：腻子是由大量的体质颜料（老粉、石膏粉等）、清漆或色漆、着色颜料以及适量的水和溶剂等调配而成的。

腻子中的体质颜料多用碳酸钙（大白粉、老粉）、硫酸钙

（石青粉）、硅酸镁（滑石粉）、硫酸钡（重晶石粉）等，着色颜料多用氧化铁红或红土子、氧化铁黄或黄土子、炭黑等。着色颜料的用量应视家具涂饰的色调而定。调配腻子常用的清漆有虫胶清漆、酚醛清漆、清油（熟油，光油）、硝基清漆、醇酸清漆、光敏清漆等，有的还采用猪血、胶液作为主要粘接材料。

对腻子的要求是：调配简单，施工方便，干燥快，收缩小，附着力好，成本低。调配前应将体质颜料与着色颜料过筛（最好使用每平方厘米 800～1000 个孔的筛子），以清除污物和大颗料颜料。调配时需要一块平整的木板，一把牛角刮刀或金属铲刀。先将体质颜料放在木板中间，加入着色颜料搅拌均匀，并堆成一堆，中间挖一个凹坑，将清漆、溶剂放入凹坑内，用铲刀调拌，以使体质颜料逐渐吸收清漆。腻子调配过程中，必须将颗粒状颜料全部碾碎成粉末状，并充分搅拌调匀。

36. 简述裱糊绸缎墙布的操作注意事项。

答：（1）选定绸缎品种时，尽量选择单色或无规则细花纹的产品，否则背面的纺织丝线的颜色会映透到正面来干扰了正面的花色、影响装饰效果。

（2）做夹层用的色细布，颜色接近绸缎背面颜色，稍淡一些最佳。

（3）弹垂线和水平线的铅笔颜色不应太浓，以贴好绸缎后看不见为准。

（4）底层等空气潮湿处的抹灰面要刷一遍防霉封底漆。

（5）木材面粘贴绸缎需刷一遍清底油。

（6）阳角不拼缝要包紧压实不起皱。

（7）操作时，应洗干净手及工作台、工具。

（8）绸缎裱糊施工少，经验积累不够丰富，裱糊时会有一定的难度，可吸取裱画工艺的经验，以改进、充实、提高裱糊的技艺。

37. 试述防腐涂料应具备的特性是什么？

答：防腐涂料应具备的特性是：对腐蚀性介质不发生化学

反应；有较好的抗渗性，能防止腐蚀性介质渗入涂膜；具有优良的耐候性；与基层应有较好的胶粘力；不容易开裂或脱落；此外还应有一定的装饰性能。

38. 试述磁漆木材面上施涂的操作工艺顺序。

答：操作工艺顺序：施工准备→基层处理施涂底油→嵌批石膏油腻子二遍及打磨→施涂铅油一遍及打磨→复补腻子及打磨

┌─ 施涂填光漆一遍及打磨→施涂磁漆一遍。
→│
└─ 施涂调和漆一遍及打磨→涂无光漆一遍。

39. 列出弹涂装饰工艺的主要材料及适用范围。

答：弹涂装饰工艺是由基层涂刷色浆和面层弹花点两部分组成，主要材料是有普通水泥或白水泥、聚醋酸乙烯乳胶漆、106（或803）涂料、聚醋酸乙烯乳胶液、107胶、立德粉、大白粉、石性颜料粉、羧甲基纤维素、配聚醋酸乙烯乳胶漆的色浆等。彩弹的材料无毒性，色泽可自由选择调配，干燥快，施工方便，工效快，弹点与基层表面具有较好的附着力。

（1）以水泥为主要基料的彩弹弹点，具有良好的耐水性和耐候性，与墙面基层黏结较好，适用于外墙面，也可用于礼堂，观众厅大面积的内墙面。

（2）以聚醋酸乙烯乳胶漆为主要基料的彩弹弹点，具有良好的解水性和耐候性，色泽鲜艳，适用于室内外墙面和顶棚。

（3）以106（或803）涂料为主要基料的彩弹弹点，色泽和花点鲜艳，但不具耐水性和耐候性，只限于室内墙面和顶棚使用。

40. 列举几种常用玻璃钢的种类及特点。

答：常用玻璃钢的种类：有环氧玻璃钢、酚醛玻璃钢、呋喃玻璃钢和不饱和聚酯玻璃钢等。这几种常用玻璃钢的特点如下：

（1）环氧玻璃钢：机械强度高，收缩率小，耐腐蚀性优良，黏结力强，成本较高，耐温性能较差。

（2）酚醛玻璃钢：强度较高，电绝缘性能良好，成本较低，耐热性优良，耐腐蚀性能较好。在室外长期使用后会出现表面风蚀现象。

（3）呋喃玻璃钢：耐碱性良好，耐温性较高，原料来源广，成本较低。强度较差，性能脆，与钢壳黏结力较差。

（4）不饱和聚酯玻璃钢：工艺性良好，施工方便（冷固化），强度高，电性能和耐化学腐蚀性良好。耐温差性差，收缩率大，弹性模量低，不适于制成承力构件。有一定气味和毒性。

41. 漆工的涂料性能检验与三废处理有哪些技能要求？

答：（1）能掌握原漆性能的检验，测定遮盖力和检验涂层性能。

（2）能采取防护涂装对环境污染的措施。

（3）能组织涂装车间的安全生产，掌握防火、灭火方法。

42. 用机械涂饰家具的方法有哪些？

答：常用的机械涂饰方法有气压喷涂法、液压喷涂法、静电喷涂法、淋涂法、辊涂法等。

43. 列举常用的防腐涂料的主要的品种。

答：（1）生漆；

（2）沥青漆；

（3）环氧树脂漆；

（4）乙烯树脂类防腐蚀漆。

44. 建筑工程图样中尺寸怎样组成的？

答：建筑工程图样中尺寸的组成：

（1）尺寸界线：尺寸界线是表示图形尺寸范围的界限线，用细实线绘制，有时可利用定位轴线、中心线或图形的轮廓线来代替；

（2）尺寸线：表示图形尺寸度量方向的线，用细实线绘制，不能利用任何图线代替尺寸线；

（3）尺寸起止符号：在尺寸线与尺寸界线的相交处必须画上尺寸起止符号，尺寸起止符号一般用中粗斜短线绘制，其倾斜方向应与尺寸界线顺时针45°角，长度宜为 2~3mm；

（4）尺寸数字：尺寸大小是以数字来表示，其计量一般以"mm"为单位，在图中可不予注明。

45. 在施工图中如何表示定位轴线？

答：定位轴线是确定建筑物或构筑物各个组成部分的平面位置的重要依据，在施工图中，凡承重墙、柱子、大梁或屋架等主要承重构件应画上轴线来确定其位置。对于非承重的隔墙次要承重构件等，则有时用分轴线，有时也可由注明其与附近轴线的有关尺寸来确定。

轴线用细点画线表示，末端用圆圈（圆圈直径为8mm），圈内注明编号，在水平方向的编号采用阿拉伯数字，由左向右依次注写；在垂直方向上的编号，采用大写拉丁字母由下向上顺序注写。其中 I、Q、Z 三个字母不得用为轴线编号。轴线编号一般标注在图面的下方及左侧。

46. 圆与圆弧尺寸如何标注？

答：圆与圆弧尺寸的标注：

（1）尺寸界线：是以圆及圆弧的轮廓线代替；

（2）尺寸线和尺寸起止符号：尺寸线应过圆心，尺寸线的起止符号采用箭头符号和圆心表示；

（3）尺寸数字：圆与圆弧的尺寸数字是以直径和半径的长度来标注的，在尺寸数字前面均应加注"D"和"R"代号（或用 ϕ 表示直径代号）。

47. 玻璃钢施工的质量通病与防治措施有哪些？

答：（1）玻璃钢胶料固化慢、不固化或固化不完全

1）质量问题的现象：胶料涂刷数小时后仍未固化，仍有粘手现象；或24h还只是表面稍固化，内部仍为黏稠液体，时间延长仍不固化。

2）防治措施：首先查找原因。如是环境温度低所致，应及时采取加热保温措施；如是原材料性能或配合比问题，应及时进行调整或调换。缺陷部位铲除后，要用溶剂擦拭干净，再重新施工。

（2）玻璃钢空鼓、皱褶、脱壳、层间有气泡

1）质量问题的现象：用小锤轻击表面可听出空响声。外观表面不平整、有气鼓和起鼓，皱褶现象。

2）防治措施：采用多层连续施工时，可用小刀将气泡、空鼓处割开，排除气体，滚压平整，使玻璃布和胶料重新结合，这在树脂胶料未固化前不会影响玻璃钢的质量。采用分层间断法施工时，如发现有气泡，可沿其周围用小刀割开，并去掉气泡部分，下面用砂布打毛擦净，再刷胶料补贴玻璃布，修补的面积可略大于原缺陷的面积。

（3）玻璃钢胶料渗透不佳，层间发白，黏结不牢或分离。

1）质量问题的现象：表面可看到白片、白点等胶料未渗透现象。用锤轻击可听出黏结不实的声音。

2）防治措施：按预定的质量要求决定是否返修或修补。最好的预防措施是加强玻璃布层间的质量检查和补修，不要等到粘贴完后再来返修。

48. 油漆工中油漆工程的施工工艺？

答：清理基层、润粉、着色→封闭底色→打磨→刷硝基清漆→湿磨→刷第一遍清漆→湿磨→刷第二遍清漆→湿磨→抛光、上光。

49. 什么是清漆涂饰？它可分几个工艺阶段和几级装饰？

答：清漆涂饰又称透明涂饰，它是使用透明涂料（清漆）来装饰木家具表面的，因而保留了木材的天然纹理和颜色，而且经过填孔和染色会使纹理更加清晰，色泽更加鲜艳悦目。一般多用于纹理美观的阔叶材装饰。

清漆涂饰工艺可分为五个阶段，即表面处理、基础着色、涂层着色、清漆罩光、漆膜修整。每个阶段又分若干工序。根据用料和工艺要求的不同又可分为普、中、高三级装饰。

50. 简述多彩内墙涂料的组成、特性和适用范围。

答：（1）多彩内墙涂料是由磁漆相和水相两大部分组成。磁漆相由硝化棉、树脂及颜料组成；水相由甲基纤维素和水组

成。将不同颜色的磁漆相分散在水相中，互相渗混而不相溶，外观呈不同颜色的粒滴，使涂料具有多彩多样的特点。

（2）多彩内墙涂料饰面层是由底涂料、中涂料、面涂料三层组成。底、中层用刷子涂刷或滚涂，面涂层需用喷雾枪一次成活，直接形成叠色彩和花样的装饰效果。

（3）涂膜具有较强的立体感，富有柔软的光泽，色彩谐调优雅，可由设计和用户选择施工。此外，多彩内墙喷涂的涂膜强度高，耐刻划，还具有耐油、耐减、耐擦洗性能，对涂层表面的污染，可用肥皂和水洗刷，以保持洁净滑亮。

（4）多彩内墙涂料不宜用于室外墙面等部位，适用于中、高级民用和公共建筑的室内墙面，顶棚、柱子面等装饰施工。可喷涂于混凝土面、砂浆面、纸筋灰面、木材面、钢铝金属面以及石膏板、纸面石膏板、水泥压力板、纤维板类等板材。对于宾馆、饭店、会议室、教学楼、医院等公共活动场所的内墙、墙裙尤为适宜。

51. 简述多彩内墙涂料工艺操作中的注意事项。

答：（1）基层必须平整、干净，以保证涂膜具有良好的附着力，基层平整度的误差 <2mm，平整光洁度用光线目测而定，基层必须牢固，具有一定的强度，对基层质量参照"建筑安装质量检验评定标准"检查，并做好评定记录。

（2）满批腻子要平整牢固，不得有漏批和明显接槎，腻子要有牢固的黏结力，不得有脱粉、龟裂等现象。

（3）刷（喷、滚）涂底、中涂层要均匀，不得漏涂和明显纹痕，面涂料启用前先摇动容器，然后用木棍轻缓地顺一个方向搅动，使涂料均匀。喷雾枪应离饰面 300～400mm，操作角度呈 90°，垂直和水平方向喷涂，气压必须稳定在 0.2～0.3MPa，喷点要分布均匀，花饰大小基本一致。

（4）基层含水率应控制在 8% 以内，施工温度 5℃ 以上，相对湿度在 80% 以下才能施工；基层嵌批胶粉腻子干透后才能进行底涂层施工，底涂层涂刷 4h 后才能进行中涂层施工，中涂层涂刷 18～24h 后，才能进行面涂层施工。

（5）饰面喷涂施工完毕后，必须做好产品保护，以免碰撞损坏和污染，保养 2～3d 后方可使用。

52. 标高有哪些分类?

答：标高分类

（1）按标高基准面的选定情况分：

1）绝对标高根据我国规定，凡以青岛的黄海平均海平面作为标高的基准面而引出的标高均称为绝对标高。

2）相对标高：凡标高基准面（即 ±0.000 水平面）是根据工程需要而各自选定的，这类标高称为相对标高。在一般建筑中，大都是取底层室内地面作为相对标高的基准面。

（2）按标高所注的部位分：

1）建筑标高：它是标注在建筑物的装饰面层处的标高；

2）结构标高：它是标注在建筑结构部位，（如梁底、板底处）的标高。

53. 墙身详图的识读方法和步骤是什么?

答：墙身详图的识读方法和步骤

识读墙身详图时，首先应找到详图所表示的建筑部位，应与平面图、剖面图或立面图对应来看。

看图时要由下向上或由上向下逐个节点识读：

（1）了解墙身的防水、防潮做法；

（2）了解立面装饰要求；

（3）了解门窗洞口的高度、上下皮高度、立口的位置；

（4）了解室内各层地面、吊顶、屋顶等的标高及构造做法；

（5）了解各层梁板等构件的位置及其与墙身的关系。

54. 硝基清漆理平见光工艺操作过程中要注意哪些事项?

答：（1）硝基清漆内部渗有挥发性大、干燥快的稀料，需有适当温度，操作时才能保证质量，下雨低温时室内操作需加温才能施工。

（2）硝基清漆施工怕潮湿、低温，施工时容易泛白，因此要适当掺加防湿剂。

（3）硝基清漆内的香蕉水稀料有毒，操作者要注意通风，预防中毒。

（4）加强防火措施，严禁在施工场地吸烟、动火，以防万一。

（5）调配好的硝基清漆和施工中剩余的漆片都要放在坛子内，加盖密封，不能存放在金属器皿内，以防日久发黑变质。

（6）木制品的硝基清漆揩涂工艺有初、中、高级之分，一般来说，初级为揩涂一遍，中级为揩涂二遍（本工艺为揩涂二遍），高级为揩涂三遍。

55. 油漆工在施工作业中要注意哪些？

答：油漆工在施工作业中，要尽可能保持良好通风；按规定戴防护口罩，防护眼镜或专门防护面罩；作业人员禁带火种，严禁明火与吸烟；每间隔 1~2h 就应到室外空气新鲜地方换气；感到头痛、恶心、胸闷、心悸应停止作业，立即到室外换气。

56. 硝基色漆涂饰工艺包括哪些工序？

答：硝基色漆涂饰工艺过程如下：表面清净→嵌补虫胶腻子→干后砂磨（1 号砂纸）→全面填平（刮油腻子）→干后砂磨（1 号木砂纸）→复刮一道油腻子→干后砂磨（同前）→连涂两道白虫胶底漆（20%）→干后砂磨（1 号砂纸）→复补虫胶腻子→砂磨（1 号木砂纸）→刷两道白色硝基磁漆（按 1:1.2 的比例对入香蕉水）→复补虫胶腻子→砂磨（1 号木砂纸）→擦涂一道带色硝基磁漆→湿砂磨（320 号水砂纸）→喷涂三道带色硝基磁漆→湿砂磨（400 号水砂纸）→抛光→涂蜡→整修。

57. 为了提高防火效能，一般在防火涂料中常适量加入的哪些辅助材料？

答：（1）根据二氧化碳、氨、氯气等不能燃烧的特性，在防火涂料中加入一些受热能产生这些气体的辅助材料。当它们在遇火受热时就能放出气体隔绝空气，以达到熄火的目的。这类辅助材料有氯化石蜡、五氯联苯、磷酸铵、磷酸三甲酚等。

（2）根据一些低熔点的无机化合物遇火融化成玻璃层能使物体表面与火焰隔绝的原理，在防火涂料中加入一些硼酸钠、硅酸钠、玻璃粉等辅助材料，使之遇火可封闭物体表面。

（3）加入一些遇热生成厚泡沫层的辅助材料，以隔绝火源，防止继续燃烧。这种类型的防火涂料称为发泡型防火涂料，它的防火效能较加入其他辅助材料更好。常用的发泡剂有硼酸锌、磷酸三氢胺、淀粉等。

58. 如何仿制彩色大理石的石纹？

答：采用喷涂法，涂饰法和笔绘法可以仿制成消色大理石和彩色大理石等。消色大理石以白、灰、黑三种颜色交错成石纹，彩色大理石以大红、紫红、棕黄或浅绿，深绿、浅翠绿交错成石纹。

（1）操作工艺顺序：施工准备→施涂底层涂料→划底线→点、刷石纹（或喷漆）→画线→打磨→施涂面层涂料。

（2）操作工艺要点

1）施工准备

A. 工具：油漆刷、喷枪、油画笔、软铅笔、羊毛笔、木框、丝棉、直尺等。

B. 材料：调和漆（红、黄、蓝、白、黑色等）、磁漆、清漆等。

C. 木框制作：根据大理石块的规格，制作一只方木框，其尺寸一般为：450mm×450mm，500mm×500mm 等几种。将丝棉浸入水中，浸透后捞出，挤出水分，甩开使其松散，用手整理丝棉成斜纹状，如：石纹样，但不宜拉成直纹。将整埋好的丝棉紧绷在木框上，用喷漆喷二至三遍，使其变硬，待用。

2）施涂底层涂料：若仿制消石大理石纹样，在基层处理完毕后，施涂第一遍白色涂料，涂层宜薄而均匀。

如果用喷涂法操作，则用喷枪喷上白色底漆一遍。

3）画底线：根据设计所定的仿石块尺寸用直尺、铅笔在白色涂层上画出底线，作为石块拼缝。

4）点、刷石纹（或喷漆）。

涂饰法：在底层白色涂料基面上，施涂一遍白色调和漆，宜选用伸展性较好的调和漆，使其能化开石纹。施涂后不等涂膜干燥，随即用灰色调和漆任意地、无规则地施涂在白色漆面上。涂上灰色漆后，用油漆刷来回轻轻浮飘，刷成纹，与白色交错，条纹应曲折不能端直。再在灰色漆面上用油画笔点刷黑色线纹，然后用灰色漆轻轻地往返浮飘，即出现黑、白、灰交错的仿大理石纹。

喷涂法：在底层白色涂料基面上，局部地方交错地喷上红色和黄色的磁漆，再将丝棉木框靠附在待喷涂层上。将喷枪对着丝棉框满喷一道紫色磁漆。完毕后，将丝棉木框揭开，涂层上即形成相应色泽的彩色仿大理石纹。

笔绘法：它与喷涂法、涂饰法的不同之处：即用羊毛笔绘出各色仿石纹线条，然后用油漆刷掸刷成石纹状（与绘木纹有相同之处）。

5）画线：应在仿石纹涂膜干透后进行，操作时，在原底线处划出 2mm 宽的仿石块拼缝。

6）打磨：待干透后，用 400 号水砂纸轻轻地打磨一遍，掸净灰尘。

7）施涂面层涂料：施涂一遍罩面清漆，涂层应均匀、不漏涂。

59. 什么是劳动产量定额？

答：劳动产量定额就是在合理的劳动组织、合理使用材料的条件下，某种专业、某种技术等级的工人小组或个人，在单位工日中所应作出的合格产品数量。其计算公式为：每工产量＝1/单位产品的时间定额（工日）。

60. 计算工程量的一般方法和步骤有哪些？

答：计算工程量的一般方法和步骤：

（1）根据施工图样计算出需要装饰的各单项实物工程量。如门、窗、顶棚等的投影面积。

（2）图样上无法标注的装饰应到实地测量计算，如玻璃的尺寸、扶手的延伸长度及围径等。

（3）对一些新材料、新工艺或特殊的异形装饰物，可在图样会审时，按照设计和用户的要求，参照有关规定，先编制估、预算分析定额，经设计和建设单位认可，作为工程决算时的依据。

（4）工程实物量的计算应根据装饰的不同等级、种类、形式、位置等按照施工样纸及图样会审中修改设计联系单，对照工作量计算的有关规定，计算出施工工作量。在计算工作量时，还应对同类工程的不同项目，正确地套用定额规定的系数，例如，各类门窗在计算时，以门窗的投影面积再乘以规定的系数。

61. 油漆装饰工程用工计算的依据是什么？

答：油漆工程中用工计算的依据有以下几点：

（1）建筑工程施工图及其说明；

（2）图样会审中有关油漆装饰内容的会议纪要及技术联系单、签证单；

（3）建筑装饰工程施工验收规范；

（4）建筑装饰工程质量验收评定标准；

（5）全国建筑安装统一劳动定额或省市颁布的劳动定额；

（6）全国建筑安装统一材料耗用定额或各省市颁布的材料耗用定额。

62. 简述高级喷磁型外墙涂料喷涂工艺的操作工艺顺序。

答：基层处理→施涂底层涂料一遍→喷涂中层涂料一遍→滚压花纹→施涂面层涂料二遍。

63. 油漆工在夜间作业应有哪些注意事项？

答：油漆工在夜间作业时照明设备应有防爆措施；在喷漆室或金属罐体内喷漆要设接地保护，防静电聚集。

64. 裱糊壁纸前，为何要先在各种物面上施涂不同的底胶或底油？其重量配合比是什么？

答：施涂底胶或底油的主要作用：一是嵌批腻子后，腻子层有厚有薄，厚处吸水快，薄处吸水慢，为防止裱糊时胶粘剂中的水分被基层迅速吸去而失去黏结力；二是由于气候干燥时，防止胶粘剂干得太快而来不及裱糊；三是防止碱类析出物损坏壁纸，使其表面变色，特别是复合壁纸。因此，在裱糊前必须在腻子层上，施涂一遍重量配合比约为：107 胶∶水 = 1∶1 的底胶，或熟桐油（油基清漆）∶松香水 = 1∶2 ~ 2.5 的底油作为封闭处理层。这样可以防止混凝土、抹灰面渗吸水分而造成壁纸脱胶、起鼓、泛白等质量问题。

65. 材料定额管理的计算方法是什么？

答：材料定额管理的计算方法如下：

（1）计算材料的耗用定额，以国家和各省市颁布的材料耗用定额为依据；

（2）在套用定额时，必须认真复核实物工程量。认真阅读材料耗用定额的总说明和分册说明。正确掌握定额说明及有关事项；

（3）在套用材料定额时，必须对照工艺要求（即两遍成活、三遍成活或四遍成活之区别），这样才能做到计算材料耗用正确科学；

（4）对一些新材料、新工艺无法套用定额时，可按设计和用户的要求，取得建设单位的同意，编制估算分析定额，作为工程施工材料耗用和决算的依据。

66. 墙纸裱糊施工操作工艺流程有哪些？

答：墙纸裱糊施工操作工艺流程见第 66 题图：

67. 试述水泥地面聚氨酯耐磨涂料施涂工艺的操作顺序。

答：施工准备→基层处理→满批腻子三遍及打磨→施涂色

第 66 题图　墙纸裱糊施工操作工艺流程

浆两遍→刻画线条或图案→施涂耐磨漆两遍并打磨→施涂罩面
耐磨漆。

68. 简述传统贴金法的操作方法。

答：（1）将要贴金的部位先用漆灰嵌补密实、平整，砂磨
光滑，出净灰尘，用细嫩豆腐或生血料加色涂刷一遍，再用旧
棉絮收净。

（2）做金脚：选用优质广漆，漆头要重一些，配合比约为
生漆：坯油＝1：0.6。用特制小漆刷（称金脚帚或用画花笔）蘸
取广漆，仔细地将贴金部位描涂广漆，一般作两遍为宜，但也
有作三遍，其目的是使漆膜丰满饱和，但要防止花纹或线脚低
凹处涂漆过多而起皱皮。

（3）贴金：在最后一遍金脚作好后，在其将干未干时，将
金箔精心敷贴于金脚上，作法与古建筑贴金相同，如发现有漏
贴之处，要立即补金。

（4）盖金：贴金干后，在上面涂刷广漆一道，称为"盖
金"。最好选用漆色金黄的黄皮漆，或毛坝漆、严州漆，其色
浅，漆膜丰满，底板好。盖金用的漆刷可选用毛细而软的小号
漆刷，也可用头发自扎制。

69. 漆工涂料用量的计算方法？

答：涂料的包装基本分为 5L 和 15L 两种规格。

以家庭常用的 5L 容量为例，5L 的理论涂刷面积为两
遍 35m²。

粗略计算方法：地面面积×2.5÷35＝使用桶数

精确计算方法：（房间长＋房间宽）×2×房高＝墙面面积
（含门窗面积）

房间长×房间宽＝顶棚面积

（墙面面积＋顶棚面积－门窗面积）÷35＝使用桶数

70. 简述涂料施涂过程中，产生"泛白"质量通病的原因
及防治方法。

答：泛白又称发白。是指热塑性的挥发型涂料涂层在干燥

过程中，发生浑浊或呈半乳色，甚至变成雾状内色，严重的如白云层一般使光泽消失。

（1）产生原因

1）施涂时，空气较为潮湿（相对湿度在80%以上），稀释剂水分蒸发慢，在涂膜中凝聚起来，出现发白现象。

2）虫胶清漆及乙烯树脂类涂料。若含有大量低沸点溶剂时，不但易发白，而且往往并发针孔及细裂纹现象。

3）喷涂施工时，由于压缩机油水分离器失效，将水分带入涂料中，使大量水分凝聚。

4）物面上沾有酸性植物胶吸收水分。

5）涂料本身的质量原因，如耐候性差或稀释剂掺加过多，使涂料沉淀，施涂后泛白。

（2）处理方法

1）可在涂料内加入适量防潮剂，或在虫胶清漆中加入少量的松香。

2）在泛白处可用稀释剂加少量防潮剂喷涂一遍。

3）虫胶清漆涂膜泛白，可用棉团蘸稀虫胶清漆揩涂泛白处使之复原。气温较低时施涂虫胶清漆应适当提高室温。

4）若泛白严重，要清除掉该涂层，并重新施涂。

71. 如何裁划玻璃售票窗洞？

答：售票窗裁割方法：先裁割成需要的长方形。售票窗的圆洞设计在长方形玻璃的中间，下面是窗洞。

（1）先挖圆洞。在长方形玻璃上定出圆心，按圆洞直径画好圆形，先用手电钻在圆心处钻一个小洞，以成少玻璃的集中应力，然后用圆规刀裁划圆形。为防止裁口破碎，可在已裁划的圆形线内，徒手再裁划一个略小的保护圆圈线，引成内外两个圆圈裁画线，用玻璃刀铁头沿裁线由下向上敲，玻璃上会出现两圈裂缝，整块玻璃开始膨胀，这时可在保护圆圈内裁划数刀，分割成小块后敲碎取下，再在两个角线内放射式地裁划，分割成小块后，逐块扳掉直至完成。

（2）窗洞裁割。裁割前取一块胶合板，画好窗洞的图案，并锯成模型，用砂皮打磨光滑，将胶合板模型放在玻璃上对准窗洞的中心线，一手把胶合板压实，一手用玻璃刀靠紧胶合板并沿板边从起点到终点不间断裁到头再徒手在已划好的窗洞线内（即需裁割掉的窗洞部分）约15mm处，裁划一类似窗洞外形线，形成两条拔画线。然后将需割去的窗洞部分玻璃，用徒手划数个人字线形，将玻璃划分成许多小块，由下而上逐步将划小的玻璃扳掉，直至全部扳完，再用砂轮带水磨窗洞裁画线至光滑。

72. 选择玻璃钢胶料配合比应注意哪些问题？

答：选择玻璃钢胶料配合比应注意以下几点：

（1）为满足使用要求和保证工程质量，在选择不同的原材料所制的玻璃钢以前，必须充分了解防腐地面、墙面的使用要求和各种树脂的防腐性能及物理力学性能，然后根据使用要求选择合适的品种；

（2）由于环氧玻璃钢与水泥制品有较好的附着力，所以常用的几种玻璃钢打底多用环氧树脂，以克服有些玻璃钢品种基层附着力不强的缺点；

（3）由于同一品种的树脂质量有优劣，气候情况有差异，所以在正式施工前应作小型试样，以选定稀释剂、固化剂的合理掺入量。一般讲，冬季施工时固化剂宜多用一些，夏季施工时稀释剂宜少用一些。

73. 地面玻璃钢整体构造内容和作用有哪些？

答：地面玻璃钢整体构造内容和作用：在水泥砂浆或混凝土面层上做玻璃钢，其施工方法和玻璃钢的整体构造有其特殊的要求，它的基层用多种环氧树脂打底，因环氧树脂与水泥制品面有较好的附着力。再用树脂胶粘剂将三层玻璃布现场黏结，它起加强整体性强度的作用。树脂砂浆主要是保护玻璃钢免受机械荷载的冲击及摩擦的破坏，由于干燥收缩后易产生裂缝和小孔，因此在砂浆保护层上还应涂刷面层树脂胶料，以封闭树脂砂浆面层。

74. 玻璃钢地面、墙面的施涂工艺流有哪些？

答：玻璃钢地面、墙面的施涂工艺流程见第74题图。

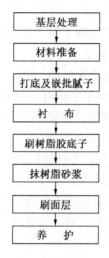

第74题图 玻璃钢地面、墙面施涂工艺流程

75. 简述木地板电炉烫蜡法中烫蜡的操作工艺要点。

答：烫蜡可采用将1500～2000W电炉倒置烘烫，但必须注意安全用电，应把电炉丝安全的接装在电炉板上，电炉板的四周要用不易燃烧的耐火绳系牢，由两人共同操作。操作时，每人手牵拉两根绳子，把装有电炉丝的一面面向已敷蜡的地板表面，烫蜡时距离地板不可太近或太远，以100～150mm为宜。两人要匀速牵动电炉板，使蜡受热熔化后渗入地板木材内。待整个房间地板全部烫完后，再牵动电炉板来回重复烫几次，使蜡充分渗入到地板的木材内并使地板缝隙饱满。

76. 涂料施涂干燥后，涂膜上显露各种疤痕，解释产生这种现象的原因及防治方法。

答：（1）产生原因

1）施涂显露木纹的清色漆时，未满批腻子或未将残余腻子收刮和打磨干净；嵌补洞、缝的臌子颜色与物面颜色存在色差。

2）对物面基层上的油污、树脂等没有清除或未用虫胶清漆封闭。

（2）防治方法

1）物面基层一定要清理干净，对油污、树脂等用松香水和汽油揩擦后，再用虫胶清漆封闭。

2）基层清理后应先施涂清油一遍，干燥后再满批腻子，并将洞、缝嵌批平整，打磨干净后再施涂涂料。

3）斑疤严重的要将涂膜清除干净后再重新施涂。

77. 建筑涂料应具有哪些性能？

答：建筑涂料应具有以下性能：

一般建筑涂料应用最主要的是使建筑有不同颜色、不同光泽与质感的装饰功能和防止表面碳化、污染并具耐磨性等的保护功能，还有防潮、吸声、明亮等使用功能，除此之外还有特殊性能的、特殊功能的建筑涂料。主要品种有防水涂料、防火涂料、防霉防腐涂料、耐温耐湿涂料、杀虫涂料、防结露涂料、导电涂料、耐酸涂料、防冻涂料、保温隔热涂料等。

78. 绝缘油漆的性能有哪些？

答：绝缘油漆的性能有以下几点：

（1）良好的绝缘性：包括漆膜的体积电阻、电击穿强度、电介常数、耐电晕性等性能，这些性能不能由于潮热而有显著降低；

（2）良好的耐热性：包括耐热软化性、耐热冲击性和耐热老化性等；

（3）干燥性；

（4）良好耐化学性：如耐水性、耐油性、耐试剂性、耐溶剂性及耐腐蚀性等；

（5）机械性：如耐磨性、耐冲击性等。

79. 玻璃的种类有哪些？

答：玻璃种类很多，用于建筑工程的玻璃按功能及加工工艺不同可分为：平板玻璃、中空玻璃、钢化玻璃、夹层玻璃、夹丝玻璃、压花玻璃、磨光玻璃、热反射玻璃、玻璃幕墙、吸热玻璃、釉面玻璃等。

80. 什么是玻璃的喷砂？

答：玻璃的喷砂，是利用高压空气通过喷嘴的细孔时所形成的高速气流，携带金刚砂或石英砂细粒等喷吹到玻璃的表面上，使玻璃表面不断受砂粒冲击，形成毛面。

81. 润粉腻子的操作要点有哪些？

答：润粉腻子的操作要点如下：

（1）揩涂工具以竹绒为佳；

（2）用竹绒蘸粉浆用横圈的方法均匀地涂敷于物面，使浆粉料充分地填实于棕眼；

（3）待浆粉略有收干时用竹绒或精棉纱头将多余的粉料及阴角处的积粉收净；

（4）用手掌绕圈揩擦木面，使浆粉填实棕眼；

（5）待浆粉完全干燥后，用 1 号旧木砂纸在物面上轻轻打磨，去掉浮粉，掸扫干净。

82. 涂料施涂干燥后，涂膜表面出现霉斑现象，简述出现这种现象的原因及防治方法。

答：（1）产生原因：对有些用植物油改性的涂料，当气温在 28℃ 左右，湿度 85% 以上，空气流通不畅时，涂膜表面就容易滋生微生物。微生物的活动能够把硫酸盐还原成黑色的硫化物（有时还会嗅到硫化氢气体的气味），并使涂料中的某些有机物发生霉变，造成涂膜表面颜色变暗。

（2）防治方法：当出现不严重的霉斑现象时，可除去表面，用加有适量防霉剂的涂料重新施涂面层。当严重时，必须清除涂膜，并重新进行表面处理，重新用加有防霉剂的涂料来施涂。

83. 试述聚酯氨清漆施涂时的安全注意事项。

答：（1）聚氨酯清漆有毒，气味难闻，施工作业场所要求流通，有条件的立装排风设备，施涂连续操作时间不宜过长。

（2）聚氨酯清漆产品怕热、怕湿，易起火，宜贮藏于20℃以下的阴凉通风的库房内，附近不能有明火。

（3）操作现场严禁吸烟，用过的纱头等不准随地乱扔，应集中处理。

84. 简述聚氨酯耐磨清漆的性能及适用范围。

答：聚氨酯耐磨清漆是一种多功能的高级涂料，其涂膜光亮、坚硬，具有优良的耐磨性能、耐酸、耐碱、耐水，也有良好的装饰和保护功能，在使用中可以用拖布蘸水揩擦。适用于木材、水泥制品、金属等表面的保护涂层，特别适用于有耐磨要求的地板、甲板表面的涂饰。

85. 简述彩弹装饰工艺的各种基层的操作方法。

答：（1）抹灰面：要等基层干燥后，才能进行施涂。另外，对外墙面的嵌批腻子，如抹灰质量达到优良标准，表面平整，嵌批腻子可以只对存在洞、缝的部位进行局部嵌补，如外墙抹灰面凹凸不平，则应用水泥聚合物腻子满批平整。

（2）木材面：要先用油腻子嵌批、打磨、刷底油，然后才能进行基层涂刷。

（3）金属面：要先除锈干净，然后才能进行基层涂刷。

86. 玻璃磨砂操作应注意哪些事项？

答：玻璃磨砂操作的注意事项如下：

（1）手工磨砂时，用力要均匀、适当，速度放慢；避免玻璃压裂或缺角；

（2）手工磨砂应从四周边角向中间进行；

（3）玻璃统磨后，应检验，如有透明处，作记号后再进行补磨；

（4）磨砂玻璃的堆放应使毛面相叠，且大小分类，不得平放。

87. 玻璃钻孔操作应注意哪些事项？

答：玻璃钻孔操作注意事项如下：

（1）钻孔工作台应放平垫实，不得移动；

（2）在玻璃画好圆心的位置，用手按住金钢钻用力转几下，使玻璃上留下一个稍凹的圆心，保证洞眼位置不偏移；

（3）钻孔加工时，应加金钢砂并随时加水或煤油冷却；

（4）起钻和快钻出时，进给力应缓慢而均匀。

88. 玻璃开槽操作应注意哪些事项？

答：玻璃开槽操作注意事项如下：

（1）开槽时，画线要正确；

（2）机械开槽时为了防止金钢砂和玻璃屑飞溅，操作时应戴防护眼镜；

（3）规格不同的玻璃开槽时，应分类堆放。

89. 裁割异形玻璃和美术图案玻璃操作应注意哪些事项？

答：裁割异形玻璃和美术图案玻璃操作注意事项如下：

（1）异形玻璃安装在木框、扇上，钉钉子时，钉帽要靠紧玻璃，钉身不得靠着玻璃，以免损坏玻璃；

（2）钢丝卡子不得露在油灰表面，如卡子脚过长应先札短，使长度适当；

（3）应选择可塑性良好的油灰，自行配制时，严禁使用非干性油材料，油灰油性较大时，可适当添加一些粉质填料；

（4）安装彩色玻璃时，应用带颜色的油灰嵌填；

（5）压花玻璃的花纹应选择一致。

90. 怎样进行美术工艺制品拉毛？

答：美术工艺制品拉毛，属小面积拉毛，一般可用丝瓜筋作为拉毛工具，所用腻子以纯油石膏腻子较为合适。操作时可在批刮平整的物面上涂敷拉毛腻子，用丝瓜筋拍拉，等到拉毛层开始收水但尚未干硬时用刮刀或翅将毛头轻轻压平，使其呈平凹凸状，完全干燥后再进行罩面处理。该工艺富有艺术性，产品美观典雅，装饰效果好，尤其适用于艺术镜框的装饰。

91. 石膏拉毛操作工艺流程有哪些？

答：石膏拉毛操作工艺流程见第91题图。

92. 石膏拉毛施涂工艺质量标准是什么？

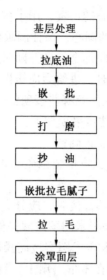

第 91 题图　石膏拉毛操作工艺流程

答：石膏拉毛施涂工艺质量标准如下：

（1）拉毛和顺平整、毛头粗细均匀；

（2）无明显接缝，周边整齐清洁；

（3）无流坠、裂缝，颜色一致。

93. 列举仿石纹涂饰工艺中常出现的质量通病及其防治措施。

答：（1）纹形模糊

产生原因：底层涂膜未干即点、刷石纹；点、刷石纹的涂料颜色遮盖力差；点、刷时用力过大。

防治措施：点、刷石纹应采用遮盖力较好的调和漆；必须待底层涂膜干燥后，方可点刷石纹；点刷时，用力均匀，不宜过重或过轻。

（2）分块颜色不一

产生原因：涂层厚薄不均匀；施涂时手势有轻重。

防治措施：施涂时，用力应均匀，涂层厚薄一致。

94. 怎样笔绘消色大理石纹？

答：笔绘消色大理石纹，在白色油性调和漆尚未干燥前，用漆刷蘸上浅灰色调和漆，参照真大理石样品花纹，在白色调和漆上刷出模拟石纹，随后用油画笔蘸黑色调和漆点刷黑色线纹，最后用80mm油画笔轻轻掸刷，形成黑白灰三色相间错落有致的大理石纹。

95. 笔绘消色大理石纹操作工艺流程有哪些？

答：笔绘消色大理石纹操作工艺流程见第95题图。

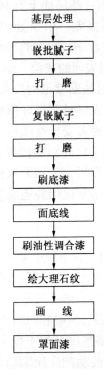

基层处理

嵌批腻子

打　磨

复嵌腻子

打　磨

刷底漆

面底线

刷油性调合漆

绘大理石纹

画　线

罩面漆

第95题图　笔绘消色大理石纹操作工艺流程

96. 油漆底油色模拟法如何刷油色？

答：油漆底油色模拟法刷油色，水曲柳木纹的油色可按松

145

香水:熟桐油:酚醛清漆:氧化铁黄:哈巴粉 = 150:10:140:5:1 的比例配制，冬期加上适量催干剂。颜色应事先用松香水充分浸泡后才能调色。配好的油色用 120 目铜笞过滤，待半光亮漆干燥后，经轻磨，除去颗粒，揩抹干净后用底纹笔均匀地薄薄地刷在工作面上。

97. 异形顶棚壁纸裱糊有哪些质量通病？其预防和修整的措施是什么？

答：（1）翘边

1）产生的主要原因：基层面上有灰尘、油污，表面粗糙，过分潮湿，胶粘剂黏结力差；阳角处包裹过阳角的壁纸少于20mm，未能克服壁纸在收缩过程中的表面张力。

2）防治措施：基层表面的灰尘、油污必须清理干净，基层含水率不得超过 8%，对裱贴壁纸的胶粘剂配合比要掌握正确，同时对胶粘剂的各种组成材料要把好质量关，并根据被裱糊面的大小、阴阳角位置，妥善安排壁纸接缝部位，若对胶粘剂有较高要求时，可增加胶（白胶）的掺量，并在壁纸施工前先做样板试贴。检查翘边的原因，分别采取措施。若壁纸翘边已很坚硬，除应用较强的胶粘剂裱糊外还应加压，待胶粘平整后才能去掉压力。

（2）空鼓

1）产生的主要原因：在裱糊壁纸时，因刮压不当，多余的胶粘剂未能挤出，留在壁纸内，长期不能干燥，形成胶囊；壁纸未压实，局部存在空气，形成气泡；涂刷胶粘剂不均匀，漏刷；基层表面本身有空鼓，洞眼和凹陷没用腻子刮平、填实。

2）防治措施：裱糊基层必须干燥，含水率不得超过 8%，基层间洞要修补平整，胶粘剂应涂刷均匀，不漏刷。当壁纸上顶棚、墙面后进行抹压时，用力应得当，不漏压，并应把多余胶液、气泡全部用刮板刮压出来。

（3）壁纸裱糊施工，往往都在工程最后阶段，如有些宾馆饭店等工程交付使用不久，就发现大量的壁纸拼缝处离缝、起

146

壳、翘边等现象。

1）产生的主要原因：建筑物刚竣工室内湿度较大；在交工前安装施工单位调试空调系统、温差很大，裱糊不久的壁纸反复受温、湿度的影响会迅速干燥和收缩。

2）防治措施：适当增加胶粘剂中的白乳胶的掺量，以增加其黏结力。合理安排空调系统调试时间，室内的温、湿度不能反复急骤变化。

98. 木纹或石纹模糊的防治方法有哪些？

答：木纹或石纹模糊是因为色浆施涂过厚，色浆中胶量过多。其防治方法如下：

（1）刷水色或油色一定要薄。

（2）减少化学浆糊的用量。

（3）掸刷时注意色浆的干燥速度，发现色浆过湿时可稍等片刻，待色浆稍干再掸刷，掸刷用力要恰到好处。

99. 墙面无光漆涂刷的方法是什么？

答：墙面无光漆涂刷的方法，采用不脱毛的排笔，涂刷的手法一般是：一铺、二横均、三理通拔直。

一铺：就是将无光漆先铺于应涂刷的墙面，每排笔的长度一般不超过 50cm，每次铺不超过三排笔，每排笔的间距 5cm 左右。

二横均：即将铺的涂料，用排笔横刷，使其涂布均匀。

三理通拔直：即用排笔按第一种铺的手势将横过的涂面，上、下理通拔直。排笔上下运动涂刷时宜实而轻。过重易起刷纹，过分飘轻易出现漏刷而未达到理通拔直的要求。

100. 墙面无光漆施工质量要求是什么？

答：墙面无光漆施工质量要求如下：

（1）成活后整个墙面颜色均匀一致，色泽明快、柔和；

（2）不漏刷、不露底、不露缕光，无笔花；

（3）清洁整齐，门窗、挂镜线、地坪不污染；

（4）表面平整，无凹陷，无刷纹和接痕，无排笔毛。

101. 画宽、窄、纵横油线和粉线（包括平身线）工艺操作应注意哪些事项？

答：画宽、窄、纵横油线和粉线工艺操作注意事项如下：

（1）在任何饰物表面，不论用何种工具画线，均应先弹样线，或用直尺和铅笔、水彩笔画框线；

（2）画线时应注意力集中，执笔应牢而稳，用力均匀，轻重一致，运笔应匀速移动，每一笔应一气呵成，每段颜色应一致，不显接头痕迹；

（3）根据线条粗细、宽窄，选择大小合适的画线笔、刷，并根据各种笔、刷的特性，运用恰当的画线方法；

（4）涂料稠度要适当，使画的线条不流坠、不露底、不皱皮、不混色，在画下线时尤其应注意不能发生流坠；

（5）画线要选择着色和遮盖力强的涂料，色彩应与饰面的颜色协调。

102. 墙面无光漆的施工工艺操作流程是什么？

答：墙面无光漆的施工工艺操作流程见第102题图。

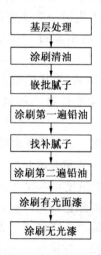

基层处理

涂刷清油

嵌批腻子

涂刷第一遍铅油

找补腻子

涂刷第二遍铅油

涂刷有光面漆

涂刷无光漆

第102题图 墙面无光漆施工工艺操作流程

103. 过氯乙烯涂料金属面施涂工艺基层处理方法是什么?

答：过氯乙烯涂料金属面施涂工艺的基层处理。金属面的基层清理好与差直接影响以后的涂刷质量。主要将金属面的铁锈、焊渣、油污等清除干净。除锈的常用方法有手工除锈、机械除锈、化学除锈等。除油污的主要方法有碱液除油、乳化剂除油、有机溶剂除油和磷化处理等。

104. 过氯乙烯涂料金属面施涂工艺，如何打蜡抛光?

答：过氯乙烯涂料金属面施涂工艺，打蜡抛光，一般用过氯乙烯漆涂饰，装饰要求不高，喷涂面漆及罩光后，不需要打蜡抛光，但有些物件需要光滑和光亮度，那就要打蜡抛光。需要打蜡的物件，还得用 400 号水砂纸打磨呈无光，再擦砂蜡，然后上光蜡。

105. 多彩喷涂操作应注意事项是什么?

答：多彩喷涂操作注意事项如下：

（1）基层墙面要干燥，含水率不能超过 8%。

（2）基层必须平整光洁，平整度误差不得超过 2mm；阴阳角要方正垂直。

（3）基层抹灰质量要好，黏结牢固，不得有脱层、空鼓、洞缝等缺陷。

（4）批刮腻子要平整牢固，不得有明显的接缝。

（5）喷涂时气压要稳，喷距、喷点均匀，保证涂层花饰一致。

（6）喷涂面层涂料前要将一切不需喷涂的部位用纸遮盖严实。此项工作一定要认真仔细，切不可为图省事而马虎，否则会后患无穷，影响喷涂的整体效果。

（7）喷涂完毕后要对质量进行检查，发现缺陷要及时修整、修喷。喷好的饰面要注意保护、避免碰坏和污损。

（8）喷枪及附件要及时清洗干净。

106. 什么是内、外墙面彩砂喷涂?

答：内、外墙面彩砂喷涂，它采用了高温烧结彩色砂粒，彩色陶瓷粒或天然带色石屑作为骨料，加入具有较好耐水、耐候性的水溶性树脂作胶结剂，用手提斗式喷枪喷涂到物面上，使涂层质感强，色彩丰富，强度较高，有良好的耐水性、耐候性和吸声性能，适用于内、外墙面，顶棚面的装饰。

107. 什么是弹涂装饰工艺？

答：弹涂装饰工艺是一项装饰新技术，主要工作原理是通过手动式电动弹涂机具内的弹力棒以离心力将各种色浆弹射到装饰面上。该工艺可根据弹涂料的不同稠度和调节弹涂机的不同转速，弹出点、线、条、块等不等形状，故称弹涂装饰工艺。

该工艺又可对各种弹出的形状进行压抹，各种颜色和形状的弹点交错复弹，使之形成层次交错、互相衬托、视觉舒适、美观大方的装饰面。它适用于建筑工程的内、外墙、顶棚及其他部位的装饰，具有良好的质感和装饰效果。

108. 什么是滚花装饰工艺？

答：滚花装饰工艺是利用滚花工具在已涂刷好的内墙面涂层上滚涂出各种图案花纹的一种装饰方法。其操作容易、简便，施工速度快，工效高，降低成本，与弹涂工艺相配合，其装饰效果可与墙纸和墙布相媲美。

109. 内、外墙多彩喷砂工艺流程有哪些？

答：内、外墙多彩喷砂工艺流程见第 109 题图。

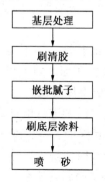

第 109 题图　内、外墙多彩喷砂工艺流程

110. 以水泥为主要基料的弹涂装饰操作工艺流程有哪些?

答:以水泥为基料的弹涂装饰操作工艺流程见第110题图。

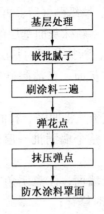

基层处理

↓

嵌批腻子

↓

刷涂料三遍

↓

弹花点

↓

抹压弹点

↓

防水涂料罩面

第110题图 以水泥为基料的弹涂装饰操作工艺流程

111. 滚花装饰操作工艺流程有哪些?

答:滚花装饰操作工艺流程见第111题图。

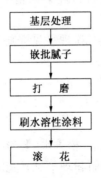

基层处理

↓

嵌批腻子

↓

打 磨

↓

刷水溶性涂料

↓

滚 花

第111题图 滚花装饰操作工艺流程

112. 墙纸裱糊施工时,对安装在墙面上的开关、插座等如何处置?

答:墙纸裱糊施工时,安装在墙面上的开关、插座等,能拆的应先将其拆卸,墙纸裱糊好后再安装,以提高裱糊质量;不能拆卸的，应先测出开关在墙纸上的准确位置，用剪刀剪出一个又字形（X 字形应对角方向，中心对准开关中心），使墙纸粘贴时开关通过 X 字孔露出纸面，墙纸贴好后，再对孔边作裁剪处理。

113. 墙纸裱糊施工，新抹灰面基层的处理方法有哪些？

答：墙纸裱糊施工，新抹灰面的基层处理如下：

（1）用砂纸轻磨抹灰面，在清除砂浆等沾污物的同时将凸出物全部清除干净；

（2）调制水石膏腻子，将凹陷、孔洞、裂缝处嵌实补平；

（3）用胶粉腻子将整个墙满批一遍，阴角和阳角一定要嵌平、刮直；

（4）用旧砂纸打磨墙面，注意阴角、阳角的打磨，要求砂磨平直，如有缺损应及时修补；

（5）刷清胶，即用 07 胶与 4～5 倍的水调制成稀薄胶液，用排笔统刷一遍。

以上基层处理方法同样适用于三合板基层和石膏基层。

114. 虫胶清漆带浮石粉理平见光施涂工艺，调配各种润粉腻子的比例是多少？

答：虫胶清漆带浮石粉理平见光施涂工艺，调配各种润粉腻子的比例如下：

（1）水粉为　水：老粉：颜料＝30：70：适量。

（2）胶粉为　水：胶（用龙须菜熬制的成品）：老粉：颜料＝25：15：60：适量。

（3）油粉为　熟桐油：松香水：老粉：颜料＝4：26：70：适量。

115. 虫胶清漆带浮石粉理平见光施涂注意事项是什么？

答：虫胶清漆带浮石粉理平见光施涂时应注意以下事项：

（1）揩涂时，浮石粉不宜用得过多，以防揩成混色；

（2）浅色家具不能用深色虫胶清漆揩涂，以免将颜色揩深揩花；

（3）揩涂时要待前一遍涂层干燥后再进行；

（4）揩涂时吸漆均匀，手腕要灵活，用力要均匀；

（5）在潮湿气候施工时，要关闭门窗或提高室内温度以防泛白，如采取措施后仍有泛白应停止施工。

116. 虫胶清漆带浮石粉理平见光施涂操作工艺流程有哪些？

答：虫胶清漆带浮石粉理平见光施涂操作工艺流程见第116题图。

基层处理

↓

刷第一遍虫胶清漆

↓

嵌填虫胶腻子

↓

润粉（水分、胶粉或油粉）

↓

刷涂虫胶清漆

↓

修色、拼色

↓

虫胶漆带浮石粉揩涂

↓

理平见光

↓

上光蜡

第116题图　虫胶清漆带浮石粉理平见光施涂操作工艺流程

117. 虫胶清漆带浮石粉理平见光施涂工艺，怎样进行修色、拼色？

答：虫胶清漆带浮石粉理平见光施涂工艺，修色和拼色主要是将腻子疤和异样色块修拼成统一的颜色。修色和拼色应与前面施涂虫胶清漆时穿插进行，一般讲修色和拼色处理早些效果较佳，如待第三、四遍虫胶清漆施涂完成后再进行修色和拼色，易产生混浊和浮色现象。

修色和拼色可用水色或油色。水色由猪血＋颜料＋水调制，酒色由稀虫胶清漆＋颜料调制。一般讲在修色和拼色中用水色比酒色为好。因水色干燥慢，即使颜色拼不准可揩掉重做。

118. 各色聚胺酯磁漆刷亮与磨退施涂工艺，施涂底油的重要作用是什么？

答：各色聚胺酯磁漆刷亮与磨退施涂工艺，基层处理后，可用醇酸清漆：松香水＝1：2.5 涂刷底油一遍。该底油较稀薄，故能渗透进木材内部，起到防止木材受潮变形，到封底作用。因此，不能疏忽大意产生漏刷、流淌。必须引起高度重视。

119. 聚胺酯清漆刷亮与磨退施涂工艺操作应注意哪些事项？

答：聚胺酯清漆刷亮与磨退施涂操作应注意以下几点：

聚胺酯清漆的施工作业条件应具备：抹灰工程已基本完成；木制品的制作和安装质量符合要求；作业现场干净，空气流通。

木门窗和楼梯硬木扶手等木材必须干燥，含水率不得大于10％，否则涂膜容易产生咬色、脱皮和由于木材变形而产生的相应疵病。

涂刷聚胺酯清漆时的空气湿度不能太大，相对湿度应在70％以下，否则会出现泛白，影响质量。

打磨木门窗和楼梯扶手浮粉应随手清扫干净。施涂楼梯扶手涂料时，滴落在踏步上的油漆应随手用香蕉水揩擦干净。涂料施涂后未干透时，严禁用手触摸。

120. 硬木地板虫胶清漆打蜡施涂操作工艺流程有哪些？

答：硬木地板虫胶清漆打蜡施涂操作工艺流程见第 120 题图。

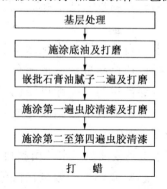

第 120 题图　硬木地板虫胶清漆打蜡施涂操作工艺流程

121. 硬木地板虫胶清漆如何打蜡？

答：硬木地板虫胶清漆打蜡，就是待最后一遍揩涂的虫胶清漆干透后可上地板蜡。用纱布或白色状布将油蜡包住，在地板表面全部满揩涂一遍。上蜡必须做到不漏揩，要求薄而均匀，揩涂时要使油蜡往棕眼内渗透，待蜡干后揩擦。

打蜡有两种方法。手工法：用精棉纱头或柔软粗布往返揩擦。对大面积地板可用蜡刷拖擦，这样反复进行二～三次，直至表面起光发亮。机械法：用打蜡机打蜡，则更能达到省工省力和光亮滑溜，确保质量。

122. 硬木地板聚胺酯耐磨清漆施涂工艺，如何涂刷底油？

答：硬木地板聚胺酯耐磨清漆施涂工艺，涂刷底油俗称抄清油，底油自己配制。用熟桐油：松香水：催干剂＝1：2.5～3：适量。也可用酚醛清漆和醇酸清漆调制。油基清漆：松香水＝1：2。前者的底油适用于面层做油基清漆。后者的底油既适用于面层做油基清漆也适用于面层做单组分的聚胺酯改性油涂料（如高级耐磨涂料）。它们以二甲苯作为稀释剂。

在涂刷底油时，应先涂踢脚板，后涂刷地板，从房间的内角开始从门口退出，刷底油一定要刷均匀、刷透、无遗漏。

123. 如何进行木地板浇蜡烫蜡？

答：木地板浇蜡烫蜡。

用勺子均匀地将蜡液浇于地板表面，用钢皮批板刮平，同时用煤油喷灯烫蜡，可边烫边刮，使蜡液充分地渗入木面和缝隙中，达到木面渗蜡均匀一致，木缝饱满。在使用喷灯时，喷灯与木面应保持一定距离均速运动，使蜡液充分渗入木面，但要防止烘焦木面。如遇到木刺燃烧，应及时用湿布将其熄灭。

复烫：烘烫第一遍蜡后，须再从头烘烫第二遍，如发现凹陷处，应加蜡补平，第二遍完成后用铲刀清除表面余蜡。

124. 烫蜡木地板的质量要求是什么？

答：烫蜡木地板的质量要求：

（1）木纹清晰，无明显的砂痕和污渍。

（2）蜡面平整，无明显凹陷。

（3）木面无堆积的蜡质。

（4）木地板面光色柔和。

125. 聚胺酯耐磨清漆有哪些特点？

答：聚胺酯耐磨清漆属单组分空气固化型涂料，它不需要增添其他辅助材料就能在空气中自行固化。聚胺酯耐磨清漆是一种多功能的高级涂料，其涂膜光亮，坚硬，具有优良的耐磨、耐酸、耐碱、耐水性能，也具有良好的装饰和保护功能。适用于木材、水泥制品、金属等表面的保护涂层。

126. 硝基清漆有什么特点？

答：硝基清漆的特点：俗称蜡光，是以硝化棉为主要成膜物质的一种挥发性涂料。硝基清漆的漆膜坚硬耐磨，易抛光打蜡，使漆膜显得丰满、平整、光滑。硝基清漆的干燥速度快，施工时涂层不易被灰尘污染，有利于提高表面质量。

127. 揩涂硝基漆时应该注意什么？

答：揩涂硝基漆时，应注意以下几点：

（1）每次揩涂不允许原地多次往复，以免损坏下面未干透的涂膜，造成咬起底层；

（2）移动棉花球团切忌中途停顿，否则会溶解下面的漆膜；

（3）用力要一致，手腕要灵活，站位要适当；

（4）当揩涂最后一遍时，应适当减少圈涂和横涂的次数，增加直涂的次数，棉花球团蘸漆量也要少些；

（5）最后四~五次揩涂所用的棉花球团要改用细布包裹，此时的硝基漆要调得稀些，而揩涂时压力要大而均匀，要理平、拔直，直到漆膜光亮丰满、理平见光；

为保证硝基漆的施工质量，操作场地必须保持清洁，并尽量避免在潮湿天气或寒冷天施工，防止泛白。

128. 硝基清漆理平见光及磨退施涂工艺，手工抛光一般可分哪三个步骤？

答：手工抛光一般分以下三个步骤：

（1）擦砂蜡：用精回丝蘸砂蜡，顺木纹方向来回擦拭，直到表面显出光泽。要注意不能在一个局部地方擦拭时间过长，以免因摩擦产生过高热量使漆膜软化受损。

（2）擦煤油：当漆膜表面擦出光泽时，用回丝将残留的砂蜡揩净，再用另一团回丝蘸上少许煤油顺相同方向反复揩擦，直至透亮。最后用干净精回丝揩净。

（3）抹上光蜡：用清洁精回丝涂抹上光蜡，随即用清洁精回丝揩擦，此时漆膜会变得光亮如镜。

129. 怎样使用脱色剂使木材颜色一致？

答：脱色，有些木材遇到水及其他物质会变颜色，有的木面上有色斑，造成物面上颜色不均，影响美观，需要在涂刷油漆前用脱色剂对木面进行局部脱色处理，使物面上颜色均匀一致。

使用脱色剂，只需将剂液刷到需要脱色的原木材表面，经过 20～30min 后木材就会变白，然后用清水将脱色剂洗净即可。常用的脱色剂为过氧化氢与氨水的混合液，其配合比（质量比）为：过氧化氢（30% 的浓度）：氨水（25% 浓度）：水 = 1:0.2:1。

一般情况下木材不进行脱色处理，只有当涂饰高级透明油漆时才需要对木材进行局部脱色处理。

130. 广漆的正常干燥过程是什么？

答：广漆的正常干燥过程是，涂刷后在 6～8h 内触指不粘即表面干燥，12～24h 漆膜基本干燥，一星期内手摸有滑爽感，则说明漆膜完全干燥（也叫脱峰），两个月后才可使用。

131. 油色底广漆面施涂时如何刷油色？

答：油色底广漆面施涂工艺，刷油色，油色是由熟桐油（光油）与 200 号溶剂汽油以 1:1.5 加色配成。在没有光油的情况下，可用油基清漆或酚醛清漆与 200 号溶剂汽油以 1:0.5 加色配成。加色一般采用油溶性染料、各色厚漆或氧化铁系颜料，调成后用 80～100 目铜筛过滤即可涂刷。将整个木面均匀地染色一遍，要求顺木纹理通拔直，着色均匀。

132. 油漆底、广漆面施涂工艺如何刷豆腐底色？

答：刷豆腐底色用鲜嫩豆腐加适量染料和少量生猪血经调配而成。配色可用酸性染料（如酸性大红、酸性橙等）用开水溶解后再与豆腐、生猪血一起搅拌，用 80～100 目筛子过滤，使豆腐染料、血料充分分散混合成均匀的色浆，用漆刷进行刷涂。色浆太稠可掺加适量清水稀释，刷涂必须均匀、顺木纹理通拔直不漏、不挂。色浆干燥后，用 0 号旧木砂纸轻轻磨去色层颗粒，但不得磨穿、磨白。刷豆腐底色的目的，主要是对木基层染色，保证上漆后色泽一致。

133. 油色底广漆面施涂工艺流程有哪些？

答：油色底广漆面施涂工艺流程见第 133 题图。

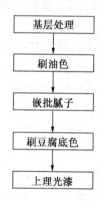

第 133 题图　油色底广漆面施涂工艺流程

134. 以氧化铁颜料作原料如何进行水色的调配？

答：以氧化铁颜料（氧化铁黄、氧化铁红等）作原料进行水色的调配。首先将颜料用开水泡开，使之全部溶解，然后加入适量的墨汁，搅拌成所需要的颜色，再加入皮胶水或血料水，经过滤即可使用。配合比大致是：水∶皮胶水∶氧化铁颜料 ＝60%～70%∶10%～20%∶10%～20%。由于氧化铁颜料施涂后物面上会留有粉层，加入皮胶、血料水的目的是为了增加附着力。

135. 油色的调配方法是什么？

答：油色的调配：将全部用量的清油加 2/3 用量的松香水，调成混合稀释料，再根据颜色组合的主次，将主色铅油称量好，倒入少量稀释料充分拌合均匀，然后再加副色、次色铅油依次逐渐加到主色铅油中调拌均匀，直到配成要求的颜色，然后再把全部混合稀释料加入，搅拌后再将熟桐油、催干剂分别加入并搅拌均匀，用 100 目铜丝箩过滤，除去杂质，最后将剩下的松香水全部掺入铅油内，充分搅拌均匀，即为油色。

136. 简述施工方案的编制内容？

答：施工方案的编制内容有以下几条：

（1）绘制施工现场布置图；

（2）划分施工阶段；

（3）确定施工顺序；

（4）选择施工方法和施工机械；

（5）编制施工进度计划；

（6）制定主要施工技术措施；

（7）编制劳动力计划；

（8）编制材料供应计划；

（9）编制机具使用计划。

137. 抓好班组施工作业计划的管理应如何做好哪几方面工作？

答：抓好班组施工作业计划的管理应做好以下几方面工作：

（1）抓好班组的综合进度控制，加强协调和调度；

（2）班组长在抓生产调度的同时，要监督、检查组员做好机械设备的保养工作，以保证机械设备的良好运转和施工的顺利进行；

（3）在施工中一旦发生不安全事故、质量事故和机械设备事故，应认真分析原因，限期整改，采取有效的补救措施，尽快恢复施工。

138. 班组质量管理操作人员主要有哪些职责？

答：操作人员主要有如下职责：

（1）牢固树立"质量第一"的思想；

（2）做到"三懂"，即懂设备性能、懂质量标准、懂技术规范；

（3）爱护并节约原材料，合理利用工具；

（4）严把质量关，不合格的材料不使用，不合格工序不交接，不合格工艺不采用，不合格工程不交工。

139. 班组经济活动分析的主要形式有哪些？

答：班组经济活动分析主要有以下几种形式：

（1）按日分析：即班组工人对自己当天的生产情况和存在问题进行分析，通常在班后进行。这种形式灵活、机动，针对性强，见效快，是班组经济活动分析最简便的形式。

（2）定期分析：即按周、旬、月、季或一项工程施工告一段落时进行经济活动分析。

（3）综合分析：即对班组经济活动进行全面地、系统地分析和研究。

（4）专题分析：即针对班组在生产经营活动中的产量、质量、消耗等方面带有共性的问题，通过比较详细地调查，汇总必要的资料和信息，进行分析研究，寻找解决办法，找出改进措施。这种形式能够比较集中地解决带有根本性的关键问题。

140. 编制施工方案的目的是什么？

答：编制施工方案的目的是在分析主客观因素的前提下，把各方面的力量和有利条件周密地组织协调起来，有计划的按标准的设计方案进行施工，以保证工程高质量、高速度、低消耗、安全地建成。

141. 虫胶漆底水色模拟法操作工艺流程有哪些？

答：虫胶漆底水色模拟法操作工艺流程见第 141 题图。

142. 氯偏水色模拟法施工，若面积较大如何处理？

答：氯偏水色模拟法施工，墙面的面积较大，为便于绘制

基层处理

↓

嵌批腻子

↓

打　磨

↓

复嵌腻子

↓

打　磨

↓

刷虫胶色漆

↓

揩涂虫胶清漆

↓

刷水色

↓

绘制木纹

↓

固　色

↓

罩面层清漆

第 141 题图　虫胶漆底水色模拟法操作工艺流程

木纹，可将大的面积分成若干等分，其间用 10mm 的分隔带隔开，待以后每格内的木纹绘制好后，再用油笔蘸墨法 10mm 的分隔带涂成黑色。用分隔带既解决了大面积上绘制木纹的困难，又使饰后物面增加木质感和立体感。

143. 过氯乙烯涂料施工应注意哪些事项？

答：过氯乙烯涂料施工注意事项：

（1）施工面必须干燥，特别是抹灰面施工，含水率应小于 8%；

（2）在抹灰面施工中，抹灰面不能有起砂现象；

（3）在施涂过程中，从底漆直至面漆，下一道漆的施涂必须待上道漆完全干燥后方可进行；

（4）施工中从腻子、底漆至面漆必须配套；

（5）过氯乙烯涂料的溶剂挥发快、有毒、易燃烧，施工中要注意防护、通风和安全。

144. 不论采用间断法或连续法进行粘贴玻璃布均要注意哪两点？

答：不论采用间断法或连续法进行粘贴玻璃布，均要注意以下两点：

（1）最后一层胶料涂刷后需自然固化 24h 以上，然后进行下道工序的施工；

（2）在转角处和管、孔周围，都应把布剪开铺平，并加贴 1~2 层玻璃布，玻璃布的搭接处要避开拐角部位，层间接缝一定要错开。

145. 应用劳动用工定额需注意哪些问题？

答：应用劳动用工定额应注意以下几个问题：

（1）确定工程项目：劳动定额是按工程部位、分项、分工种工程制定的，使用定额时，必须按施工图样和工艺情况，确定项目名称；

（2）确定工程项目的规格和类型：定额本上的工程项目，通常都按项目的规格和类型确定；

（3）确定施工方法：由于施工方法的不同，定额水平差异很大，所以定额中很多工程项目都分到了数种施工方法的定额水平，在套用定额时，必须根据实际所使用的施工方法选用定额；

（4）了解和核对工作内容：定额册、章、节都说明了工程项目的工作内容，在实际执行中，要把实际施工情况和工作内容详细核对，对不应包括在定额内的工作内容，则应另外处理，当定额内包括的工作内容在施工中不存在时，也要研究，减少工时或另行处理；

（5）详细对照定额本上有关项目的规定和附注说明：了解工程量的计算规定，对实际工程量计算过程进行核验。

146. 玻璃钢地面、墙面施涂工艺的质量检查与成品验收标准是什么？

答：玻璃钢地面、墙面施涂工艺的质量检查与成品验收标准如下：

（1）玻璃钢面层应平整光滑，色泽均匀。地面面层的平整度以 2m 长直尺检查，允许空隙不应大于 5mm。

（2）地面与基层黏结牢固，无空鼓脱层、固化不全和不均匀等现象，表面胶料应无流淌现象。

为了保证铺贴质量，应在每贴一层玻璃布前，检查前一层有无气泡或空鼓脱层现象，如有应及时修补。处理方法是将气泡剪破并用环氧胶料涂满。如气泡过大，应加贴玻璃布。

（3）玻璃布应被胶充分浸透，含胶量要均匀，不得出现白点、白面，整个玻璃钢表面应呈胶料的颜色。

147. 聚胺酯防水涂料施工注意事项有哪些？

答：聚胺酯防水涂料施工注意事项：

（1）施工时环境温度不能低于零度，因为温度过低防水涂料黏度增加，使施工操作不便，而且固化速度也会减慢，增加施工时间，影响施工进步；

（2）整个施工过程中，必须严防涂膜损坏，若有损坏必须认真修补，绝对保证防水工程质量；

（3）整个施工过程中，必须严防烟火，因为防水涂料及溶剂二甲苯均为易燃品；

（4）整个施工过程中，空气必须流通，因为焦油或溶剂均有气味且有毒；

（5）成品包装，一般甲组分为 16kg/桶，乙组分为 24kg/桶。应按使用说明掌握好配合比。

148. 丙烯酸防水涂料施工应注意哪些事项？

答：丙烯酸防水涂料施工应注意以下事项：

（1）施涂的外墙必须干燥，含水率在 10% 以内，整个墙面无水迹印。表面无疏松、起壳、粉尘、脱膜油迹等。

（2）施涂应选择晴天，24h 以内无雨。

（3）施涂中从腻子至面层涂料应采用配套成品。如自配腻子，可用有光浮胶漆和大白粉调制。不能用大白粉和纤维素等强度低的原料调制，否则腻子强度太低，会造成涂膜起皮脱落。

（4）旧活的返新：对基层一定要清理干净，如原基层涂料与丙烯酸乳胶涂料性质不同，还应涂刷封底涂料，待干后方可施工。

149. 平板玻璃具有哪些性能？

答：平板玻璃主要性能有良好的透光和透视性能，透光率达到85%左右，能隔声，略具保温性，具有一定的机械强度，但性脆，且紫外线透过率较低。

150. 光色和物色各有哪些原色？

答：光色的原色为红、绿、青混合近于白；物色的原色为红、黄、青混合近于黑。

2.4 计算题

1. 某车间 4 扇大门，高 3.6m，宽 1.8m，需施涂浅色调和漆，如材料消耗定额为 23.4kg/100m²，问需调和漆多少？

解： $4 \times 3.6 \times 1.8 = 25.92m^2$

$92 \times 23.4/100 = 6.07kg$

答：需浅色调和漆 6.07kg。

2. 喷涂形状为 5m×2m 的工件，需要消耗定额为 120g/m² 的涂料多少 kg？

解： 面积：$5m \times 2m = 10m^2$

需消耗的涂料为：$120g/m^2 \times 10m^2 = 1200g = 1.2kg$

3. 某工程内墙需象牙底可可面涂料，它由白乳胶漆涂料、氧化铁粉、清水组成，配合比为 89.8 : 0.2 : 9.9，现配制 153kg 这种涂料，需各种用料多少？

解： 设清水为 $9.9x$，则

$8x + 0.2x + 9.9x = 153x = 1.53$

需白乳胶漆涂料 $89.8 \times 1.53 = 137.5kg$

氧化铁粉 $0.2 \times 1.53 = 0.31kg$

清水 $9.9 \times 1.53 = 15.17kg$

答：需要乳胶漆涂料 137.5kg，氧化铁粉 0.31kg，清水 15.17kg。

4. 某工程门窗需涂刷乳黄色调和漆，面积 $369.7m^2$，用量为 $160g/m^2$，如施涂需多少调和漆涂料？

解： $369.7 \times 160 = 59152g$

$59152 \times (1/1000) = 59.152kg$

答：需 59.152kg 调和漆涂料。

5. 某校宿舍单玻璃窗 15 樘，高 1500mm，宽 900mm，需涂浅色涂料，内外分色系数为 1.05，如用工定额为 1.29 工日/$10m^2$，需多少工日？

解： $15 \times 1.5 \times 0.9 \times 1.05 = 21.27m^2$

$221.27 \times 1.29/10 = 2.74 \approx 3$

答：需要 3 个工日。

6. 玻璃计算是以厚 2mm、面积 $10m^2$ 为标准箱，其重量为 49kg，现有面积 $475m^2$、厚 5mm 玻璃（增加系数为 3.5），问重量是多少？

解： $475 \times 3.5/10 = 166.25$

$166.25 \times 49 = 8146.25kg$

答：重量是 8146.25kg。

7. 计算 $100m^2$ 单层木玻璃窗涂刷调和漆，三遍成活，二面线分色。其需用多少工日？

定额说明：（1）三遍成活每 $10m^2$ 用工 1.62 工日；

（2）内外分色乘以 1.11 系数；

（3）内外分色为浅色乘以 1.05 系数。

解： 需用工日 $100 + 10 \times 1.6 \times 1.11 \times 1.05 = 18.648$ 工日。

2.5 实际操作题

1. 聚胺酯清漆磨退施涂工艺技能考核

（1）材料、工具

1）材料：老粉、石膏粉、颜料、聚胺酯清漆、二甲苯、砂蜡、煤油、上光蜡、0~1号木砂纸、300~400号水砂纸等。

2）工具：腻子刮板、12~16管羊毛排笔、回丝、漆刷、揩布、小桶等。

（2）操作内容和数量

可根据实际情况，选择由三合板制作的木制家具、门、扶手等。

（3）时间要求

根据国家或地方劳动定额，如工作量较少，可按每道工序所耗用的时间累计计算。

（4）操作顺序要点

1）用1号木砂纸打磨木面至光滑、平整。

2）润粉并收净。

3）施涂底油，可用聚胺酯清漆经稀释后涂刷一遍。

4）打磨及批、嵌石膏油腻子。

5）刷第一遍聚胺酯清漆。

6）打磨、拼色、修色。

7）施涂第二遍至第五遍聚胺酯清漆，每遍涂刷后都应用砂纸打磨。

8）打磨倒光。

9）擦砂蜡至光。

10）上油蜡。

（5）考核内容及评分标准（见下表）

考核内容及评分标准

序号	考核项目	考核要求	标准得分	实际得分	评分标准
1	基层处理	全磨倒楞角，平整、光滑、无创痕；做好落手清	5		不倒楞角，扣1分；有横砂痕，扣5分；不做落手治，扣1分
2	润粉、批嵌腻子	润粉均匀收净；无批嵌腻子疤痕；无腻子多余堆积	5		润粉不收净，扣4分；有腻子疤及多余堆积处扣1分
3	刷底漆	均匀一致无漏刷	6		漏刷，一处扣1分
4	拼、修色	色泽均匀一致，无明显修色、拼色疤痕	21		拼色一致，得满分；基本一致，扣3分；较差，扣6分
5	刷二～五遍聚氨酯清漆	不漏刷、不挂、不过楞、无创痕、无刷痕	18		漏刷一处，扣1分；流挂过楞一处，扣1分；有泡沫和刷痕，扣2分
6	砂磨倒光	物面全部磨倒光，表面平整、显示光	25		达到要求得满分、有磨穿一处，扣3分；有明显砂纹扣5分
7	擦砂蜡	物面光亮一致，无砂痕	16		达到要求，得满分；光亮不一致，扣5分；有砂痕一处，扣2分
8	擦油蜡	物面光滑、平整、无油蜡	4		有油蜡痕迹一处，扣2分
	合计		100		

学员姓名　　年　月　日　　教师签名　　总分

2. 虫胶漆底水色模拟水曲柳木纹技能考核

（1）材料、工具

1）材料：钛白粉或铅粉、氧化铁黄粉、哈巴粉、墨汁、化学浆糊、0～1/2号木砂纸、360～400号水砂纸、肥皂、虫胶漆片、95%浓度酒精、煤油、抛光膏、上光蜡、清蜡水、香蕉水。

2）工具。63mm漆刷、铲刀、钢皮刮板、8~12管排笔2支、125mm底纹笔、16管掸刷用排笔、棉花球、砂头、毛巾、斜形橡皮、齿形橡皮。

（2）操作内容和数量

1）内容：在纤维板上根据实习教师提供的样板，用虫胶色漆底色模拟法进行仿制水曲柳木纹。

2）数量：每人2m²。

（3）时间要求

根据国家或地方劳动定额，如工作面较少，可按每道工序所耗用的时间累计计算。

（4）操作程序要点：

1）将纤维板面清理干净，通刷一遍虫胶清漆，浓度（1:6）。

2）在猪血腻子中加入适量的石膏粉嵌批纤维板面，干后批刮腻子2~3遍。每次批刮的腻子不宜过厚，一般掌握在1~2mm的范围内。批刮腻子时刮板与物面呈倾斜50°~60°。每遍腻子批刮后，用砂纸打磨平整，头遍打磨用$1\frac{1}{2}$号砂纸，以后逐步变细，发现物面有缺陷不平处应补嵌；以平整光滑为准。

3）用排笔将调理好的虫胶色漆在物面上涂刷2~3遍，每遍干后用细砂纸轻轻打磨平整。

4）揩涂1:5浓度的虫胶清漆2~3遍。

5）调配淡水曲柳木纹水色，用底纹笔刷水色。

6）用斜形橡皮画树心部位，齿形橡皮仿制年轮线。

7）用16管排笔掸刷木纹。

8）修色：如水色干后颜色欠深，可用底纹笔蘸水色薄薄地涂刷一遍。

9）刷1~2遍虫胶清漆固色。

10）做清漆面层。

要使仿制木纹达到理想效果，操作者除了要有好的构思和具备熟练技能外，尚要注意施工环境。一般以阴天施工较为理

168

想,气温在 5~28℃ 之间,南风天气上午施工最好。气温超过 30℃ 时,应考虑人工降温措施,最简单的办法是用湿布揩拭工作面,以降低工作面的温度。

（5）考核内容及评分标准（见下表）

考核内容及评分标准表

序号	考核项目	考核时间	考核要求	标准得分	实际得分	评分标准
1	基层处理	按国家或地方劳动定额核算所做工作的耗用时间	磨砂纸倒楞掸清灰尘	5		磨砂纸不倒楞,扣 7 分;落手清不做,扣 3 分
2	嵌批打磨		嵌批平整光滑磨砂纸	5		嵌批不平整光滑,扣 6 分;磨砂纸不光滑和顺,扣 4 分
3	配制底色		正确调配好样板颜色,色泽均匀一致	30		颜色一致,得 10 分;接近,得 8 分;基本接近,得 6 分;过淡或过深,扣 10 分;色泽均匀一致,得 10 分;基本均匀,得 6 分;不均匀,扣 30 分
4	配颜料拉木纹		正确调配好样板颜色按照样板拉好木纹	50		颜色一致,得 15 分,接近,得 12 分;基本接近,得 9 分;过淡或过深,扣 15 分;与样板颜色一致,得 35 分,接近,得 21 分;不像样板木纹,扣 35 分
5	刷虫胶清漆		刷虫胶清漆至平光、光滑和顺、均匀一致	10		
合计				100		注:考核面积为 $2m^2$ 左右

学员姓名　　　年　月　日　　教师签名　　　总分

169

3. 硝基清漆理平见光施涂工艺技能考核

（1）材料、工具

1）材料：老粉、化学浆糊、颜料（氧化铁黄、氧化铁红、哈巴粉、黄钠粉、黑钠粉）、硝基清漆、香蕉水、虫胶液、酒精、砂蜡、煤油、上光蜡、0 号及 1 号砂纸、300 ~ 400 号水砂纸和肥皂等。

2）工具：腻子刮板、12 ~ 16 管羊毛排笔、纱布、棉花团、回丝、小楷羊毛笔、50mm 漆刷、小塑料桶、揩布等。

（2）操作内容和数量

内容：在三合板面上刷硝基清漆。

本项技能训练考核如有条件可结合生产实际进行，在新制木家具（如办公桌）表面涂刷硝基清漆，操作数量按实油漆面积计算。

（3）时间要求

根据国家或地方劳动定额。如工作面较少，可按每道工序所耗用的时间累计计算。

（4）操作程序要点

1）用 1 号新砂纸包木块顺木纹打磨木面。

2）刷第一遍虫胶清漆时，注意不要来回多理刷，做到不漏、不挂、无泡眼。虫胶清漆干后用旧砂纸将物面打磨平整光滑，扫清灰尘。

3）用旧砂纸将物面打磨平整，扫净灰尘。

4）润粉：最后 1 遍要用清洁回丝将物面揩擦干净，使木纹清晰显露，等润粉干后用旧砂纸轻磨，扫去灰尘。

5）刷第 2 遍虫胶清漆。

6）刷水色。

7）刷第 3 遍虫胶清漆。

8）刷、揩硝基清漆。先用排笔刷 2 ~ 4 遍硝基清漆，然后用棉花团揩圈、理 30 ~ 50 遍，直至平整光亮。

9）上油蜡擦光。

（5）考核内容及评分标准（见下表）

考核内容及评分标准表

序号	考核项目	考核时间	考核要求	标准得分	实际得分	评分标准
1	白木头磨砂皮	按国家或地方劳动定额核算所做工件的耗用时间	1. 全磨倒楞角，平面无刨痕； 2. 做好落手清	8		1. 楞不磨，扣2分； 2. 有刨痕，扣3分；有横磨，扣1分； 3. 不做落手清，扣1分
2	刷虫胶清漆磨砂皮		不漏、不挂不过楞无刨痕； 磨砂皮； 落手清	5		1. 有一项"不"达不到要求，扣1分； 2. 不磨，扣1分 3. 不做落手清，扣1分
3	嵌批打磨配润粉		润粉加色适当； 嵌洞缝要密实； 磨砂皮	5		1. 嵌不密实，扣3分； 2. 漏嵌，扣4分； 3. 磨不清，扣2分
4	润粉		润粉和顺不遗海； 落手清	8		1. 润粉遗漏，扣4分； 2. 揩不干净，扣3分； 3. 不做落手清，扣1分
5	刷虫胶清漆		不漏、不挂、不过楞，无刨痕； 磨砂皮； 落手清	6		1. 有一项"不"达不到要求，扣1分； 2. 不磨，扣1分； 3. 有笔毛，扣1分；
6	刷颜色		颜色均匀，木纹清晰	8		1. 颜色不均匀，扣8分； 2. 基本均匀得，5分； 3 木纹混浊不清，扣8分
			正确调配好样板颜色	10		1. 正确，得10分 2. 接近，得6分；基本接近，得4分； 3. 过深或过淡，扣7分

序号	考核项目	考核时间	考核要求	标准得分	实际得分	评分标准
7	刷虫胶清漆水修拼颜色		1. 不漏、不刮、不过楞、无创痕； 2. 修、拼颜色均匀一致； 3. 全磨不能磨穿，无排笔毛； 4. 落手清	12		1. 有一项"不"达不到要求，扣1分； 2. 修拼色仍有不一致，扣1分； 3. 不磨，扣2分； 4. 有排笔毛，扣2分； 5. 虫进胶清漆刷花，扣8分； 6. 不做落手清，扣1分
8	刷揩蜡克		1. 正确掌握蜡克稠度及揩涂方法； 2. 不漏、不挂、无创痕、无云浪	8		有一项不达标，扣2分
			1. 揩擦蜡克用力均匀，漆膜丰满，平整光滑； 2. 木纹清、棕眼平	26		1. 有一处揩擦蜡克漆膜脱落、翻起，扣10分，基本及格得12分； 2. 棕眼不平，扣10分； 3. 平面揩擦不平，扣6分
9	上油蜡		表面平整光滑	4		1. 达到要求，满分； 2. 基本合格，得2分
合格				100		

学员姓名　　　年　月　日　　教师签名　　　总分

第三部分 高级建筑油漆工

3.1 填空题

1. 图案中的线具有位置、 <u>长度</u> 和 <u>宽度</u> ，在图中起着贯穿空间和骨格的连系作用。

2. 建筑涂料按涂料状态通常分为有 <u>水溶性涂料</u> 、 <u>乳液型涂料</u> 、 <u>溶剂型涂料</u> 、粉末涂料四类。

3. 建筑图纸的平面尺寸一般以 <u>毫米</u> 为单位来表示。

4. 原色是指红、黄、蓝三种颜色，由这三种色彩能够调配出其他任何颜色，而任何其他颜色却调不出它们。

5. 涂料用的树脂按受热后的性能变化可分为 <u>热塑性树脂</u> 、 <u>热固性树脂</u> 两类。

6. 内墙面抹灰工程量计算时，内墙面抹灰面积按主墙间的 <u>净长尺寸</u> 乘以高度以平方米计算。

7. 外墙面抹灰工程量计算时，栏板、栏杆（包括立柱、扶手或压顶等）内外侧抹灰按立面垂直投影面积乘以系数 <u>2.20</u> 。

8. 建筑工程图图线的线型，一般分为 <u>实线</u> 、 <u>虚线</u> 、 <u>点画线</u> 折断线、波浪线五种。

9. 建筑工程中，无论是一幢房屋，还是一个构件，它都具有 <u>长</u> 、 <u>宽</u> 、 <u>高</u> 三个向度。

10. 用涂料进行颜色配合比，要调配出天蓝色，其配合比为：主色为白色 <u>91%</u> ，副色为蓝 <u>9%</u> 。

11. 一个完整的尺寸标注一般应由 <u>尺寸界线</u> ，尺寸线、尺寸起止符号和尺寸数字。

12. 厚白漆不能单独使用，须与清油、各色油性调和漆、溶剂油等按一定的比例调配成底漆（俗称"抄油"）。

13. 涂料是由底、中、面三个涂层复合组成，每层都有其独特的优点。

14. 电泳设备中的极液循环系统主要是用来控制槽液的pH值。

15. 过期涂料要通过有关部门复验后符合原标准时，方可继续使用。

16. 无机化合物简称无机物，一般指分子组成里不含碳元素的物质。

17. 进行细腻子配置时，细腻子的重量配合比为血料∶水∶细砖瓦灰 = 3∶1∶9，调拌至糊状即可用。

18. 油漆包装罐开盖后允许使用期限为一个月。

19. 家具漆膜按按漆膜外观又可分为原光、半亮光、全亮光、填孔亚光和显孔亚光等种类。

20. 被涂物烘干加热方式有对流、辐射、电感应等三种。

21. 嵌、批腻子的要点是实、平、光。

22. 静电喷漆室内风速一般在 $0.2 \sim 0.3\text{m/s}$。

23. 防锈颜料主要用来抑制金属的腐蚀，它有化学防锈颜料和物理防锈颜料两种。

24. 建筑详图是各建筑部位具体构造的施工依据。

25. 请补充写出前处理各工序名称：预脱脂、脱脂、水洗1、水洗2、表调、磷化水洗3、水洗4、去离子水洗、循环去离子水洗、新鲜去离子水洗。

26. 油漆桶失火时应怎样快速使用灭火器进行灭火或者使用石棉布等物品进行覆盖。

27. 油漆总厚度要求：对底色漆 + 清漆，油漆总厚度 < $300\mu\text{m}$；对本色漆，油漆总厚度 < $280\mu\text{m}$。

28. 硝基漆俗称喷漆，是以硝基纤维为主要成膜物的涂料。

29. 用涂料调配颜色时，黄色 + 蓝色 = 绿色。

30. 根据涂膜的分子结构，涂膜分为三类：<u>低分子球状结构</u>、<u>线型分子结构</u>和体型网状分子结构的涂膜。

31. 大漆的不足之处是，不耐强碱及<u>强氧化剂</u>。

32. 漆工的主要施工工艺有<u>清漆施工工艺</u>和混色油漆施工工艺两项。

33. 各专业工种的图纸审核的程序一般包括<u>学习图纸</u>、<u>自审</u>、<u>初审</u>和综合会审四个阶段。

34. 光油又称熟桐油，是由<u>生桐油</u>经熬炼后制成。

35. 喷面漆一般采用空气喷涂、无空气喷涂、<u>静电喷涂</u>、自动喷涂等喷涂法。

36. 砂纸分为<u>木砂纸</u>和<u>水砂纸</u>两种。

37. 主要成膜物质也叫<u>胶结剂</u>是构成涂膜的主要因素。

38. 在一般情况下，同一种涂料的黏度与温度有关，当温度升高时，其黏度<u>降低</u>。

39. 不同的成膜树脂应选用不同的固化剂。例如不饱和聚酯漆用<u>苯乙烯</u>作固化剂。

40. 坯油是用<u>纯桐油</u>不加任何催干料熬制而成。它是用来与<u>生漆</u>配制广漆的。

41. 涂装三要素：涂装材料、<u>涂装工艺</u>、涂装管理。

42. 油漆的主要成分有<u>树脂</u>、<u>颜料</u>、溶剂、添加剂。

43. 木材中含水率高时对涂饰影响很大，家具用材在使用前，必须干燥到稍低于使用地区的<u>平衡含水率</u>，这样才能使家具在使用中的用材性能处于稳定状态。

44. 在有机化合物里有一大类物质仅由碳和氢两种元素组成，这类物质称为<u>烃（碳氢化合物）</u>。

45. 天然树脂漆的类别主要有松香衍生物、<u>虫胶漆</u>、天然大漆及其改性涂料等几类。

46. 喷涂粗糙面时，<u>应水平喷一遍</u>、<u>垂直喷一遍</u>。

47. 电炉烫蜡法的操作工艺顺序为：基层处理→<u>敷蜡</u>→<u>烫蜡</u>→<u>擦蜡</u>→抛光。

48. 防霉涂料施涂前应对基层表面进行杀菌处理，采用 7%~10%磷酸三钠水溶液，用排笔涂刷一至二遍（新墙面可不必进行杀菌处理，但湿热气候地区除外）。杀菌必须彻底、细致，以免留下霉菌隐患。

49. 水溶性涂料可分为烘干型和常温干燥型两类。

50. 识读图样必须循序进行，即应按照图样编排次序的先后分类进行，且不得操之过急，应由整体到局部，从粗到细逐步加深理解。

51. 中涂漆的主要功能是改善被涂工件漆的平整度，为面漆层创造良好的基底，以提高面漆层的鲜映和丰满度，提高整个涂层的装饰性和抗石击性。

52. 返修喷漆时，闪干时间太短易使颜色变深，稀释剂量偏少，易使颜色变深。

53. 木材的材色会因为树种的不同而深浅不一。木质部分靠近树干外围，材色较浅，含水分较多的部分叫边材；树干中心部分材色较深、含水分较少叫心材。

54. 烘干聚合型涂料必须经过一定的温度烘烤才能使成膜物质分子中的官能团发生交联固化而形成连续完整的网状高分子涂膜，一般烘烤温度范围在100~150℃之间。

55. 阻尼片的作用是减振、降噪。

56. 在常用的建筑业用材中通常分为针叶树、阔叶树和杂树三大类。

57. 硝基清漆不能与油性涂料及油性溶剂掺合使用，操作时必须配兑香蕉水，经稀释后方可使用。

58. 一套工程图样，总是由不同专业工种和表达不同内容的图样综合组成，它们之间有着密切的联系，故看图时必须注意相互配合加强对照，以防差错和遗漏。

59. 石膏拉毛涂饰中嵌批拉毛腻子的粗拉毛的厚度为5mm以上。

60. 涂膜厚度的控制方法有两种，一是控制湿膜；二是控制干膜。

61. 在刷涂磁漆、调和漆及底漆等黏度较大的涂料，应选用刷毛弹性较大的硬毛扁刷。

62. 大漆是我国著名特产，在阴湿的环境下，只有当温度在15～30℃，相对湿度在80%～85%时，才能聚合成膜。

63. 地仗灰腻子的配制比例应根据其用途不一而定，它是由油满、血料砖瓦灰配制而成。

64. 工程图样设计后，在施工中会经常遇到各种情况，随之会有修改，故在识读图样中要注意设计修改图样和设计变更备忘录等补充说明内容，否则就会发生差错。

65. 所谓"固有色"是指在正常光线下（如太阳光、普通灯光等），看到的有主导地位的色彩，如红衣服、白墙等。"固有色"一般在柔和的光线下强，微弱光线和强光下弱，反光弱的粗糙物体"固有色"强。

66. 拿到一套图样后先看总目录，了解建筑面积、造价、建设项目、建设单位、设计单位、各专业图样总张数等。

67. 透明清漆涂饰工艺和不透明色漆涂饰工艺大致由表面处理、基础着色、涂层着色、清漆罩光、漆膜修整五个阶段组成。

68. 一般涂料的干燥是由烘干温度和烘干时间来表示的。

69. 油性油漆中的适用稀料是200号溶剂汽油或松节油，其代用稀料可以是汽油。

70. 油漆的颜料按其化学成分可分为有机颜料和无机颜料两类。

71. 在各色原颜料中加入白色，调配成各种浅的颜色，较浅的称为晕色，略深的称为二色。

72. 多彩内墙涂料是由磁漆相和水相两大部分组成。

73. 玻璃的化学蚀刻是用氢氟酸溶掉玻璃表面层的硅氧。

74. 在图样全部看完之后，还要按不同工种有关的施工部位，将图样再细读。油漆工序要对着房屋的装饰部位如顶棚、内墙面、接地面、门窗、楼梯栏杆及扶手等图样进行细读。

75. 光源颜色不同，在物体上引起的色彩变化也各异。光源色越强，对固有色的影响越大，甚至可以完全改变固有色。光滑物体高光部分则是光源色的直接反射。

76. 按温度划分，加热干燥可分为低温烘干、中温烘干、高温烘干三种。

77. 颜料遮盖力的强弱主要取决于颜料的折光率、吸收光线能力、分散度和晶体形状。

78. 彩画的大色均用单一原颜料与胶调配。

79. 古建筑中进行地仗处理时，使用的油浆的配合比为：油满∶血料∶水 = 1∶1∶20。

80. 硝基清漆理平工艺，进行基层处理操作时，木制品本身的含水率不得超过12%。

81. 楼梯平面图是采用略高于地面或楼面处，并在窗户处作水平剖切向下投影而形成的投影图。

82. 物体周围环境的色彩由于光的反射，作用到物体上，因而引起物体的色彩变化，这种色彩称为环境色。这种变化通常反映在物体的暗部，以及受光部的两侧。

83. "高喷"施涂装饰效果同基层处理关系很大。混凝土和抹灰表面施涂溶剂型涂料时，含水率不得大于8%，施涂水性和乳液涂料时，含水率不得大于10%。

84. 检测涂膜附着力的方法有划格法和划圈法。

85. 配制大色洋绿时，其重量配合比为：洋绿∶胶水∶水 = 1∶0.45∶0.31。

86. 配制大色石黄时，其重量配合比为：石黄∶胶液∶水 = 1∶0.5∶0.25。

87. 彩砂涂料的品种有单组分和双组分，喷涂前均要搅拌均匀，其稠度应保持在100～120mm为宜。

88. 建筑装饰图是装饰人员的特有语言，其中表达最初意想的是徒手草图，有表现装饰效果的是绘画图（效果图）。

89. 玻璃钢施工的环境温度以15～25℃为好，相对湿度不宜大于80%。

90. 木门窗框的厚度大于 50mm 的门窗扇应采用双榫连接，框、扇拼装时，榫槽应严密嵌合，用胶料黏结，并用胶楔加紧。

91. 同油漆相对应的涂料类型称为合成树脂涂料。

92. 彩画时，每涂完一道色，应过一道矾水，用以固定颜色，避免上下层色咬混。

93. 玻璃布的铺贴顺序为自下而上，由低往高。其搭接应顺物料的流动方向。布与布的搭接缝应互相错开，搭缝宽度不应小于50mm。

94. 室内装饰的性质可以分为固定装饰和活动装饰两大类。具体地说，又可以分为下面四个方面：实体装饰、设计装饰、纯粹装饰、宣传装饰。

95. 我们运用色彩来美化生活，使自然环境和造物达到和谐的美，这就是我们研究不同颜对生活的主体——人和各种感应，使我们在色彩的处理中达到理想的效果。

96. 现行国家施工验收规范明确规定了"涂料工程基体或基层的含水率，混凝土和抹灰表面施涂溶剂型涂料时，含水率不得大于8%，施涂水性和乳液型涂料时，含水率不得大于10%"。

97. 打磨可分为干打磨和湿打磨两种。

98. 旋杯式静电喷涂的雾化原理是离心力和静电斥力相结合。

99. 一般涂料施涂时的环境温度不宜低于5℃，相对湿度不宜大于60%。

100. 古代建筑在檩、枋、柱、顶棚等部位的木构件面上，作彩画用以装饰。彩画的基层是做生油地仗，彩画的主要用料是在油漆和胶料中加入多色颜料。

101. 室内装饰重点是俯视平面图，因为平面图清楚地表示了室内空间的整体布置。

102. 造物总处在一定的环境中，造物与周围环境相互混杂，可相互地协调、混合、反射或排斥，它影响人们的视感效果，使物体大小、近远、形状等发生这样或那样的变化，这种变化称为视感的物理效应。

103. 属于立体型网状分子结构的涂膜有聚酯、丙烯酸、聚胺酯等涂料的涂膜。各个分子之间由许多侧链紧密连接起来。由于这些牢固的侧链存在，所以这类涂膜的耐水、耐候、耐热、耐寒、耐磨、耐化学性能等都比其他分子结构的涂膜高得多。

104. 中涂的厚度一般在 $35 \sim 40 \mu m$。

105. 喷漆室中进行喷漆作业时，需要保持一定的湿度，通常情况下保持在 $70 \sim 85\%$。

106. 清色涂料通常包括上色（施涂底色）、拼色和修色（施涂面色）等几个过程。

107. 彩砂喷涂装饰操作工艺顺序为：基层处理→嵌补缺陷→刷底胶→喷涂。

108. 人们看到太阳和火时自然地产生一种温暖感，久而久之，一看到红色、橙色和黄色也会相应地产生暖感；而海水、月亮常给予人一种凉爽的感觉，于是人们看到青、蓝、绿也会产生凉爽感。

109. 玻璃磨砂主要有机械磨砂和手工磨砂两种。

110. 液力旋压喷漆室采用消水式漆雾捕集装置。

111. 烘烤干燥方式有对流、辐射、电感应三种。

112. 上色的主要目的是为了改变木材面的天然颜色，在保持木材自然纹理的基础上，使其接近设计或样板的颜色。

113. 在装饰施工图中总离不开材料的选择，为了表示材料的质感，在图标中作了一些材料图例的规定及室内设备的标注法。

114. 建筑施工中常用的喷枪一般有对嘴式、流出式、吸出式三种。

115. 涂膜型防水涂料按其材料品种分为乳液型、溶剂型、反应型三大类。

116. 在原涂膜表面上色和修色时，拼好色以后，发现在边缘留有"槎子"，此时必须用400号水砂纸蘸水后轻轻打磨掉。

117. 检测涂膜的硬度时常用铅笔。

118. 清漆的施工黏度要求是22~25s/25℃。

119. 拼色和修色就是用水色、油色、酒色对已上色的木件进一步调色，达到设计和最理想的装饰效果。

120. 色彩的温度感不仅与大自然密切相关，而且也是人们习惯的反映。在十二色相中我们把从红到黄称之为暖色，从绿到紫称为冷色，白、黑、灰、金、银不属于暖色也不属于冷色，称为中性色。

121. 彩弹装饰工艺，所用的基料系水溶性物质涂料，故平均气温低于5℃时不宜施工，否则应采取保温措施。

122. 106涂料以聚乙烯醇水玻璃为成膜物质，掺入轻质碳酸钙、滑石粉、颜料、助剂等而成。

123. 裱糊绸锻墙布使用的胶油腻子是用熟石膏粉:老粉油基清漆:107胶:清水 = 3.2:1.6:1:2.5:5 调配而成。

124. 生漆的精制品根据配方及生产工艺等项特征，可分为退光漆（推光漆）、广漆、揩漆、漆酚树脂。

125. 利用高速旋杯喷涂工件时，喷径的大小主要取决于旋杯的转速。

126. 不同的图例要清楚可辨，不得混淆不清。凡同类材料不同品种使用同一图例时，应在图上附加必要的说明。

127. 由于物体和环境颜色不同，给予人的视觉感应也不同，或者误大，或者误小。误大的在色彩中属膨胀色，误小的在色彩中属收缩色。

128. 脂肪酸是油脂的主要组成部分，在室温下为油状液体或固体；无色或白色；比水轻；不溶于水。有饱和和不饱和脂肪酸两大类。

129. 涂料在施工前出现结皮的主要原因：一是桶盖不严密，与空气接触；二是氧化成膜涂料加入钴锰催干剂量多，放置时间长。

130. 涂料成膜后固化不良，或未形成坚硬的固化涂膜有黏结现象，其原因是干燥剂失效或催干剂加入过量。

131. 室内图例的绘制，应遵循一条原则，就是图例要按照相应的比例，以简单概括的方式画出所示物体的轮廓线力求形似，又不求多用笔墨，必要时可结合附加文字说明，这对室内装饰设计就很简便了，工作效率提高了，室内使用图例制作的作用也就不言而喻了。

132. 正确地运用色彩的重量感，可以使色彩的平面和空间关系平衡、协调和稳定。例如在室内装饰中采用上轻下重的色彩配制，可以起到稳定的视觉效果。

133. 树脂是非结晶形半固体或固体有机物质，分子量一般较大。多数可溶于有机溶剂，如醇、酯、酮等，一般不溶于水。将它溶在有机溶剂中，并涂在物体表面上，在溶剂挥发后，能够形成一层连续的固体薄膜。油漆用树脂作为成膜物质就是利用树脂的这个性质。

134. 涂料在施工前出现变色的主要原因是：一是虫胶清漆放入铁制容器中；二是加入已水解的溶剂；三是金粉、银粉与调制的清漆发生酸蚀作用。

135. 涂料成膜后固化不良，或未形成坚硬的固化涂膜有黏结现象，其原因在施工中吸附有害气体，造成涂膜不能充分氧化成膜。

136. 大漆的不足之处是，漆膜干燥条件苛刻，不但要有合适的气温（15~30℃），而且要求较高的湿度（80%~85%）。

137. 实体装饰，指依附于建筑物的不动装饰部位，如壁画、壁饰、花格、门芯装饰等等。这种装饰基本上与建筑物的寿命同步，所以应使用耐久性好的材料。

138. 色彩的距离与色相有关。实验表明，按光色排列从前进到后退的秩序是：黄、橙、红、绿、青、紫。因此可以把黄、橙、红列为前进色，绿、青、紫列为后褪色。

139. 油漆用的树脂从来源可分为：来源于自然界的天然树

脂、用天然高分子化合物加工制得的人造树脂及用化工原料合成的合成树脂三类。现在油漆中使用的树脂品种，以第一类为最多，而且在不断发展。

140. 硝基漆溶剂中的真溶剂、助溶剂和稀释剂的<u>配比不当</u>，溶剂挥发<u>速度快</u>，稀释剂挥发<u>速度慢</u>，剩下的稀释剂不能溶解硝化棉时，硝化棉析出，使漆膜浑浊泛白。

141. 为防治涂膜干燥不良，催干剂的掺入量不能<u>过量（即5%以内）</u>。

142. 生漆根据产地和性质不同，一般可分为：毛坝漆、大木漆、小木漆、<u>油籽漆</u>四种。

143. 宣传装饰，指以宣传为目的的装饰，它包括室外某些部分的装饰，如<u>门面、艺术广告灯箱、霓虹灯</u>。

144. 色彩对人的心理感应主要表现在它<u>影响和刺激人的情绪</u>，不同的颜色可以引起人的情绪的不同变化，这种变化就是色彩对人的心理感应。因此，在油漆施工中应充分考虑<u>色彩</u>对人的心理感应。

145. 过氯乙稀树脂的氯含量在<u>64% ~65%</u>之间，应用于制造油漆，具有优良的耐化学性能，防水、防霉、<u>防燃烧性</u>均很好，是目前以合成材料为主要成膜物质的新型挥发性涂之一。

146. 施工环境潮湿，空气中相对湿度超过80%，在溶剂挥发过程中，水气浮于<u>漆面</u>。泛白特别容易出现在<u>硝基漆</u>和<u>虫胶漆</u>的施工中。

147. 在固化的涂膜上出现<u>丝</u>状或龟裂状裂纹，其原因是基层和面层涂料不配套，面层涂料的<u>收缩强度</u>大于基层。

148. 退光漆是由优质<u>纯生漆经绞滤、脱水</u>精制而成，它颜色特黑而无杂色，干燥性、流平性好，成膜后漆膜坚韧，具有良好的抗水性、抗潮性、抗热性、耐磨、耐久及耐化学腐蚀等优良性能。

149. 仰视平面图与俯视平面图虽然表面上是接地面与顶棚的不同，但其上下轴线却是<u>相对应的</u>。仰视平面图的横向轴线排列是与俯视平面图相一致的，而其纵向轴线的排列却与之相反，因此容易看错。

150. 改善空间效果，除了借助于色彩的物理效果外，还可以用色彩划分。以走廊为例，走廊高而短时，可以通过水平划分使之显得低而长；走廊低而长时，可用垂直划分来增加高度或以减弱压抑感。

151. 普通油漆涂料一般是指油脂漆类；有机化学油漆涂料指的是高分子树脂涂料，两者间的互相反应明显地表现在油的"咬底"上。

152. 硝基漆和虫胶漆施工应在干燥环境进行，当达不到要求时，可用人工的方法提高室内温度。

153. 在固化的涂膜上出现丝状或龟裂状裂纹，其原因是涂刷后的物件放置在的地方或在阳光下暴晒。

154. 内装饰立面展开图的展示法，首先是用温度过高把连续的墙面外轮廓线和面与面转角的阴角线示出，然后用粗实线、中、细实线作主次区别于墙面上的正投影图像。同时还必须看清图的两端和墙角处的下方所标注的与平面图相一致的轴线编号和标注的各种尺寸数据、标高、详图索引号、引出线上的文字注说、材料图例等等。

155. 在处理色彩的基调和配置中要因地制宜，不但考虑室内的功能，而且还要和周围的环境相和谐。

156. 一般在油脂漆、醇酸漆以及干性油改性的一些合成树脂类的漆膜，未经高度氧化和聚合成膜之前，一旦与面漆中强溶剂相遇，底层漆膜就会被溶解而咬起，影响底漆与物面的附着力。

157. 在涂料施工中为防止出现泛白，可在硝基漆中加入适量的防潮剂，或加入丁醇、丁酯、戊酯等沸点高的溶剂。

158. 为防止在固化的涂膜上出现丝状或龟裂状裂纹，应严格控制涂层厚度，底层涂料必须干透方能刷面漆。

159. 广漆是用优质生漆与坯油调制而成，调配后呈茶褐色，成膜后带红褐色，其涂膜透明、丰满、光亮。

160. 在建筑室内设计图中是以建筑图为依据，一般以1∶5～1∶20进行放大，这就成为室内设计图或室内装饰的操作图了，不过其图示内容更为具体化。

161. 定好基调是装饰中处理好色彩间相互关系统一协调的基础。但是，只有统一而无变化，仍然达不到理想的效果。

162. 底、面漆不配套。如油漆底漆对金属表面有一定的附着力，但不能与硝基漆、过氯乙烯漆等配套，因这种底漆干燥后经受不起强溶剂的作用而产生咬起。

163. 在涂料施工中为防止出现泛白，可在虫胶漆中加入5%的香蕉水，或加2%～3%的松香粉。涂刷也可用碘钨灯加温。

164. 从基层的涂料、钉眼、树节的松脂等透过漆面而形成面色局部变化，其原因是对基层的钉眼、松节未作封闭处理。

165. 生漆的质量优劣，是生漆的涂饰工艺及涂装干燥后产品质量优劣关键，并与漆树的漆种、生长地区的自然条件、割漆时间及树龄大小等因素有着密切的关系。

166. 一个工程项目的施工按其阶段可分为施工准备、土建施工、设备安装、交工验收四个阶段。

167. 室内装饰中各部分的色彩关系是十分复杂的，相互联系又相互制约的，从整体看，墙面、地面、顶棚等可以成家具、陈设和人物的背景；从局部看，写字台、沙发又可以成为台灯、盆花的背景。

168. 在配套选择时必须注意其相容性，对硝基漆可采用铁红环氧酯底漆或铁红醇酸底漆，对过氯乙烯则应用过氯乙烯底漆，填嵌时也不能用油性腻子，应改用过氯乙烯腻子。

169. 清漆、红丹漆、聚胺酯漆、环氧漆的涂膜上出现发笑，主要原因是这类漆对底涂层的湿润欠佳，使之很难形成一层均匀的薄膜层，而收缩成清珠状。

170. 涂料干燥后，涂膜面层出现波纹状收缩，其主要原因用桐油调制的涂料，由于干燥慢而引起皱皮。

171. 生漆中含有"米心"、"沙路"和"母水"的为优质漆。"米心"即生漆中所含有的一种白色颗粒，形如碎米似的结晶体的黏稠物，拨动后破碎成白色的线条状，搅动频繁即消失，存放几天后则又恢复原状。

172. 在施工准备工作阶段按其性质及内容通常包括技术准备、物质准备、劳动组织准备、施工现场准备和施工场外准备。

173. 室内装饰的色彩设计中要注意体现稳定感和平衡感，一般情况下低明度低彩度的色彩以及无彩色就具有这种特点，上轻下重的色彩关系具有稳定感，因此在一般情况下，总是采用颜色较浅的顶棚和颜色较深的地面。

174. 目前使用的涂料品种很多，按成膜过程机理有氧化聚合型涂料，它干燥成膜是在常温下进行的。干燥过程中，必须接触空气才聚合成高分子膜。常用的油基性涂料就属此类，因此当使用这类涂料时应当特别注意，当不使用时必须把桶盖严，否则易起皮。

175. 如在涂料涂刷中发现有发笑现象应立即停刷，用200号溶剂汽油先行擦净，再用纱布包消右灰拍涂物面，掸扫干净，然后涂上1~2遍虫胶漆封闭即可避免。

176. 涂料干燥后，涂膜面层出现刷纹，其主要原因是，油漆内油分太少，底层吸收性较强；涂料过稠，刷毛太硬。

177. 品质上等的生漆，丝条细长，弹性很大，且粘附在搅拌工具上的漆液厚薄均匀一致，流速均匀，漆液消失快，反之较差。

178. 通过会审发现设计图样中存在的问题和差错，使其改正在施工开始之前，为拟建工程的施工提供一份准确的设计图样。

179. 在涂料施工中，无论是溶剂型涂料还是水溶性涂料，环境对成膜质量有着相当大的影响，特别是温度和湿度的影响尤为普遍和显著，也是涂料施工中经常遇到的问题，必须给予足够的重视。

180. 按成膜过程机理有固化剂固化型涂料：该类涂料必须加固化剂才能固化成膜，它的成膜过程是在固化剂存在的条件下进行，固化剂是它的聚合条件。

181. 涂料在涂刷过程中出现发笑，应用漂土加水清洗，再用湿麂皮擦干，待完全干燥后重涂。对于聚胺酯漆因遇水泡而出现的收缩，可用加少量丁醇的办法来解决。

182. 防止涂料干燥后涂膜面层出现刷纹，应调整油漆中的含油量和稀释剂，如在涂刷无光漆面层时，可加适量精煤油，以降低稀释剂的挥发速度。

183. 生漆有浓厚漆树的清香味或自然酸香味的是好漆。一般大木漆以酸香味者为佳；小木漆以有微清香者为佳；毛坝漆以有柔和芳香味者为佳。

184. 图样会审的重点是审查拟建工程的地点、建筑总平面图同国家、城市或地区规划是否一致，以及建筑物或构筑物的设计功能和使用要求是否符合卫生、防水及美化城市方面的要求。

185. 温度过低在溶剂型涂料中会引起涂膜干燥迟缓，致使灰尘沾于涂膜，干燥后表面不光洁。

186. 溶剂挥发型涂料在干燥成膜过程中，成膜物质分子结构无显著化学变化，当溶剂完全挥发后产生一层连续完整涂膜，属于这类成膜方式的涂料有硝化纤维素涂料、过氯乙烯涂料、丙烯酸涂料、虫胶涂料等。

187. 底漆与面漆不配套（即性能不一），底漆承受不了面漆中的强溶剂作用而被溶解。例如底漆是油性调和漆、酚醛漆或醇酸漆等，而面漆用硝基漆、过氯乙烯或聚胺酯，即能产生咬底现象。

188. 在涂料施工中所用的有机溶剂和其他原料绝大部分是易燃、有毒、有害、有腐蚀性的物质。无论在涂料生产、加工配制和施工中对安全生产和身体健康都有许多不利因素，长期接触一些有害物质，将其吸入体内，会产生不同程度的急性和慢性中毒现象。

189. 如果生漆中掺有杂物，煎时泡沫不息，盘底有沉淀物。如掺有硝则沉淀于盘底；掺有糖类或淀粉则糊盘四周；掺有油类则花泡不息，并且浓烟甚大；掺有水分则煎后净漆质量过低；凡掺有杂物煎时必有强烈的杂味冲鼻，此即可认为劣质漆。

190. 图样会审的重点是审查设计图样是否完整、齐全，以及设计图样和资料是否符合国家有关工程建设的设计、施工方面的方针和政策。

191. 由于温度低，涂料中的基本粒子活性减弱，涂料中的溶剂挥发和氧化反应减缓，即使随着时间的延长，涂膜也会硬结，但它的强度、黏结力也会大大降低。有的还会因干燥缓慢，受基层酸、碱渗蚀，造成严重咬色现象产生。

192. 同一种溶剂在同一条件下用于不同种类的挥发涂料，则会有不同的挥发速度。如溶剂挥发性好的硝基涂料，在常温下仅数十分钟即干燥。而过氯乙烯涂料，由于过氯乙烯树脂本身有拘留溶剂的特性，故溶剂释放性差，需 2～3h 才能干燥。

193. 短油度与长油度也有咬底现象。例如短油度醇酸漆涂饰于一般油脂漆表面作面漆，因油脂漆的溶剂是松香水，而短油度醇酸漆的溶剂是二甲苯，因此被咬起。

194. 苯中毒途径，主要是呼吸道吸入和人体与苯溶剂直接接触所致。

195. 生漆鉴别纸试法，将漆液滴于纸上放在火上烧，烧时无爆炸响声者是较纯的生漆，有爆炸响声或难以烧着者一般是掺有杂质的漆。

196. 施工单位收到拟建工程的设计图样和有关技术文件后，应尽快地组织有关的工程技术人员自审图样，写出自审图样的记录。自审图样的记录应包括对设计图样的疑问和对设计图样的有关建议，在会省前提交设计和建设单位。

197. 温度低，涂料变稠，涂刷困难，涂层难于均匀，影响质量。实践证明，一般油性涂料施工的温度不得低于0℃；高级混色油性涂料不得低于5℃；清漆不得低于8℃；水性涂料不得低于5℃。

198. 生漆的成膜机理是缩合聚合成膜，由于当温度达70℃以上时，漆酶就失去活性，所以在隔绝空气高温条件下的烘烤干燥成膜，是以不吸氧的缩合反应和不吸氧的聚合反应为主形成的。

199. 在涂料施工中，为防止出现咬底现象，底面漆必须配套使用，并选用合适的漆料和稀释剂。

200. 预防苯中毒的方法是，施工场所应保持通风。在比较封闭的室内施工时应安装换气设备，使空气中的苯含量低于$40mg/m^3$。

201. 制备大漆采用煮漆法，将生漆静置分层后，把上层漆液倒入容器中，再把容器置于水锅中加温蒸煮，边煮边搅拌，使漆液中的水分蒸发，直至漆液中不冒水蒸气为止，然后过滤去淹。再静置分层，倾出上层漆液过滤，反复数次即可。

202. 会审一般由建设单位主持，由设计单位和施工单位参加。最后在统一认识的基础上，对所探讨的问题逐一地做好记录，形成《图样会审纪要》，由建设单位正式行文，参加单位共同会签、盖章，作为与设计文件同时使用的技术文件和指导施工的依据，以及建设单位与施工单位进行工程结算的依据。

203. 温度高过一定的限度，也会损害漆膜质量。特别在夏季露天施工中应引起重视。

204. 颜料是微细的固体粉末，用于制造油漆和配色，颜料不仅能起调色作用，还能起遮盖、提高机械强度、附着力、防腐、抗有害光波等作用。

205. 涂料在施工中出现露底现象，主要原因是底漆色深，面漆色浅。

206. 铅中毒途径，主要是在这类涂料干燥后进行打磨时，形成的粉末通过呼吸道而吸入肺部，也可通过口腔和食物进入体内以及皮肤伤口进入到血液里。

207. 大漆磨退，白木处理，首先应除掉油污等一切污物，木刺翘槎等，应用锋利小刀或斜錾切除削平。为防止大缝和裂缝缩胀，应下竹钉，竹钉应涂上生漆，以便两者黏结牢固。

208. 大面积刷水色时先用排笔或漆刷将水色涂满到物面上，然后漆刷横理，再顺木纹方向轻轻收刷均匀，刷痕不许有流挂、过楞现象。

209. 图样会审的要点是审查设计计算的假定条件和采用的处理方法是否符合实际情况，施工时有无足够的稳定性，对安全施工有无影响；地基处理和基础设计有无问题，结构抗震性能如何，以及建筑物或构筑物与地下建筑物或构筑物、管线之间有无矛盾。

210. 氧化聚合型及挥发型涂料，在过高的温度下，涂膜表面迅速成膜，使表面下的涂层被封闭而难于氧化聚合成膜，于是便会引起起皱、鼓胀以至起壳。

211. 酸性、碱性染料的性质基本相似，均可溶解于水和酒色，但在实际操作过程中，酸性染料善于同水亲融，以酸性染料作水色具有色彩鲜艳、透明度高、着色力强、渗透性好、附着牢固等优点。碱性染料善于同酒亲融，具有透明度高、着色力好等优点。

212. 为防止涂料在施工中出现露底现象，对配好的涂料应做小样试验，检查是否有良好的遮盖力。对于自配的发色油，使用时要随时搅拌，不使其沉淀。

213. 预防铅中毒措施：在操作场地应注意通风，使铅尘控制在$0.05mg/m^3$范围内。

214. 大漆磨退，批头道漆灰，也称头道灰，将漆灰腻子先涂布于台面，再用长刮尺从台面一端刮向另一端。刮涂时以台面高处为准，低处映灰，一刮到底，不显波形。

215. 经过润粉和刷水色，物面上会出现局部颜色不均的毛病，其中一方面由于木材本身的色泽可能有差异，另一方面涂刷技术欠佳也会造成色差。色差需要调整，修整色差这道工序称为拼色。

216. 古希腊创造了三种"柱式"—陶立克、爱奥尼克、阿林斯，此外还有"人像柱"。

217. 各种涂料由于成分不同，成膜材料和胶粘剂的分子结构不同，因而对于最低和最高温度的要求也是不同的。

218. 合成树脂乳胶涂料是一种优良的涂料品系，各种涂料的性能和适用范围也不尽相同，但它们的共同点都是以水为稀释剂，易施工作业，无污染。在室内外装饰中被广泛使用。

219. 为防止涂料在施工中出现露底现象，配制底漆时的颜色，要比面漆的颜色浅半色。

220. 生漆是我国特有的传统天然树脂涂料，它的主要成分是漆酚，对人体有高度的过敏作用和一定的刺激性，但它聚合成膜后毒性会局部消失。

221. 大漆磨退当批三道漆灰时，批刮要做到"一摊"、"二横"、"半起灰"，也就是说一手灰在1m长度内摊平；二横是在一手灰摊平的基础上再往横向往返摊；半起灰即是高处刮灰，低处映灰，进一步刮平收净的意思。

222. 我国古代建筑在世界建筑史中构成了一个独立、完美体系，从个体建筑到城市布局，都有一套完整的做法和制度。

223. 湿、温、光对涂膜的共同作用，连同氧的作用，是涂膜老化、破坏的重要原因之一。了解这一点，对我们正确地选择涂料品种及施工中注意气境的温湿度要求，是相当重要的。

224. 苯丙乳胶涂料具有良好的耐候性、耐水性、耐碱性、抗粉化性和抗污染性，可制成有光、半光、无光涂料。即可内用也可外用，但一般以外用为主，是我国外墙涂料的主品种。

225. 在涂料施工中出现颗粒状病态，造成漆膜表面不光洁和粗糙，其主要原因是施工环境不清洁，尘埃落于漆面。

226. 预防生漆中毒措施，操作人员在施工前应戴好防护用品，尽量减少皮肤裸露部位。切忌用手直接接触。

227. 大漆磨退，在进行上头道退光漆的操作方法是，用短毛漆刷蘸取退光漆敷于物面，随后用劲推赶均匀，涂刷时以<u>纵横交叉反复推刷</u>，不论大面或小面都要<u>斜刷、横刷、竖理</u>，这样反复多次，使漆液达到全面均匀。然后用牛角翅将漆刷内的余漆刮净，再以台面长度轻理拔直出边，侧边也同样操作。

228. 硝基清漆磨退施工，刷涂硝基清漆，在打磨光洁的漆膜上用排笔涂刷 3～4 遍的硝基清漆。刷漆用排笔不能脱毛。硝基清漆挥发性极快，如发现有漏刷，不要忙着去补，可在刷<u>下一道漆</u>时补刷。垂直涂刷时，排笔蘸漆要<u>适量</u>，以免产生流挂，对脱毛要及时清除，刷下一道漆应待<u>上道漆干燥</u>后再进行。

229. 防止涂料成膜后出现返粘现象，应改善施工环境，使作业场所<u>干燥通风</u>。

230. 由于各种涂料的性质不同，在涂料施工过程中的<u>干燥方法</u>、时间、温度、湿度的要求也不同，为了确保质量，就必须根据涂料的不同性质，合理调整<u>温度、湿度</u>。

231. 多彩涂料是一种新型的装饰涂料。它造型新颖、主体感强、色彩繁多，用喷涂的方法，<u>可一次性</u>将装饰面涂装成彩色。

232. 在涂料施工中，出现颗粒状病态，造成漆膜表面不光洁和粗糙，其主要原因是喷枪，用喷过油性漆的喷具喷涂硝基漆时<u>溶剂</u>将漆皮咬起成渣而带入漆中。

233. 在以有机溶剂为稀释剂的各种各类涂料中，绝大部分不但有毒、有害，而且还有一定的腐蚀性以及易燃的化学危险品，了解它的<u>性能及特点</u>，对做好安全生产是很有意义的。

234. 大漆磨退，在进行破子工序时，即涂刷二道退光漆之后，必须用400 水砂纸蘸取皂水将露在<u>漆膜表面的颗粒磨破</u>，这些颗粒表干内不干，或者尚未干透，经磨破表皮后让其充分干燥。

235. 硝基清漆磨退施涂工艺，当揩涂最后一遍时，应适当减少圈涂和横涂的次数，增加<u>直涂的次数</u>，棉球团蘸漆量也要<u>少些</u>。最后 4～5 次揩涂所用的棉球团要改用<u>细布包裹</u>，此时的硝基清漆要调得稀些，而揩涂时的压力要大而均匀、理平、拔直，直到漆膜光亮丰满。

236. 杂木仿红木揩漆时，要根据揩涂的对象和要求，采取不同的揩漆方法。如家具等揩漆的质量要求高，操作时应严格按照工艺要求，而房屋建筑中揩漆质量要求则可适当放宽，揩漆遍数可视具体情况和适当调整要求。

237. 绸缎裱糊施工，胶粘剂调配时，为了进一步提高 108 胶的粘贴强度，在 108 胶中掺加10% ~20% 聚醋酸乙烯溶液，胶粘剂黏度大时可掺加5% ~10% 清水稀释。

238. 室内空间的尺度应当符合人的视觉习惯和房间的使用特点。一般来说，宽而高的房间使人感到冷漠，宽而低的房间使人感到压抑，窄而高的房间使人感到拘谨。

239. 涂料施工干燥方法，在室内主要是保持室内的通风，特别对氧化聚合型涂料，由于其干燥硬结较慢，白天应注意自然通风，晚上如遇雨天和湿度较大、温度较低的天气，应关闭通风口，以防水气吸附，影响涂膜质量。

240. 简易识别多彩涂料的质量，首先检查上层水液是否清澈。如果水液严重混浊或带有颜色，这说明多彩粒子有渗色或混色，粒子中的溶剂有迁移现象，稳定性差。

241. 为防止涂料在施工中出现起粒现象，在施工前应打扫场地，工件应揩抹干净。

242. 易燃液体的特性是极易挥发，有高度流动散发性、受热膨胀性。不少易燃液体还具有毒性，同时具有高度易燃性、易爆性。

243. 大漆磨退抛光，即经水磨退光后，随即上砂蜡或绿油，用柔软无杂质的棉织品或精白纱头，也可用纱布包纱头蘸蜡在漆面上用力擦拭，直至发热起光，再以洁净棉织品收清。

244. 为保证硝基清漆的施工质量，操作场地必须保持清洁，并尽量避免在潮湿天气或寒冷天气施工，防止泛白。

245. 色彩能给人们一定的刺激和美的感觉，它是艺术装饰的重要表现手段，恰当运用，能达到理想的环境效果，增强建筑的功能性。

246. 涂料施工干燥方法，催干剂可以加速干燥，适用于油基漆类。催干剂的加入量应根据气候条件及原漆的干燥条件而定，一般为漆重的1%～3%，最多不得超过5%，用量超过限度会起反作用，并造成种种疵病。

247. 简易识别多彩涂料的质量，检查上层水液中是否有漂浮物。如果个别粒子悬浮物属正常范围，但漂浮物较多甚至有一定厚度，造成上、下部均有粒子而中间为水层的现象，则属质量欠佳。如有漂浮物，表面易产生结皮，给施工带来障碍，也影响最终装饰效果。

248. 为防止涂料在施工中出现起粒现象，涂漆前应检查刷子，如有杂质，用刮具铲除漆刷内污物。

249. 易燃溶剂绝大部分是有机溶剂，如苯、甲苯、二甲苯、丙酮、乙醇、醋酸乙酯等，它们闪点都在28℃以下，属一级易燃液体。甲苯的闪点为4.4℃，是溶剂中闪点较低的一种，遇明火或高温很容易发生燃烧，燃烧时发生光亮而带烟的火焰。

250. 硝基清漆俗称蜡光，是以硝化棉为主要成膜物质的一种挥发性涂料。硝基清漆的漆膜坚硬耐磨，易抛光打蜡，使漆膜显得丰满、平整、光滑。硝基清漆的干燥速度快，施工时涂层不易被灰尘污染，有利于表面质量。

251. 硝基清漆磨退施涂工艺，用水砂纸湿磨，是为了提高漆膜的平整度、光洁度，经过再抛光，使漆膜具有镜面般的光泽。

252. 色彩能满足视觉美感。比如墙面上颜色的搭配是和谐的，我们会觉得很美，情绪会因此而受到影响，逐渐松弛，感到平和或温馨；反之会使人感到严肃或烦躁。

253. 室内湿度的调整，包括有两个方面的含义，一是当室内湿度过高，有损于涂料涂层的施工质量时，应该降低其相对湿度；二是当室内湿度较低，不利于某些涂料的干燥时，应该提高相对湿度。

254. 在幻彩涂料的施工中，封闭底层、中间涂层和面层涂料必须配套。底涂和中涂可用刷涂和滚涂的方法。面层涂料可单一使用，也可套色配合使用。施工方法有喷、刷、滚、刮、印等。

255. 涂膜表面出现气泡及小圆形孔的病态，其主要原因是，油漆配制不当，漆中含有水分，加入溶剂量过多，涂饰漆膜太薄，促使挥发太快，内部水分包含在内。

256. 涂料和溶剂应分库贮存，各种涂料、溶剂的存放处于涂饰场地严禁火种、严禁吸烟、严禁使用明火。

257. 硝基清漆磨退施工工艺是一种透明涂饰工艺，用它来涂饰木面不仅能保留木材原有的特征，而且能使它的纹理更加清晰、美观。

258. 色彩是光线作用于物体的结果，是物体对光线的反射、透视和吸收而产生的。

259. 在涂料工程施工中，室内潮湿的主要原因是：墙体、楼地面、顶棚及抹灰层中所含的大量水分不断蒸发出来，充斥于室内。降低室内湿度主要方法有：自然干燥、人工通风干燥、加热干燥、放置吸湿材料（如新鲜生石灰等），使之长期保持干燥。

260. 溶液型树脂仿瓷涂料的主要成膜物质是溶液型树脂，它由常温交联固化的双组分聚胺酯树脂或双单分丙烯酸—聚胺酯树脂或单组分有机硅改性丙烯酸树脂等加以颜料、溶剂、助剂而配制成的瓷白、淡蓝、奶黄、粉红等多种颜色的涂料。

261. 涂膜表面出现气泡及小圆孔的病态，其主要原因是，在配漆和施工中，很有可能将空气带入涂料中，混入涂料中的空气就形成许多气泡。

262. 贮存涂料的库房或场地必须远离火源，不受太阳暴晒，要安全照明，通风良好，室内温度控制在30℃以内，夏天温度升高时应采取降温措施。

263. 硝基清漆磨退施工，首先清理基层，将木面上的灰尘弹去，刮掉墨线、铅笔线及残留胶液。一般的残迹之类可用玻璃轻轻刮掉。白坯表面的油污可用布团蘸肥皂水或碱水擦洗，然后用清水洗净碱液。经过上述处理后，用 1 号砂纸干磨木面。打磨时，可将砂纸包着木块，顺木纹方向依次全磨。

264. 硝基清漆磨退施涂工艺，湿磨时可加少量肥皂水砂磨，因肥皂水润滑性好，能减少漆尘的粘附，保持砂纸的锋利，效果也比较好。

265. 从油漆工艺来讲，最重要的应该从建筑物的造型、环境、用途和协调性等角度出发，发现色的调和美化功能，达到最佳的环境效果、视觉效果和心理效果。

266. 室内温度与湿度的调整，提高室内湿度，当室内湿度较低时，可封门闭户，在地面乃至四壁浇水，使之蒸发，借以提高室内湿度。

267. 水溶型树脂仿瓷涂料的主要成膜物质为水溶性聚乙烯醇，加入颜料、填料、增稠剂、成膜助剂、增硬剂等配制而成。其涂膜质感细腻、高雅，饰面外观似瓷釉，用手触摸有平滑感，可制成不同颜色的涂料。

268. 为防止涂料在施工中出现针孔现象，涂料在配制中，溶剂不能加入过多，配制后将涂料静置一定时间，让浮于漆液表面的水分挥发，让泡形逸散，消失后再涂刷。

269. 木工向油漆工交出工作面时的交接鉴定主要是对一切木装修制品，包括木门窗、木地板和其他细木制品的交接鉴定。

270. 有些木材遇到水及其他物质会变颜色，有的木面上有色斑，造成物面上颜色不均，影响美观，需要在涂刷油漆前用脱色剂对材料进行局部脱色处理，使物面颜色均匀一致。

271. 红木是产于热带地区的一种优质、贵重的木材，其木质坚韧结实、光滑细腻，木体沉重，原木呈深沉红色。

272. 现代色彩学以阳光为标准发光体，以此为基础解释光色现象。太阳发出的白光由多种色光组成。法国科学家祥夫鲁尔和裴乐得认为蓝色不过是青、紫之间的一种色，光色应划分为红、橙、黄、绿、青、紫六种。他们的见解被色学界所接受。因此，今天的色彩学都以这六种颜色为标准色。

273. 室外涂料工程冬季施工技术措施，可根据具体气候条件决定。当气温不太低时，可采用化学干燥法、选择晴朗无风的日子，集中人力，迅速涂饰。

274. 将绒面涂料和植绒涂料用于建筑装饰是近几年发展起来的一项装饰工艺，它具有高雅、豪华、柔软、美观的装饰效果，它色彩丰富，具有无毒、无味、优良的耐久性、吸音、隔热等特点，适用于宾馆、商店、居室和高级娱乐场所的装饰。

275. 为防止涂料在施工中出现针孔现象，底涂层填腻子不可马虎了事，将针孔用稀腻子刮涂饱满平整。在木器上，进行着色填孔时，棕眼内腻子填实饱满，不显全眼或半眼。

276. 木门窗的制作安装标准，目测整个木门窗的平面光滑平整。对胶合板制品的内门如做清水活时，木质颜色应均匀一致，无明显色差，无明显创痕、锤痕，不允许脱皮，不允许创穿面层薄皮。

277. 去除木毛可用湿法，湿法是用干净毛巾或纱布蘸温水揩擦白坯表面，管孔中的木毛吸水膨胀竖起，待干后通过打磨将其磨除。

278. 用大漆涂饰的红木制品，具有漆膜薄而均匀，漆膜坚硬耐磨、色泽均匀、纹理清晰、光滑细腻、光泽柔和等特点，同时用大漆涂饰的红木制品还具有独特的耐腐蚀、耐霉蛀、耐酸碱、耐高温等优良的性能，其使用寿命可长达几百年之久，故有家具魁首之称，是我国特有的传统工艺之一。

279. 物体的颜色要依靠光来显示，但光和物的颜色并不是一回事。光色的原色为红、绿、青；混合近于白，而物色的原色为红、黄、青，混合近于黑。

280. 涂料加温的冬季施工技术措施，即将涂料略加稀释，并用热水加温，加热时应不断搅动，使之加热均匀，然后迅速涂饰，随即用板状红外线辐射器或远红外线辐射板等照射，使之干燥。

281. 绒面涂料在建筑物上装饰以喷涂为主，而在建筑材料上施工可以用滚涂、静电喷涂、刷涂等多种方法。绒面涂料的成品一般黏度较高，不同的施工方法有不同的黏度要求，施工时可用稀释的方法进行适当的调整。

282. 涂料成膜后又软化，带有粘着性的现象，其主要原因是，涂料在配方中采用了挥发性很差的溶剂或干燥性差的油类。在干性油中掺有鱼油等半干性油或不干性油的油类。

283. 抹灰工向油漆工交出工作面时的交接鉴定。抹灰工程的面层，不得有灰尘和裂缝。各抹灰层之间及抹灰层与基体之间应黏结牢固，不得有脱层、空鼓等缺陷，抹灰分格缝的宽度和深度必须均匀一致，表面光滑、无砂眼，不得有错缝、缺棱掉角等现象。

284. 硝基清漆磨退施工，刷头道虫胶清漆的一个重要作用是封闭底面。白坯表面有了这层封闭的漆膜，可降低冰材吸收水分的能力，减少纹理表面保留的填孔料，为下道工序打好基础。

285. 由于真红木逐渐稀少，大多用花梨木代替，或用木材显红色、木质硬、细腻的柚木、榉木、赛红木等做仿红木揩漆工艺。

286. 不同颜色的物体，其反射光的能力也不同，一般情况下，色彩的明度越高，反射能力越强。反之则越弱。

287. 木材是一种亲水性物质。它对水有很强的吸附性能。木材对水分的自然吸收和排出主要决定于周围大气的温度与湿度。

288. 植绒涂料是利用静电电场的静电感应原理，将纤维绒毛通过静电植线技术而形成的饰面涂料。它手感柔和，有一定的立体感，植绒后的墙面像铺上了一层富丽堂皇的壁毯，豪华舒适并且有吸音、保暖及防潮性，所以更适用于局部室内装潢或用于有特殊要求的环境中，造价比绒面涂料高。

289. 涂料成膜后又软化，带有粘着性的现象，其主要原因是，干燥后通风不足，湿度高。主要是湿汽影响涂膜从空气中吸收氧气，使其没有充分氧化成膜。

290. 大漆即天然漆，又称国漆、土漆。在使用中可分为纯大漆和精制漆。大漆是从漆树中采割提取，经过净化除去杂质和其他物质即为纯大漆。而是生漆经过加工熬炼处理后的产物。

291. 润粉是为了填平管孔和物面着色。通过润粉这道工序，可以使木面精制漆，也可调节木面颜色的差异，使饰面的颜色符合指定的色彩。

292. 红木揩漆施工，基层处理用 0 号木砂纸将红木制品表面打磨光滑，对小面积或雕刻花纹的凹凸处及线脚等部位，也要打磨平整和光滑。

293. 研究色彩的吸热能力和反射能力，对改善环境，提高有限效能，节约能源以及对人们的室内空间的身体健康等，都有很重要的现实意义。

294. 木材具有显著的湿胀干缩性，当木材从潮湿状态到纤维饱和时，其尺寸不改变。继续干燥，即当细胞壁中吸附水蒸发时，则导致体积收缩。反之，干燥木材吸湿时，体积将膨胀，直至含水率达到纤维饱和点为止。

295. 清油或清漆加入催干剂（特别是铅催干剂），遇水和潮湿，低温催干剂析出。

296. 防止涂料成膜后出返粘现象，应更换涂料品种，在配方中不能用干燥性差的溶剂和油类。

297. 经大漆涂刷后的漆器，它的耐久性一般可以使用几十年光亮如新，有的上百年仍色彩经久不变。所以大漆的漆膜有独特的耐久性和耐腐蚀性，这是其他涂料所不能及的。

298. 硝基清漆磨退施工，刷第二道虫胶清漆的浓度为1:4，刷漆时要顺着木纹方向由上至下、由左到右、由里到外，依次往复涂刷均匀，不出现漏刷、流挂、过楞、泡痕，榫眼垂直相交处无明显刷痕，不能留下刷毛。漆膜干后要用旧砂纸轻轻打磨一遍，注意楞角及线条处不能砂白。

299. 固有色、光源色、环境色是形成色彩关系的三个要素。三者结合起来，相互作用，形成一个和谐统一的色彩整体。因此，我们观察与研究任何色彩现象，都必须以这三个要素为依据，加以全面考虑。

300. 涂料在施工前出现沉淀，主要原因：一是填充料颗粒粗，存放时间过长；二是稀释剂加入太多，涂料黏度下降。

3.2 选择题

1. 构成色彩变化的三要素是A、C、D。

A. 色相   B. 亮度   C. 明度   D. 纯度。

2. 计算内墙面抹灰面积时，对于无墙裙的，其高度按室内楼地面至 C 之间的距离计算。

A. 顶棚顶面   B. 顶棚中面   C. 顶棚底面   D. 顶棚

3. 我们所使用的聚氨脂腻子（原子灰）适宜一次性填补厚度为 A 。

A. 1~3mm   B. 3~5mm   C. 5~10mm   D. 10~15mm

4. 中油度是指树脂与油的比例为 C 。

A. 1:2 以下   B. 1:3 以上   C. 1:2~3   D. 1:2~2.5

5. 以下油度的油基漆在室内外均可使用的是 B 。

A. 短油度   B. 中油度   C. 长油度   D. 短油度和中油度

6. 下列属于挥发性配料的是 C 。

A. 颜料   B. 树脂   C. 溶剂   D. 天然合成树脂

7. 丙烯酸聚胺脂涂料（如清漆）采用的硬化剂是 B 。

A. 过氧化物   B. 异化氰   C. 氨   D. 氢化物

8. 粉末涂装可分为粉末融法和 C 涂装法。

A. 粉末喷涂   B. 粉末沥涂   C. 静电粉末   D. 粉末浸

9. 干打磨表面光滑度较差，一般适用于第一道腻子和光滑度要求 <u>A</u> 的涂层打磨。

A. 不高　　B. 高　　C. 一般　　D. 低

10. 涂料的主要成膜物质成分是 <u>C</u> 。

A. 油料　　B. 树脂　　C. 油料和树脂

11. 硝化棉是 <u>B</u> 类涂料的主要组成成分。

A. 纤维素　　B. 硝基　　C. 烯类　　D. 元素有机聚合物

12. 为保证涂料的全面质量，在出厂前必须进行 <u>D</u> 检查。

A. 颜色　　B. 重量　　C. 黏度　　D. 标准试

13. 铝板上最适合喷涂下列哪种底漆 <u>B</u> 。

A. 丙烯酸树脂底漆　　B. 环氧底漆　　C. 硝基底漆

14. 家具涂饰工艺大致由 <u>A</u> 五个阶段组成。

A. 表面处理、基础着色、涂层着色、清漆罩光、漆膜修整

B. 表面处理、清漆罩光、基础着色、涂层着色、漆膜修整

C. 表面处理、涂层着色、清漆罩光、漆膜修整、基础着色

D. 表面处理、清漆罩光、涂层着色、漆膜修整、基础着色

15. 建筑平面图就是将建筑物用于一个假想的水平面，沿 <u>B</u> 方向切开来，将上面移走，再从上往下看的图。

A. 窗口以下　　B. 窗口以上　　C. 顶棚以下　　D. 地面以上

16. 为了保证质量，涂料与固化剂混合后的熟化期一般为 <u>A</u> h。

A. 0.5~2　　B. 2~3.5　　C. 3.5~5　　D. 5~8

17. 大白浆属于 <u>A</u> 。

A. 水浆涂料　　　　B. 乳胶涂料

C. 其他水分散型涂料　　D. 防水涂料

18. 我们目前使用的电泳漆为 PPG 第 <u>C</u> 代电泳漆。

A. 4　　B. 5　　C. 6　　D. 7

19. 保证金属漆喷涂均匀不发花的最合适的温度和湿度应该是 <u>A</u> 。

A. +20 度、55%　　　B. +25 度、75%

C. +15 度、35%   D. +20 度、75%

20. 电泳涂装法可分为阳极电泳涂装法和 <u>B</u> 。

A. 电沉积涂装法   B. 阴极电泳涂装法

C. 电涂漆涂装法   D. 电附着涂装法

21. 聚氯脂树脂的 <u>C</u> 性能优于其他类树脂。

A. 附着力   B. 耐候   C. 耐磨   D. 抗冲击

22. 电泳涂装过程中，电解是导电液体在通电时产生 <u>C</u> 的现象。

A. 移动   B. 渗析   C. 分解   D. 沉积

23. 最适合作坡口处理的打磨机是 <u>C</u> 。

A. 单动作打磨机   B. 直线打磨机   C. 双动作打磨机

24. 详图的比例是 1:25，实际物体时 200cm 图纸上尺寸是 <u>B</u> 。

A. 50mm   B. 80mm   C. 100mm   D. 120mm

25. 马兰红属于 <u>A</u> 染料。

A. 醇溶性   B. 碱性   C. 中性   D. 酸性

26. 地板中木质基层的安全含水量为 <u>A</u> 。

A. 6% ~ 9%   B. 10% ~ 12%

C. 15% ~ 18%   D. 20% ~ 30%

27. PSA 的标准规定电泳漆膜抗石击区厚度和非抗石击区厚度最低分别为：<u>A</u> 。

A. 18μm，13μm   B. 20μm，10μm

C. 25μm，15μm   D. 30μm，20μm

28. 涂料因贮存，造成黏度过高，可用 <u>A</u> 调整。

A. 配套稀释剂   B. 配套树脂

C. 配套颜料   D. 二甲苯或丁醇

29. 电泳的典型工艺主要工序为：漆前表面处理—电泳—<u>A</u>—电泳烘干。

A. 后冲洗   B. 二次水洗   C. 纯水洗   D. 槽上冲洗

30. 对有色金属腐蚀危害最严重的气体是 <u>B</u> 。

A. SO$_2$ B. H$_2$S   C. CO$_2$ D. O$_2$

31. 在 YR-528M 这个配方中 M 代表 B 。

A. 素色漆   B. 银粉漆   C. 珠光漆

32. 有机硅树脂加 D 可耐 650℃的高温。

A. 合成树脂   B. 天然树脂   C. 耐热颜料   D. 铝粉

33. 仅就喷枪移动速度和漆面距离而言，桔纹过大的原因是 C 。

A. 快近   B. 快远   C. 慢近   D. 慢远

34. 瓷漆漆膜外观像搪瓷一样，坚硬，丰满，光亮，一般是指 C 。

A. 电泳漆   B. 中涂漆   C. 面漆   D. 罩光清漆

35. 采用高压静电喷涂法喷涂复杂工件时，因静电屏蔽现象影响涂装效果时，一般可通过调整 C 可获得良好效果。

A. 工作气压   B. 工作电压

C. 工作电压和气压   D. 涂料电阻值

36. 油漆工的 A 主要分两个方面：一是施工方案的编制；二是施工管理的实施。

A. 施工组织管理   B. 施工工艺

C. 施工操作要点   D. 施工技术要求

37. 高级硝基清漆活的染色，可采用染色坯。对染色活，从染色的 D 讲，有直接将基层打磨光滑后在白坯上直接染色的工艺，也有在白坯基层经腻子抹搭后进行染色的。

A. 流程   B. 次序   C. 过程   D. 程序

38. 下面各种施工方法中不易产生砂纸痕迹的是 C 。

A. 用力打磨底材   B. 用机械打磨机操作

C. 增加喷涂厚度   D. 干打磨

39. 静电喷枪和 D 是静电涂装的关键设备。

A. 高压贮漆罐   B. 输漆管线

C. 旋杯   D. 高压静电发生器

40. 磷化处理时，在钢铁工件表面将同时发生 A 和沉淀反应。

　　A. 氧化还原　　　B. 溶解　　　C. 络合　　　D. 钝

　　41.　B　防潮剂由沸点较高的苯类、脂类、酮类溶剂混合而成。

　　A. 聚氯乙烯　　B. 过氯乙烯　　　C. 硝基漆　　　D. 油基漆

　　42. 不喷涂环氧底漆，但又必须保证腻子附着力的安全方法是　D　。

　　A. 喷合金底漆　　　　B. 薄刮腻子

　　C. 粗磨钣金　　　　　D. 加压薄刮涂钣金腻

　　43. 涂装车间的门一般是做成向什么方向开　B　。

　　A. 向内开　　B. 向外开　　C. 左右开　　　D. 上下开

　　44. 编制　B　是进行科学管理和施工的前提条件。

　　A. 施工计划　　B. 施工方案　　C. 施工安排　　D. 施工要求

　　45. 在下列各项中，　C　利于修补和重新涂装。

　　A. 固化剂　　　B. 催化剂　　　C. 脱漆剂　　　D. 防潮剂

　　46. 刮涂腻子工序中加压薄刮涂、充填刮涂和修饰刮涂使用的工具是　B　。

　　A. 钢刀钢片胶片　　B. 钢片塑片胶片　　C. 钢片　　D. 胶片

　　47. 刷涂操作按涂敷、抹平、　B　三步进行。

　　A. 干燥　　　B. 修饰　　　C. 固化　　　D. 流平

　　48. 电泳涂装的机理是　C　。

　　A. 电泳、电沉积、电渗、电解依次反应过程

　　B. 电泳、电解、电渗、电沉积依次反应过程

　　C. 电解、电泳、电沉积、电渗依次反应过程

　　D. 电解、电泳、电渗、电沉积依次反应过程

　　49. 光度也称明度，是指色彩本身因受光照射强弱不同而出现明暗的差别，七种标准色明度强弱的排列次序正确的是　B　。

　　A. 橙、红、黄、绿、青、蓝、紫

　　B. 黄、橙、红、绿、青、蓝、紫

　　C. 黄、橙、红、绿、青、紫、蓝

D. 橙、红、黄、绿、青、紫、蓝

50. __B__ 是由着色颜料、体质颜料与干性油经研磨后加入溶剂、催干剂及其他辅助材料制成的。

A. 厚漆　　B. 油性调和漆　　C. 防锈漆　　D. 防火漆

51. 含油量在 60% 以上的油度称 __C__ 。

A. 短油度　　B. 中油度　　C. 长油度　　D. 超长油度

52. 施工 __C__ 的编制必须以工程项目的整体计划为依据。与其他工种密切配合为基础来制定。

A. 劳动力计划　　　B. 材料供应计划

C. 进度计划　　　　D. 机具设备使用计划

53. 不影响自干效果的因素是 __C__ 。

A. 阳光　　B. 温湿度　　C. 空气　　D. 风速

54. 用 240 砂网手工干磨的腻子表面，在喷底漆前须加软垫的 __A__ 处理。

A. 圆磨机 320 号砂网　　　B. 手工水磨

C. 手工干磨　　　　　　　D. 方形磨机

55. 对于要求比较精细的工件，可以采用 __B__ 打磨。

A. 干法　　B. 湿法　　C. 机械　　D. 钢丝刷

56. 机械除锈法主要有手工除锈，手动和电动工具除锈、__A__ 除锈。

A. 喷丸　　B. 化学　　C. 喷砂　　D. 打磨

57. 黑白格板是用来测定涂料的 __C__ 。

A. 颜色　　B. 固体分　　C. 遮盖力　　D. 细度

58. 有机硅漆浸水 168h 吸水仅 __B__ ，这使有机硅漆在潮湿、高温条件下具有良好的耐候、防锈性。

A. 0.1%　　B. 0.2%　　C. 2%　　D. 20%

59. 使黑漆变浅一点，微量加 __A__ 色母，变深一点大量加 __A__ 色母。

A. 红，蓝　　B. 白，黑　　C. 绿、紫　　D. 红，紫

60. 喷漆室相对于擦净室来说，室内空气呈 __A__ 。

A. 正压　　B. 微正压　　C. 负压　　D. 等压

61. 涂料品种的选用，颜色、外观和漆膜机械强度应满足 __D__ ，并在使用过程中耐久、稳定，耐使用环境介质的侵蚀。

A. 施工要求　　B. 技术要求　　C. 甲方要求　　D. 设计要求

62. 腻子可以提高 __A__ 。

A. 工件表面平整度　　　　B. 涂膜附着力

C. 涂膜硬度　　　　　　　D. 涂膜外观装饰性

63. 用朱红和群青可以调配出 __D__ 。

A. 米黄色　　B. 蛋青色　　C. 橙橘色　　D. 浅藕荷色

64. 在静电喷涂时，喷涂室内较为适宜的风速应为 __C__ m/s。

A. 0.4~0.5　　B. 0.3~0.4　　C. 0.2~0.3　　D. 0.1~0.2

65. __B__ 油灰具有防锈作用。

A. 亚麻仁油　　B. 金属窗　　C. 橡胶

66. 三涂层体系涂层的总厚度一般为 __A__ mm。

A. 55~120　　B. 40~80　　C. 60~90　　D. 80~160

67. 双动作打磨机的打磨轨迹是 __B__ 。

A. 直线叠加　　B. 螺旋式叠加　　C. 三角式叠加

68. 环氧树脂漆的稀释剂为 __D__ 。

A. 热水　　B. 乙醇　　C. 石油溶剂　　D. 二甲苯和丁醇

69. 选择遮盖胶纸带的标准是不断条、高温低温 __B__ 、黏度适中、不开边。

A. 厚度大　　B. 不残胶　　C. 长度长　　D. 价格最低

70. 下列属于涂料的主要作用的是： __C__ 。

A. 装饰作用　　B. 标志作用　　C. 保护作用　　D. 特殊作用

71. 亚硝酸钠可做为钢铁在磷化处理时的 __A__ 。

A. 促进剂　　B. 络合剂　　C. 活性剂　　D. 调整剂

72. 乳胶罩面涂料的涂盖能力为 __B__ 。

A. 40~50m²/L　　B. 60~65m²/L　　C. 70~80m²/L

73. 暖色一般指红、橙、 __A__ 色。

A. 黄　　B. 紫　　C. 绿　　D. 蓝

74. 建筑工程中的建筑立面图就是 A 得出的投影图。

A. 朝着它看　　B. 背着它看　　C. 往上　D. 往下

75. A 形成物体色彩变化的三个因素。

A. 固有色、光源色、环境色

B. 天然色、三元色、环境色

C. 天然色、光源色、三元色

D. 固有色、光源色、天然色

76. 在建筑工程图中都采用 B 原理来作图。

A. 中心投影　　B. 正投影　　C. 斜投影　　D. 正立投影

77. 相对标高是以 B 为基准面。

A. 室外地面　　B. 底层室内地面

C. 基础底面　　　D. 底面窗台面

78. 使用 70×115mm 小手刨集尘干研磨腻子的动作轨迹应为 B 研磨。

A. 单向　　B. 双向　　C. 旋转　　D. 米字多方向

79. 聚乙烯醇缩甲醛胶又称 B 胶。

A. 101　　B. 107　　C. 108　　D. 白胶

80. 与阴极电泳配套使用的磷化膜要求 B 性好。

A. 耐酸　　B. 耐碱　　C. 耐盐　　D. 耐氧化

81. 防白剂又称 B 。

A. 防霉剂　　B. 防潮剂　　C. 稳定剂

82. 修补面漆一般以 B 树脂系为主。

A. 聚酯　　B. 丙烯酸　　C. 氨基醇酸　　D. 聚氨酯

83. 由一组平行光照射物体后产生的投影叫 B 。

A. 中心投影　　B. 平行投影　　C. 正投影　　D. 斜投影

84. 特级香蕉水的型号是 C 。

A. X-1　　B. X-2　　C. X-20　　D. X-200

85. 涂料品种的选用，对被涂表面应具有优良的 A ，在多层油漆中各涂层间的配套应良好。同时，还应注意涂料与被涂物面之间的配套关系。

A. 附着力　　B. 黏结力　　C. 依附性　　D. 结合力

86. 润滑油属于 C 。

A. 干性油　　B. 半干性油　　C. 不干性油　　D. 松节油

87. 涂料经过长时间暴晒于大气层中，日久能保持其原有光泽的性能称 B 。

A. 光泽　　B. 保光性　　C. 耐光性　　D. 保色性

88. 刮涂最后一遍腻子，应保持腻子与旧漆处于 C 的状态。

A. 基本平　　　　　　B. 高于并覆盖

C. 略低于旧漆高于铁板　　D. 低于铁板

89. 对于蓝、绿、紫三种颜色可称为 A 。

A. 冷色　　B. 暖色　　C. 消色　　D. 补色

90. 两种基本色以相同的比例相混而成的一种颜色，称为 A 。

A. 间色　　B. 原色　　C. 复色　　D. 补色

91. 在三视图中 A 投影能表现出物体的高和长，反映上、下、左、右的关系。

A. 正立　　B. 水平　　C. 侧立　　D. 斜

92. 对钢铁和其他多数基层，当面积的 C 出现锈蚀和涂膜变坏时就应进行处理和修复。

A. 0.02 ~ 0.05%　　B. 0.05 ~ 0.1%

C. 0.2 ~ 0.5%　　D. 0.3 ~ 1%

93. 普通经济型腻子按涂装工艺规程一次仅可刮涂 C mm 左右。

A. 不限制　　B. 10 ~ 20　　C. 1 ~ 2　　D. 5 ~ 6

94. 打磨工序的主要功能不包括 C 。

A. 清除底材表面上的毛刺及杂物

B. 清除工件被涂漆面的粗糙度

C. 使涂层更美观

D. 增强涂层附着力

95. 丙烯酸树脂属于 D 树脂。

A. 环氧　　　B. 天然　　　C. 人造　　　D. 合成

96. 当基层表面温度低于露点5℃以下时，为避免潮湿凝聚诱发生锈，只能采用 D 处理。

A. 手工　　B. 火焰　　C. 加热　　D. 喷砂

97. 6.6%的黄纳粉、3.4%的黑墨水及90%的开水可调配成 B 。

A. 榴莲色　　B. 荔枝色　　　C. 栗壳色　　　D. 蟹青色

98. 采用 C 涂装方法时，需要有超滤装置。

A. 空气喷涂　B. 粉末喷涂　C. 电泳　D. 高压无气喷涂

99. 建筑施工图与结构施工图不同之处是 B 。

A. 轴线　　B. 标高　　C. 梁的位置　　　D. 门窗位置

100. 黑纳粉属于 C 染料。

A. 碱性　　B. 中性　　C. 酸性　　D. 油溶性

101. 高级硝基清漆活的染色和修色，填补腻子，用虫胶清漆调制的腻子，将木面上的钉眼、洞、缝填补平整。填补时应将腻子洞孔面，以 A 洞孔为宜。

A. 分次填满　　B. 高于　　C. 低于　　D. 填实

102. 使用 D 干燥方法，可在5~10分钟保证腻子里外实干。

A. 碘钨灯　　　　　　B. 烘干室

C. 风扇式电暖气　　　D. 远红外短波灯

103. 腻子按不同的使用要求可以选如下哪种类型 D 。

A. 填坑型　B. 找平型　C. 满涂型　D. 以上三种都是

104. B 应根据油漆的物理性能、施工性能和被涂物的类型、形状、涂装条件以及设备状况来选择。

A. 涂装方式　B. 涂装方法　C. 涂装档次　D. 涂装工艺

105. 朱红和土黄以适当配合比可以配出 B 。

A. 浅蓝色　　B. 米黄色　　C. 草绿色　　D. 咖啡色

106. 涂层钢板对 D 的耐蚀性差。

A. 酸　B. 碱　C. 油　D. 有机溶剂

107. 塑胶工件必须使用塑胶底漆的底材是 <u>A</u> 。

A. 无底漆的   B. 有底漆的

C. 旧漆完好的   D. 旧漆小修补的

108. 将压敏胶带粘在被涂物得涂膜表面上，然后用手拉开，此种方法是为检测漆膜的 <u>D</u> 性质。

A. 耐磨性   B. 耐擦伤性   C. 防冲击力   D. 耐着力

109. <u>C</u> 应根据被涂物的外观装饰性的程度、涂膜性能等要求来规定。

A. 涂饰技术   B. 涂饰方法   C 涂装工艺   D. 涂饰方式

110. 高级硝基清漆活的染色和修色，刷头遍虫胶漆时，所用的虫胶漆以淡一些为宜，虫胶与酒精的比例为 <u>B</u> 。涂刷时要快速均匀，防止搭接痕的产生。

A. 1:3 ~ 4   B. 1:5 ~ 6   C. 1:6 ~ 7   D. 1:4 ~ 5

111. 下列哪种颜色是暖色 <u>B</u> 。

A. 蓝色   B. 橙色   C. 绿色   D. 紫色

112. <u>B</u> 是一种钛青蓝和铅铬黄制成的绿色颜料，遮盖力和耐光性都良好，耐碱性也有所提高。

A. 铅铬绿   B. 钛青铬绿   C. 钛青绿   D. 氧化铬绿

113. 环保低压高雾化喷枪的特点是 <u>B</u> 。

A. 易于操作   B. 涂膜丰满省漆

C. 耗气量少   D. 漆膜流平性高

114. 刮涂腻子的操作主要缺点是 <u>C</u> 。

A. 腻子中颜料比例太高

B. 涂层涂装装饰太平整

C. 劳动强度大，工作效率低

D. 腻子易开裂

115. <u>C</u> 喷枪的涂料供给靠涂料自身的压力实现。

A. 吸上式   B. 重力式   C. 压送式

116. 细点画线可用于表达 <u>A</u> 。

A. 中心线   B. 可见轮廓线

C. 断开界线   D. 不可见轮廓线

117. 喷涂面漆时产生爆皮的原因是空气湿度大、压缩空气含油水多和 A 。

A. 水磨作业 B. 干磨作业 C. 面漆不良 D. 底漆不良

118. 擦涂用的虫胶漆，虫胶含量和酒精纯度分别为 C 。

A. 10%～20% 和 70%～75%   B. 20%～30% 和 75%～80%

C. 30%～40% 和 83%～90%   D. 40%～50% 和 83%～90%

119. 清漆主要作用是 B 。

A. 防腐   B. 美观和耐候   C. 特殊功效   D. 防腐

120. 材料供应计划是对施工的不同阶段、不同项目所需的材料采购，确定仓储数量，自配材料调制，组织供应和运输，以保证项目所需材料供应的 D 。

A. 字据   B. 条件   C. 标准   D. 依据

121. 用 H1 铅笔测涂膜的哪个性能 C 。

A. 冲击力   B. 光泽度   C. 硬度   D. 柔韧性

122. 在进行 B 作业时磨灰机必须安上海绵软垫。

A. 研磨腻子   B. 细磨腻子和底漆

C. 修饰羽状边   D. 脱漆

123. F02 中的 "02" 表示 B 。

A. 成膜物质   B. 基本名称   C. 序号   D. 类别

124. 潮湿环境下的室内水泥基层面漆涂刷一般用 C 。

A. 乳胶涂料   B. 醇酸涂料

C. 氯化橡胶涂料   D. 水性涂料

125. B 也叫 "干料"。

A. 氧化剂   B. 催干剂   C. 催化剂   D. 固化剂

126. 中涂漆的主要作用是 D 。

A. 防腐   B. 美观

C. 特殊功效   D. 增加附着力、饱满度和抗紫外线

127. A 是根据已确定的施工工艺、施工方法和施工进度的需要来进行编制。

A. 机具设备使用计划　　B. 劳动力计划

C. 材料供应计划　　　　D. 施工技术措施

128. 做棕眼是利用木材的自然棕孔，做出与木基面颜色 C 的一种装饰工艺，增强装饰面的视觉美感。

A. 不相似　B. 相似　　C. 不相同　　D. 相同

129. 抛光法的处理步骤不包括 C 。

A. 磨　B. 涂　　C. 滴　　D. 抛

130. 除去旧涂膜安全、彻底、快速、不损伤钣金的方法是 B 。

A. 脱漆剂　B. 树脂软砂盘　C. 手工砂布　D. 合金钢铲刀

131. 不含溶剂的粉末状涂料称 B 。

A. 水性涂料　　　　B. 粉末涂料

C. 双组分涂料　　　D. 酚醛树脂漆

132. 人造树脂和天然树脂与干性油改性制成的漆料加上颜色、溶剂、催干剂则可制成磁漆。下列 A 均为磁漆。

A. 硝基漆、丙烯酸树脂漆、脂胶磁漆

B. 调和漆、酚醛磁漆、醇酸磁漆

C. 水溶漆、脂胶磁漆、醇酸磁漆

D. 乳胶漆、脂胶磁漆、酚醛磁漆

133. 位于涂料名称最前面的是 B 。

A. 涂料名称　　B. 涂料的颜色

C. 基本名称　　D. 成膜物质名称

134. 施工组织管理的 B 贯穿于整个施工任务的全过程，它包括施工技术交底；施工任务单签发；限额领料；施工日志；质量评定；施工技术档案管理等。

A. 实验　　B. 实施　　C. 实行　　D. 实践

135. 做棕眼染色，用水和水溶性颜料调配成染料，经滤纸或细纱过滤。在染料中 D 不溶于水的矿物质颜料和胶汁，否则在染色中易填入棕眼。

A. 可以加入　B. 能加入　C. 不可以加入　D. 不能加入

136. 一麻五灰施工，使麻时要进行轧麻，轧麻的 B 是将粘上去的麻压实，使麻浸透在黏结浆中。先从阴角边沿开始，后轧大面两侧。依次轧压 3～4 遍，将散浮在黏结浆上的麻丝逐渐轧压密实，浆渗透麻丝面上。刮去多余浆汁。

A. 用途　　B. 目的　　C. 做法　　D. 方法

137. 在涂覆和固化期涂膜出现的下边缘较厚或流痕的现象称为 C 。

A. 桔皮　　B. 颗粒　　C. 流挂　　D. 咬底

138. 按涂装行业标准，修补喷涂作业必须使用的中涂底漆是 D 。

A. 硝基底漆　B. 灰色底漆　C. 快干底漆　D. 双组分底漆

139. 为了能够流水作业需要将工件烘干后迅速降低温度，要求降低的温度至少为 D 。

A. 140℃　　B. 70℃　　C. 10℃　　D. 40℃

140. 高压无气喷涂设备所采用的动力源中较先进的是 C 。

A. 电动式　　B. 气动式　　C. 油压式　　D. 水轮式

141. 技术交底的 C 一级，是工长向班组的交底工作。

A. 最中层　　B. 最高层　　C. 最基层　　D. 最底层

142. 做有色棕眼，在虫胶清漆干后，即可做有色棕眼，填棕眼的材料以胶粉腻子为好。其配合比为：龙须菜胶：老粉：颜料＝ A 适量。

A. 20：80　　B. 30：70　　C. 40：60　　D. 50：50

143. 一麻五灰施工，使麻时，当进行潲生（刷两遍胶粘剂），将油满与血料按 C 的比例调匀，涂刷于经过轧麻工序的物面上，厚度以不露干麻为度，不宜过厚。

A. 1：0.5　　B. 1：0.9　　C. 1：1　　D. 1：2

144. 中间涂层由于具有 A 特性，因而常被用在装饰性较好的场合中。

A. 承上启下的作用　　B. 较好的附着力

C. 光泽不高　　　　　D. 价格不高

145. 为提高色漆层的遮盖力，可选择与色漆层相近的 __D__ 底漆喷涂。

A. 颜色　　 B. 成分　　 C. 黏度　　 D. 灰度

146. 轮罩涂黑工序是为了满足车身 __C__ 的要求，将四个轮罩都喷涂上一层黑色涂料与底部黑色抗石击涂料形成一个完整统一体。

A. 无特殊目的　 B. 质量要求　 C. 统一、美观、高档

147. 不属于外部混合型喷枪的是 __D__ 。

A. 吸上式　　 B. 重力式　　　 C. 压力式　　　 D. 都不是

148. 工长向班组交底时，要结合具体 __D__ ，贯彻落实技术要求，并指导班组明确关键部位的质量要求、操作要点及注意事项，制定保证质量、安全的技术措施以及工程任务的计划安排等。

A. 施工任务　 B. 施工部位　 C. 施工工艺　 D. 操作部位

149. 做有色棕眼，最后刷虫胶清漆一遍，涂刷这遍虫胶清漆应视实际要求而定。若是浅色棕眼，应用 __B__ 虫胶清漆涂刷，这样可以保持棕眼原有的颜色。

A. 透明青色　 B. 白色　　 C. 粉白色　　 D. 灰色

150. 麻五灰施工，使麻潲生后，随即用麻压子将麻翻松（不要全翻），使尚存的部分干麻全部浮上油，然后再次 __D__ ，并将余浆挤出，以防干后发生鼓胀现象。

A. 压好　　 B. 压顺　　 C. 轧麻　　 D. 压实

151. 粉末涂料不含有下列成分中的 __D__ 。

A. 树脂　　 B. 颜料　　 C. 填料　　 D. 溶剂

152. 喷涂底漆出现咬边缺陷，应采用 __B__ 的方法并配合红外灯烘干解决。

A. 厚喷　　 B. 虚喷　　 C. 刮红灰　　 D. 刮腻子

153. 漆面龟裂处理的方法是 __B__ 。

A. 双组分底漆隔离　　　 B. 除去旧漆

C. 红灰隔离　　　　　　 D. 腻子隔离

154. 刮腻子的主要目的是 C 。

A. 提高涂层保护性　　　B. 提高涂层附着性

C. 提高涂层的外观美　　D. A、B 和 C

155. 喷枪于接地装置的最小距离应不小于喷枪于工件距离的 B 倍。

A. 2　　B. 3　　C. 4　　D. 5

156. 班组 A 施工任务单，是实行计划管理与定额管理的重要方法。

A. 执行　　B. 实施　　C. 实行　　D. 落实

157. 车身涂装罩光涂层的厚度 B 。

A. 20 ~ 30μm　B. 30 ~ 40μm　C. 25 ~ 35μm　D. 35 ~ 45μm

158. 面漆为金属色漆，底漆的最终研磨使用 A 即可。

A. 600 号砂网　　　　B. 400 号砂网

C. 1000 号精磨垫　　　D. 2000 号精磨垫

159. 涂膜发脆的主要原因是 D 。

A. 涂层之间附着力较差　　B. 尤其中各种材料配比不当

C. 烘烤时间过长引起　　　D. 上述所有原因都有关系

160. 通过施工任务单，可以有效地把 B 与各项定额贯彻到工人班组中去，使施工作业计划与定额要求真正为工人群众所掌握，从而有利于贯彻按劳分配的方针，调动广大群众的积极性，提高劳动生产率和按时完成计划。

A. 作业计划　B. 国家计划　C. 生产计划　D. 施工计划

161. 清漆面旧家具的修饰翻新，在染色、拼色时，若是整个物面满批腻子的，可整体染色 C 。在染色时应慎防刷痕，顺木纹理通拔直，待干后对不均匀的色块进行拼色和修色。

A. 四遍　　B. 三遍　　C. 一遍　　D. 两遍

162. 一麻五灰施工，当进行批细灰时，细灰用更细的油灰加入少量的光油和水调成，批刮厚度不得超过 A mm，对于平面饰面，细灰用平板钢片批刮，做柱子要用大制灰板裹圆刮平。

A. 2　　B. 3　　C. 4　　D. 5

163. 下列哪种油漆中不含有着色颜料 <u>D</u> 。

A. 电泳漆　　B. 中涂漆　　C. 面漆　　D. 罩光清漆

164. 对容易 <u>C</u> 的贴金处，宜罩清油，使金箔增强耐久性，罩清油须待金胶底完全干燥后进行。

A. 摩擦　　B. 接触　　C. 碰擦　　D. 碰撞

165. 绸缎裱糊所用胶粘剂调配，108 胶是黏结各种墙纸、布的主要材料。为了进一步提高 108 胶的粘贴强度，在 107 胶中掺加 <u>B</u> 聚醋酸乙烯溶液，胶粘剂黏度大时可掺加 5% ~ 10% 清水稀释。

A. 5% ~ 15%　　　　B. 10% ~ 20%

C. 15% ~ 25%　　　　D. 20% ~ 30%

166. 花梨木揩漆施工。待腻子干燥后，先用 320 ~ 360 号铁砂纸打磨，待基本平整后揩抹干净，然后再用 <u>C</u> 号木砂纸打磨平整并掸净。

A. 1　　B. 00　　C. 0　　D. $1\frac{1}{2}$

167. 以下哪几种工具在喷涂时用不着 <u>D</u> 。

A. 撑杆　　B. 喷枪　　C. 温湿度计　　D. 游标卡尺

168. 车身烘干后应该强冷到多少摄氏度以下 <u>B</u> 。

A. 20℃　　B. 40℃　　C. 60℃　　D. 80℃

169. 喷涂过程中产生的废气可用下列哪种方法治理？ <u>D</u> 。

A. 离子吸附法　　B. 冷凝法　　C. 生物治理法　　D. 吸收法

170. 施工任务单又是在工人班组中实行 <u>C</u> 、综合奖励制度的原始凭证，也是工程统计的基础。

A. 工资管理　　B. 浮动工资　　C. 计件工资　　D. 固定工资

171. 清漆面旧家具的修饰翻新，当涂面层清漆时，可视实际要求涂 1 ~ 3 遍清漆，但要注意面层涂料要与原旧家具的基层涂料的性质 <u>D</u> 。

A. 不相同　　B. 相同　　C. 不相近　　D. 相近

172. 一麻五灰施工，使麻时，应离开地面、柱顶面、八字墙 B mm，以防麻丝与之接触而顺潮腐烂，影响质量。

A. 2 ~ 4　　B. 3 ~ 5　　C. 4 ~ 6　　D. 5 ~ 7

173. 在沥粉操作中，粉条的粗细是根据 D 线条的需要来确定的，一般有大、中、小三种规格。

A. 图稿　　B. 图形　　C. 起谱子　　D. 图案

174. 绸缎也有一定的缩胀率，其幅宽方向收缩率为 C ，幅长收缩率在1%左右，故必须通过缩小。

A. 0. 3% ~ 0. 8%　　　B. 0. 4% ~ 0. 9%

C. 0. 5% ~ 1%　　　　D. 0. 6% ~ 1. 1%

175. 黄红色用 D 来表示。

A. GY　　B. BG　　C. PB　　D. YR

176. 清色涂料完成上色后，即进行 C 。

A. 拼色　　　　　　　B. 修色

C. 拼色和修色同时进行　　D. 以上都不正确

177. 限额领料是施工企业基层管理工作之一，它与施工任务单一样，直接关系到本企业的 D 。

A. 经营成果　　B. 经营管理　　C. 经营好坏　　D. 经营效果

178. 在旧漆膜上涂刷虫胶清漆作隔离之用，不宜过浓过厚，以免降低面层涂料 A 。

A. 附着力　　B. 掩盖力　　C. 黏结力　　D. 遮盖力

179. 沥粉操作中，大粉条粗 A mm 左右，也有用双粉管的，一粗一细，又称文武线。用作粗线条，如彩画中的五大线（箍头线、盒子线、皮条线、岔口线、枋心线等）。

A. 5　　B. 6　　C. 7　　D. 8

180. 下列涂装方法对环境危害最大的是 D 。

A. 电泳涂装　　B. 高压无气涂装

C. 粉末涂装　　D. 空气喷涂

181. 色彩佛青的配制，用前先除硝，然后徐徐加入胶液，随之搅拌，使佛青与胶液混合，再逐渐加胶液，搅成糊状，再 B 即可。

A. 不加水拌匀　　B. 加水拌匀

C. 不加胶拌匀　　D. 加胶拌匀

182. 乳化桐油（油满）的配制，油满是由面粉、石灰水、熟桐油按 C 的比例配制而成。

A. 1.3∶3∶1　　B. 3∶1.3∶1　　C. 1∶1.3∶3　　D. 1∶3∶1.3

183. 沥粉材料的配制，采用乳胶漆老粉料的操作方法：将乳胶漆和化学浆糊调匀，逐渐倒入老粉搅拌均匀，再经 C 目铜箩筛过滤，试样后待用。乳胶漆配制的沥粉料操作方便，粉条颜色较白。

A. 100　　B. 80　　C. 60　　D. 70

184. 绸缎裱糊，绸缎上浆加工开幅时，首先要计算绸缎每幅的长度尺寸，如绸缎的花纹图案零乱不规则时，粘贴时可不对花，开幅时能节约用料，每幅放长 D 。

A. 4%~5%　　B. 3%~4%　　C. 1%~2%　　D. 2%~3%

185. 一般杂木仿红木揩漆腻子的质量配合比约为生漆:熟石膏粉:氧化铁黑:酸性大红上色水 = D 。

A. 34∶43∶18∶5　　B. 43∶34∶18∶5

C. 34∶43∶5∶18　　D. 43∶34∶5∶18

186. 工长签发限额领料单时，应先计算出 A 。再按施工具体条件，查材料消耗定额本上相应的材料消耗定额，用工程量乘以相应各种材料的消耗定额，即得出各种材料的用量。

A. 工程量　　B. 工作量　　C. 作业量　　D. 施工量

187. 色彩二青的配制，将调好的佛青再兑入调好的 C ，搅拌均匀，涂于板上，比原来佛青浅一个色阶，即为二青。

A. 浅绿　　B. 浅蓝　　C. 白粉　　D. 灰粉

188. 做斗栱地仗时，应按 D 的顺序操作，以免碰坏已上去的油灰。梁枋作三道灰时，调料应加小粒灰。捉橡䩏时，以铁板填灰刮直，使䩏内油灰饱满。

A. 由上而下　　B. 由外向里　　C. 由下而上　　D. 由里向外

189. 打谱就是透过谱子上的针孔，使用色粉袋将 D 拍印在工作面上。

A. 图例　　B. 图形　　C. 图谱　　D. 图案

190. 绸缎裱糊，开幅如需对花的绸缎，花纹图案又大时，开幅裁剪时，_A_ 放长一朵花型或一个图案，然后计算出被贴墙面的用幅数量。对门窗等多角处也应计算准确，同时开幅。

A. 必须　　B. 应该　　C. 可以　　D. 不必

191. 生漆石膏腻子调制方法，先将熟石膏粉放在 _A_ 的拌板上，中间留成涡形，把生漆倒入涡形处与熟石膏粉拌和，然后将少量的熟石膏粉放在拌板边角，加入上色水，再和漆、石膏粉混合后加入氧化铁黑拌匀。

A. 洁净　　B. 光滑　　C. 干净　　D. 专用

192. 如果按核定数量领完后，任务尚未完成，需增加数量时，需由工长写明追领材料原因、追领材料的规格和数量，经 _B_ 同意后才能领取。

A. 材料员审批　　　　B. 队长审批

C. 主管副队长审批　　D. 领导审批

193. 晕色三青的配制，将调好的二青，再加入 _D_ ，搅拌均匀，比二青浅一个色阶，即为三青。

A. 浅蓝色粉　　B. 灰色粉　　C. 浅绿色粉　　D. 白色粉

194. 三道油施工，满刮细腻子，以血料、水、老粉的 _A_ 的比例调成腻子，用铁板满刮一道，往复刮压密实，要随时清理，以防接头重复。

A. 3∶1∶6　　B. 3∶6∶1　　C. 6∶1∶3　　D. 1∶3∶6

195. 现代建筑物内外的大型独幅彩画和装饰壁画一般很少见到对称图案，它的起稿类似中国画中的勾勒的笔法，将 _A_ 的主要轮廓和次要轮廓按沥粉工艺要求直接画到经过处理的物面上就可以了。

A. 描绘物　　B. 大幅彩画　　C. 仿照物　　D. 大幅壁画

196. 绸缎的两侧边，都有一条 5mm 左右的无花纹图案边条，为了对齐花纹图案，在 _B_ 之后，以钢直尺压住边条，用美工刀沿着钢直尺边口将边条划去。

A. 开幅　　B. 烫熨　　C. 缩水　　D. 整理

197. 杂木仿红木揩漆施工，待生漆石膏腻子干燥后，用 B 号木砂纸顺木纹打磨平整，打磨时不能磨伤底色，不能磨出白楞角，磨后应掸净。

A. 00　　B. 0　　C. 1　　D. $1\frac{1}{2}$

198. 施工日志是施工阶段有关 C 方面的记录。因此从工程开工时，就应由工长进行记录，直到工程竣工。

A. 施工管理　B. 施工计划　C. 施工技术　D. 施工安排

199. 小色粉紫的配制，银朱加佛青、 A ，即为粉紫。

A. 白色粉　　B. 浅蓝色粉　　C. 灰色粉　　D. 浅绿色粉

200. 建筑彩画起谱子时应以 B 大额枋为准，其余挑擔桁、下额枋均依据大额枋五大线尺寸，上、下箍头线必须在一条垂直线上。

A. 次间　　B. 明间　　C. 稍间　　D. 阴间

201. 沥粉，将配制好的沥粉料装入沥粉袋内，用细绳扎紧袋口，就可以进行沥粉 B 了。沥粉袋装料多少，视操作者手掌及握力大小而定。采用骨胶料沥粉应置备热水桶，以便随时加热胶料，方便操作。

A. 喷洒　　B. 操作　　C. 涂抹　　D. 施工

202. 绸缎的裱衬加工；当采用纸衬时，大多为宣纸或牛皮纸，工艺复杂，技术要求高，已 C 采用。现有的衬纸大多为墙纸生产用的成品衬纸。

A. 普遍　　B. 较少　　C. 很少　　D. 禁止

203. 杂木仿红木揩漆施工，第二遍上色。第二遍的上色材料为酸性大红加元色（黑色）粉，加 C 搅拌溶解后施涂于物面表面，施涂要均匀，不得漏涂。

A. 开水　　B. 凉水　　C. 沸水　　D. 清水

204. 建筑工程的 D 与评定，按分项工程、分部工程、单位工程三级进行。

A. 质量检查　B. 质量评定　C. 质量验收　D. 质量检验

205. 色彩配制，夏天炎热，每天应将备用的胶液熬开一两次，以防变质发臭。冬季配沥粉材料，应在胶水内加适当 B ，以防凝固。

A. 黄酒　　B. 白酒　　　C. 啤酒　　D. 红酒

206. 彩画部位生油地干后，以 C 磨之，再用水布擦净，用尺子找出横和竖中线，以粉笔画出，以名为"分中"，再以谱子中线对准构件中线摊实，以粉袋循谱子拍打，使构件上透印出花纹粉迹，谓之"打谱子"。

A. 木砂纸　　B. 水砂纸　　C. 细砂纸　　D. 粗砂纸

207. 沥粉时，左手托住粉管尖端，管嘴斜贴工作面，与物面约成 C 角，右手握沥粉袋，掌心加力捏粉袋，使挤出的粉料沿着图案纹线成粉条状贴在物面上。

A. 45°　　B. 135°　　C. 60°　　D. 90°

208. 绸缎的褙衬加工，当采用布衬时，现大多选用 D 。

A. 白细布　　B. 白粗布　　C. 灰纱布　　D. 白纱布

209. 杂木仿红木揩漆时，为使做好的漆光亮，在生漆中可加入适量的配油（即熟桐油），一般为 D ，也可根据生漆的质量和施工的天气作适当调整。

A. 6:1　　B. 5:1　　C. 4:1　　D. 3:1

210. 分部工程是按建筑物的 A 划分的。例如门窗及装修工程、装饰工程、主体工程、屋面及防水工程等。

A. 主要部位　　B. 次要部位　　C. 重要部位　　D. 核心部位

211. 色彩配制，在各道颜色落色时，应逐层适当减少 C ，剥落现象。

A. 染料　　B. 颜料　　C. 胶量　　D. 油料

212. 包黄胶，单粉条和双粉条，多数要贴金箔，所以在贴金之前，要包一道黄胶 D 金箔的光亮，可避免因金箔有砂眼和绽口露出"地"来。

A. 陪衬　　B. 衬托　　C. 显要　　D. 托衬

213. 沥粉施工的最后一道工序罩面涂料。粉条干燥后，用砂纸轻轻打磨，并将扣边线拉齐，掸去灰尘，有缺损应及时修补完整，然后根据要求在工作面上刷上 D 无光漆或乳胶漆。

A. 三遍　　B. 四遍　　C. 一遍　　D. 两遍

214. 绸缎褙布，将开好幅的纱布，在胶中浸透。胶液用108胶：聚醋酸乙烯胶：水，其配比为 A ，提取时略挤一下，备胶不宜过多，否则易透出绸缎正面。

A. 10:3:4　　B. 10:4:3　　C. 4:3:10　　D. 4:10:3

215. 旧红木家具修饰翻新，从修补颜色至色漆修补，每一道工序都是 A ，直至色泽一致，依顺序进行。待拼色完成，全面揩擦生漆。

A. 由浅入深　B. 由深入浅　C. 从左到右　D. 从右到左

216. 有允许偏差的项目，其抽查的点（处）数中，有 B ％及其以上达到质量标准的要求者，应评为合格。

A. 70　　B. 80　　C. 85　　D. 90

217. 彩画易于 D ，应在成画后罩光油一道，罩油时应注意有些颜色会变深。对当日用不完的已入胶的颜料，为防止变质发黑，必须每天将剩余的颜料出胶，次日用时再兑入胶液。

A. 侵蚀部位　B. 风吹部位　C. 日晒部位　D. 雨淋部位

218. 压老，一切颜色都描绘完毕后，用最深的颜色，如黑烟子、砂绿、佛青、深紫、沉香色等，在各色的最深处的一边，用画笔润一下以使花纹 A ，这叫"压老"。

A. 突出　　B. 更明亮　　C. 显要　　D. 更鲜艳

219. 退晕所用的颜料按 A 不同可分为水性颜料、油性颜料、矿物颜料三种。

A. 材料　　B. 性质　　C. 种类　　D. 化学成分

220. 绸缎褙布，将布用胶浸透后平展于浆好的绸缎背面，用塑料刮板将布刮平、刮实，多余的浆料应收净。用电吹风将 B 吹干，再用电熨斗将反、正两面熨烫平伏、挺括，裁边后备用。

A. 纸面　　B. 布面　　C. 胶面　　D. 绸缎面

221. 为陈旧红木家具全面出白必须采用硫酸洗刷法进行脱漆，其质量配合比按硫酸∶清水 = B 的比例配制稀硫酸溶液。

A. 0.2∶1　　B. 0.15∶1　　C. 1∶0.2　　D. 1∶0.15

222. 在合格基础上，有允许偏差的项目，其抽查的点（处）数中，有 C % 及其以上达到质量标准要求者，应评为优良。

A. 80　　B. 85　　C. 90　　D. 95

223. 色彩配制时，注意各种颜料的合理调配，钛白系白色颜料易风化变黄，用时应注意保管。银朱、樟丹 A 与白垩粉合用，因易变黑。

A. 不宜　　B. 不可　　C. 不应　　D. 不得

224. 检查修补。彩画成活后需认真进行检查，有无遗漏、弄脏之处，然后用原色修补整齐，再 B 打扫干净，这些工作称为"打点找补"。

A. 自左往右　　B. 自上而下　　C. 自右往左　　D. 自下而上

225. 退晕所用的水性颜料一般采用浓缩 A 颜料，适用于乳胶漆基层的物面。

A. 广告画　　B. 宣传画　　C. 时事画　　D. 新闻画

226. 绸缎褙纸，先将开好幅的成品纸基进行湿水，如纸质较薄可用排笔刷水，湿水后让其静置 C min。将纸基平展于操作台上，刷上胶粘剂，应涂刷均匀，多少以不透绸缎为宜。

A. 3　　B. 5　　C. 10　　D. 15

227. 为使陈旧红木家具全面出白，可 C 上的漆膜用砂纸打磨掉，略微去掉表面漆膜后，再用刨具刨光出白。楞角、边缘处可用碎玻璃刮之。用砂纸打磨，经出白的物面犹如新家具一般。

A. 将旧漆　　B. 将表面　　C. 将物面　　D. 将基层

228. 分部工程中，有 D % 及其以上分项工程的质量评为优良，且无加固补强者，则该分部工程的质量应评为优良。

A. 80   B. 70   C. 60   D. 50

229. 枋心藻头绘龙者，名为金龙和玺；绘龙凤者，名为 B 。

A. 楞草和玺   B. 龙凤和玺   C. 莲草和玺   D. 龙草和玺

230. 扫青（扫绿）后间隔 C h 左右，翻转匾、牌，把字体上及四周多余的颜料粉倒在干净的白纸上，收集起来还可以再用。剩下少量浮粉，拿小型干毛笔或底纹笔轻掸字面及周围，将浮粉清理干净。

A. 4   B. 8   C. 12   D. 24

231. 退晕所用油性颜料采用 B 颜料，适用于以油漆作为底色的物面。

A. 水画   B. 油画   C. 彩画   D. 国画

232. 绸缎裱糊墙面基层处理，抹灰面必须干燥。用铲刀将基层表面仔细铲刮一遍。铲除杂质、灰尘、石灰块胀起的凸疤等，抹灰面如有油污，要用 D 等洗擦干净。洞缝内的灰土要掸掉扫清。

A. 二甲苯   B. 甲苯   C. 碱水   D. 200 号汽油溶剂

233. 揩漆主要是靠手举功夫，涂揩时必须压紧漆刷并依木纹 D ，依次涂揩，另外还要估计好工作量及涂料的量，生漆多涂敷，以免来不及涂揩，生漆干燥，导致底漆不匀，并造成不必要的浪费。

A. 秩序   B. 程序   C. 方向   D. 顺序

234. 施工单位必须从工程 A ，就应建立工程技术档案、汇集、整理有关资料，并贯穿于整个施工过程，直到工程交工验收后结束。

A. 准备开始   B. 进场开始   C. 施工开始   D. 内业开始

235. 旋子彩画因花纹多旋纹而得名。按 C 而分，有金线大点金、石碾玉、金琢墨石碾玉、墨线大点金、金线小点金、雅伍墨、雄黄玉等。

A. 用铜量多少 　　B. 用铝量多少

C. 用金量多少 　　D. 用银量多少

236. 目前市场上有一种涤纶闪光片的新型材料可代替佛青或洋绿，涤纶闪光片有金色、紫红色、青色、绿色等多种色彩，用它 D 的字闪闪发光，效果不错。

A. 装潢 　　B. 装修 　　C. 装裱 　　D. 装饰

237. 退晕所用矿物颜料是将广胶与颜料调和（铅粉、银朱、铬青、砂绿等）。传统彩画工艺以 C 为主，但广胶容易变质，调成的颜料在一二天内就会变黑，夏天还会发霉，必须有专人负责掌握用胶，而且用胶量受季节变化的影响，施工较麻烦。

A. 合成染料 　　B. 油性颜料 　　C. 矿物颜料 　　D. 水性颜料

238. 绸缎裱糊墙面基层处理干净后，用稀薄的 A 满刷一遍。涂刷要均匀，不流挂。

A. 清油 　　B. 桐油 　　C. 清胶 　　D. 铅油

239. 底层处理中使用的水砂、木砂，要认真辨别它们的 A 以及在物面上各层次中所起的作用，不论是哪一种打磨，都必须顺着木材的纹理直打磨，决不能横斜乱打磨，特别是透明涂饰工艺，留有横影子会影响物面的美观。

A. 各种型号 　　B. 各种粒度 　　C. 各种号数 　　D. 各种粗细

240. 调配各色涂料是按照涂料 B 颜色来进行的。

A. 涂层 　　B. 样板 　　C. 设计 　　D. 标准

241. 苏式彩画起源于 D ，因而得名。苏式彩画有金琢墨苏式彩画、金线苏式彩画、黄线苏式彩画、海漫苏式彩画和玺加苏式彩画、金线大点金和苏式彩画等多种形式。

A. 杭州 　　B. 扬州 　　C. 西湖 　　D. 苏州

242. 金箔有库金和大赤金两种，库金质量较好，色泽经久不变。库金的含金量一般为 A ％。

A. 99 　　B. 95 　　C. 90 　　D. 85

243. 在各色原颜料中加入 D ，调配成各种较浅的颜色，其中比原色略浅的称为二色，更浅的称晕色。

A. 灰色颜料 B. 青色颜料 C. 蓝色颜料 D. 白色颜料

244. 绸缎裱糊墙面基层处理，批嵌腻子，底胶或清油干后，拌成 <u>B</u> 的胶油腻子（用原配制好的腻子加入适量的石灰粉）将洞缝先行填补。对不垂直的阴阳角或大面积的凹处应用木刮尺刮直刮平，修整至达到要求。

A. 较稠 B. 较硬 C. 较稀 D. 较软

245. 硝基清漆磨退施工，清理基层时需要进行脱色处理，常用的脱色剂过氧化氢与氨水的混合液，其配合比（质量比）为：过氧化氢（质量分数 0.3）：氨水（质量分数 0.25）：水 = <u>B</u> 。

A. 0.2:1:1 B. 1:0.2:1 C. 2:1:2 D. 1:1:0.2

246. 涂料稠度的调配,因贮藏或气候原因,造成涂料稠度过大时,应在涂料中掺入适量的稀释剂,使其稠度降至符合 <u>C</u> 。

A. 工艺要求 B. 涂刷要求 C. 施工要求 D. 操作要求

247. 斗栱彩画是根据大木彩画来决定的，一般有如下做法：如彩画为金琢墨石碾玉、金龙、龙凤和玺等，则斗栱边多采用沥粉贴金，刷青绿 <u>A</u> 色。

A. 拉晕 B. 不拉晕 C. 拉白粉 D. 不拉白粉

248. 金箔的规格有：100mm × 100mm、50mm × 50mm、93.3mm × 93.3mm、<u>B</u> mm 等多种。

A. 80 × 80 B. 83.3 × 83.3 C. 70 × 70 D. 60 × 60

249. 群青中加入调制好的 <u>A</u> ，搅拌均匀即成。调好的二青要经过色板试色，要求比原青浅一个色阶。

A. 太白粉 B. 太垩粉 C. 银粉 D. 铝粉

250. 绸缎裱糊墙面基层处理，批刮头道腻子，待粗刮腻子干后用胶油腻子 <u>C</u> ，如有局部低洼处要随手抹平。大面积批刮时，不显批刮痕印，不留残余腻子。头道腻子批刮，应使墙面基本达到平整。

A. 重点刮一遍 B. 局部刮一遍

C. 满刮一遍 D. 全面刮一遍

251. 一般情况下木材不进行脱色处理，只有当涂饰 <u>C</u> 透明油漆时才需要对木材进行局部脱色处理。

    A. 低级   B. 普通   C. 高级   D. 中级

252. 稀释剂必须与涂料 D ，不能滥用，以免造成质量事故。如虫胶清漆须用乙醇，而硝基漆则要用香蕉水。

    A. 同厂出品 B. 匹配使用 C. 同一种类 D. 配套使用

253. 斗栱彩画如金线大点金、龙草和玺等，则斗栱边不沥粉、平金边。如彩画为雅伍墨、雄黄玉等，则斗栱边不沥粉、不贴金、抹黑边、刷青绿 B 。

    A. 拉晕色   B. 拉白粉   C. 不拉晕色   D. 不拉白粉

254. 金箔每 10 张为一贴，每 10 贴为一把，每 10 把为一具，即每一具为 1000 张。以 50mm×50mm 金箔为例，每 10000 张金箔的耗金量为 C g。

    A. 42. 5   B. 52. 5   C. 62. 5   D. 72. 5

255. 上色退晕，在刷到涂料的沥粉图案上时，将配好的各色青色或绿色色浆用油画笔由深至浅逐层涂刷在物面的需要部位，不等干燥用油画笔蘸清水或松香水飘刷于各阶颜色的 B ，使青色逐步变淡。退三色晕时，二色居中。

    A. 衔接处   B. 结合处   C. 色差处   D. 搭接处

256. 绸缎裱糊墙面基层处理，批刮二道腻子。头道腻子干后，用 1 号木砂纸粗打一遍后，批刮两道腻子。待两道腻子干后，用 D 砂纸包木块，将整个墙面打磨平整，掸净灰尘。

    A. 0 号   B. 1 $\frac{1}{2}$ 号   C. 00 号   D. 1 号

257. 木材经过精刨及砂纸打磨后，已获得一定的光洁度，但有些木材经过打磨后会有一些细小的木纤维（木毛）松起，这些木毛一旦吸收水分和其他溶剂，就会 D ，使木材表面变得粗糙，同时影响下一步着色和染色均匀。对较高级的木装修或木家具油漆，白坯上的木毛应尽量去除干净。

    A. 膨胀站起 B. 膨胀立起 C. 膨胀挺直 D. 膨胀竖起

258. 各种颜料、填料加入成膜物质中，不仅遮盖了被涂表面的缺点，并赋予工件表面以美丽的色彩，同时亦显著地改变了所得涂膜的物理化学 A 。

A. 性能　　B. 性质　　C. 性格　　D. 本质

259. 建筑彩画木基层的处理，首先斩砍见木，用小斧子砍出垂直于木纹的斧痕，痕深 C mm，相互间隔 2mm 左右，使之与麻灰有较好的附着力。

A. 1～1.3　　B. 1～1.4　　C. 1～1.5　　D. 1～1.6

260. 过金即把金箔固定在裹金纸的一面。过金的 D 是让金箔稳定地吸附于一面纸上，这样在贴金过程中可防止"飞金"。

A. 作用　　B. 用途　　C. 方法　　D. 目的

261. 退晕工艺刷底色，图案着色完毕，物面上未上色部位按 C 要求刷上底色，底色要求刷实、刷匀。

A. 甲方　　B. 工艺　　C. 设计　　D. 图稿

262. 绸缎裱糊墙面基层处理，完毕后刷清胶一遍，其用料为 108 胶：聚醋酸乙烯胶液：水的比例为 A ，配成的胶液将整个墙面通刷一遍。待干后方可裱糊绸缎。

A. 10：3：5　　B. 10：5：3　　C. 3：5：10　　D. 5：3：10

263. 硝基清漆磨退施工，刷头道虫胶清漆的浓度可稀些，其质量配合比为虫胶清漆：酒精 = A 。

A. 1：5　　B. 1：6　　C. 1：7　　D. 1：8

264. 涂水色的目的是为了改变木材面原有的 B ，使之达到理想颜色的要求。

A. 色彩　　B. 颜色　　C. 染色　　D. 彩色

265. 建筑彩画木基层处理，如遇木材表面 D ，应用钉子钉牢或去掉。如遇木头局部腐朽，应先予以剔除、修补，以免留下隐患。

A. 开裂　　B. 起皱　　C. 鼓起　　D. 起皮

266. 行金底油（刷金胶油），涂布于贴金处，油质要好，涂布宽窄要一致，厚薄要均匀、不流挂、不皱皮，彩画贴金宜涂 A 行金底油（金胶油），框线、云盘线、套环等贴金，均涂一道金胶油。

A. 两道　　B. 一道　　C. 三道　　D. 四道

267. 退晕工艺勾白线,底色干后,凡有晕色的地方,靠金线要画一道白线,俗称拉大粉。白线的宽度为晕色的 D ,其作用是可以使各色之间更加协调,层次更加丰富,贴金的边线整齐。

A. 2/5　　B. 2/3　　C. 1/4　　D. 1/3

268. 裱糊绸缎刷水胶,即在绸缎的背面用排笔刷一层薄薄的水胶,其比例为可用胶粘剂再加 B % 的水配制。涂刷时应注意刷匀、刷到、不漏刷,涂刷松紧一致,宜少不宜多。

A. 40　　B. 50　　C. 60　　D. 70

269. 硝基清漆磨退施工,刷头道虫胶清漆要用柔软的排笔,顺着木纹刷,不要 B ,不要来回多理,以免产生接头印。刷虫胶清漆要做到不漏、不挂、不过楞、无泡,注意随手做好清洁工作。

A. 斜刷　　B. 横刷　　C. 圆圈刷　　D. 竖刷

270. 施涂酒色还能起 C ,目前在木器家具施涂硝基清漆时普通应用酒色。

A. 封锁作用　　B. 遮盖作用　　C. 封闭作用　　D. 掩盖作用

271. 建筑彩画木基层处理,木缝中如只嵌腻子,由于木材湿胀干缩时,随着裂缝的变动,缝内腻子容易挤出或脱落,影响整个油漆质量,其解决的办法是先在木缝内 A 竹钉和竹片以阻止其胀缩。

A. 打入　　B. 填入　　C. 塞入　　D. 放入

272. 贴金施工,最后一道工序罩油,扣油干后,通刷一遍清油（金上着油,谓之罩油）。清油罩与不罩,以 B 要求而定。

A. 甲方　　B. 设计　　C. 质量标准　　D. 工艺

273. 配制退晕颜色应根据物面用料 A 配成。

A. 一次　　B. 两次　　C. 三次　　D. 四次

274. 裱糊绸缎,刷水胶后的绸缎,应静置 C min 后上墙,使其受潮后胀开松软,粘贴干燥后,自行绷紧平整。

A. 1 ~ 3　　B. 3 ~ 5　　C. 5 ~ 10　　D. 10 ~ 20

275. 硝基清漆磨退润粉揩擦时可作 C 运动。揩擦要做到用力大小一致，将粉揩擦均匀。

A. 斜向　　　B. 横向　　　C. 圆状　　　D. 竖向

276. 酒色的配合比要按照样板的色泽灵活掌握。虫胶酒色的配合比例一般为碱性颜料或醇溶性染料以 D 比例浸入（虫胶:酒精）的溶液中，使其充分溶解后拌匀即可。

A. 0.4 ~ 0.5:1　　B. 0.3 ~ 0.4:1

C. 0.2 ~ 0.3:1　　D. 0.1 ~ 0.2:1

277. 建筑彩画木基层处理，下竹钉。制作竹钉可根据木缝大小和缝深而定，下钉的顺序是先两端后中间，击钉楔入用力要均匀，两钉之间相距约 B mm。

A. 14　　B. 15　　C. 16　　D. 17

278. 泥金施工，就是将打好的金粉用 C 调和成可以用笔来描画的颜料。传统的方法是用蛋清加白芨（中药材）研碎，经过滤后加入金粉调和而成。其成品金光夺目，美丽异常。适用于室内装饰。

A. 胶粘剂　　B. 凝结剂　　C. 黏结剂　　　D. 结合剂

279. 退晕操作时在直线部位可以用 B 拉直线晕色；曲线晕色应自然圆顺。

A. 比例尺　　B. 直尺　　C. 公尺　　　D. 角尺

280. 红木揩涂基层处理，满批第一遍生漆石膏腻子，对雕刻花纹凹凸处或线脚处，可用 D 或短毛旧漆刷蘸腻子满涂均匀，并用老棉絮或旧毛巾揩擦洁净。

A. 油画笔　　B. 底纹笔　　C. 排笔　　　D. 牛尾抄漆刷

281. 所谓刷水色，是把按照 D 色泽配制好的染料刷到虫胶漆涂层上。

A. 施工　　B. 设计　　C. 拟好　　　D. 样板

282. 油色所选用的颜料一般是氧化铁系列的，耐晒性好,不易褪色。其参考配合比为铅油:熟桐油:松香水:清油:催干剂 = A 。

A. 7：1. 1：8：1：0. 7　　B. 7：8：1. 1：1：0. 7

C. 7：1. 1：8：0. 7：1　　D. 7：8：1. 1：0. 7：1

283. 建筑彩画木基层处理，为使木基层与油灰有良好的黏结力，需要涂刷一道由乳化桐油（油满）、血料与水调成的油浆，其配合比为油满：血料：水 = C 。

A. 1：20：4　　B. 20：1：1　　C. 1：1：20　　D. 1：20：1

284. 贴金或扫金的部位应 D 帐子（用布制成，名为"金帐子"），以防风将金箔吹走。

A. 包上　　B. 盖上　　C. 挡上　　D. 围上

285. 退晕操作，色浆按 C 要求涂刷，不可混淆。

A. 施工　　B. 甲方　　C. 设计　　D. 工艺

286. 红木制品满批生漆腻子后，可让其在室内自然干燥，有条件的最好能放入专用不通风的窨房内干燥，室温控制在 A ℃左右，相对湿度宜80%左右，干燥时间约24h。

A. 25　　B. 30　　C. 35　　D. 45

287. 硝基清漆磨退刷第二道虫胶清漆，其浓度为 A 。刷漆时要顺着木纹方向由上至下、由左至右、由里到外依次往复涂刷均匀。

A. 1：4　　B. 1：5　　C. 1：6　　D. 1：7

288. 虫胶清漆活的染色，当染第一道色时虫胶的含量可少一些，颜色比理想的浅 B 左右，这样一旦一遍染色不均匀可复二遍。

A. 一成　　B. 三成　　C. 二成　　D. 浅一些

289. 建筑彩画水泥制件的基层处理，由于水泥制件含有 D 和水分，会严重影响油漆涂层的质量，发生变色、起泡、脱皮和碱性物质皂化、腐蚀等现象。

A. 盐性物质　　B. 酸性物质　　C. 酸碱物质　　D. 碱性物质

290. 金底油配好后应作 A ，观察油膜干燥性能，选择最佳贴金时间。

A. 试样　　B. 试验　　C. 试件　　D. 检验

291. 用于裱糊的绸缎分作两大类，一类是素缎，它的颜色和花式比较 D 也较薄；一类是锦缎，色彩较重，艳丽多彩，花样丰富，质地较厚。

A. 典雅　　B. 高雅　　C. 雅致　　D. 素雅

292. 红木揩漆用 B 横圈竖揩，面积较小的角落处，可用绸布或汗衫布包竹片通揩角落。最后顺木纹揩擦理通，揩纹要细腻。

A. 新棉絮　　B. 老棉絮　　C. 新棉花　　D. 老棉花

293. 硝基清漆磨退刷水色，在小面积及边角处刷水色时，可用回丝揩擦均匀。当上色过程中出现颜色 B 或刷不上色时（即"发笑"），可将漆刷在肥皂上来回摩擦几下，再蘸色水涂刷，即可消除"发笑"现象。

A. 深浅不一　　B. 分布不均　　C. 散布不均　　D. 涂刷不均

294. 高级硝基清漆活的染色和修色，可采用清水活。清水活一般不须 C 工艺要求以原木色为准，只需对有色差的板块进行拼色和有色差的腻子疤修色一致即可。

A. 着色　　B. 带色　　C. 染色　　D. 上色

295. 一麻五灰施工，使麻时，首先进行开头浆，将油满和血料按 A 的比例调成黏结浆，涂于扫荡灰上，其厚度以浸透丝麻为度，不宜过厚。

A. 1:1.5　　B. 1:1.6　　C. 1:1.7　　D. 1:1.8

296. 贴金 B 要严，搭口应尽量小，以免浪费。

A. 接缝　　B. 对缝　　C. 连缝　　D. 搭缝

297. 绸缎裱糊所用浆糊的调配，其主要成活比例为面粉:冷水:沸水:苯酚（或明矾）= A 。

A. 1:1.4:5.4:0.01　　B. 1:0.01:1.4:5.4

C. 1:5.4:1.4:0.01　　D. 1:0.01:5.4:1.4

298. 红木揩漆在一般情况下，揩漆的遍数为 B 遍，才能达到漆膜均匀、光滑细腻、色泽均匀、光泽柔和，并具有古朴、典雅的涂饰效果。

A. 1~2   B. 2~4   C. 3~4   D. 4~5

299. 硝基清漆磨退施工，在打磨光洁的漆膜上用排笔涂刷 <u>C</u> 遍以上的硝基清漆。刷漆用排笔不能脱毛。

A. 1~2   B. 2~3   C. 3~4   D. 5~6

300. 大漆施工工艺复杂，保养时间长。用大漆涂饰的家具，一般要等 <u>A</u> 个月后才能正常使用。

A. 2~3   B. 3~4   C. 4~5   D. 5~6

3.3 简答题

1. 涂料主要有何作用？

答：涂料主要是起保护和装饰作用。在物体表面涂上涂料后，会凝结成一层牢固的薄膜，使之与周围的空气、水气、日光等隔离，起到保护物体免受各种物质的侵蚀。涂料还有各色颜料和光泽，可增加美观度，改善环境。另外，有些特殊涂料还有防水、防霉、防腐等功能。

2. 影响磷化膜质量的因素？

答：影响磷化膜质量的因素（1）底材；（2）促进剂；（3）游离酸；（4）总酸；（5）温度；（6）时间；（7）磷化前脱脂状态；（8）磷化后的水洗、钝化、干燥；（9）磷化设备状态。

3. 醇酸树脂漆类有哪些性能特点？

答：（1）涂膜结构质密、不易老化、光泽持久、柔韧、耐磨、附着力好、耐候性好。抗矿物油及醇类溶剂性好；（2）施工方便，可采取刷涂、喷涂、滚涂等多种施工方式；（3）干结成膜虽较快，但完全干透时间较长，涂膜较软宜打磨，耐水、耐碱性不理想，不能用在新抹灰、水泥、砖石等碱性基层面上；（4）对防盐雾、防湿热、防霉菌的三防性能的可靠性不很大。

4. 出现桔皮问题的主要原因是什么？

答：（1）喷枪距板面远，气压大，扇面过宽；（2）溶剂挥发速度过快；（3）油漆黏度过高；（4）粗糙底表面，打磨不好；（5）喷漆室

温度过高，风速太快；（6）喷涂时间间隔不当或没有流平期就强制干燥；（7）漆膜太薄。（注：答出其中4点即得分）

5. 审核施工图应该拿握哪些要点？

答：审核本工种的图纸时，要把握以下要点：

（1）核对有关说明和各图上所注的说明文字，是否有不统一及错注和漏注的施涂部位。

（2）对设计者所采用的材料，结合施涂部位和使用功能要求，视其品种、性能等是否适当，如不合适，建议设计者选用何种涂料或材料（包括壁纸、玻璃等）。

（3）对设计意图不够明确或设计有特殊要求的问题，应提请设计在交底时说明，直到领会清楚为止。

（4）对设计者所选用的施涂工艺和色彩等根据施工季节、环境影响，工期和质量要求等综合考虑是否合适，可向设计和建设单位推荐较合适的操作工艺。

（5）对采用的"四新"，应先考虑结合工程实践，再考虑运用实施方法及预算单价等问题，没有把握的不能用于正式工程。

（6）根据设计要求，考虑各部位和项目施涂的可操作性。如操作困难，应提出更改建议。

（7）本工种与其他工种交接施工是否存在特殊矛盾。

对设计待定的问题，通过做小样板或样板间来确定方案，以确保工期和质量。

6. 光油是如何熬制的？

答：光油又称熟桐油，是由生桐油经煞炼后制成。

方法一：取17~20kg生桐油倒入锅内，加火烧，熬至140℃左右时抽灰慢慢熬。主要防止温度上升过快，生桐油内水分来不及蒸发，而产生大量油泡沫溢出锅外，发生事故。约5~10min后，油内水分基本熬干不再大量产生泡沫时，可继续加火升温，当温度上升到150~180℃时，即可加入土籽，随即用搅油棒轻轻搅拌，但不能将油搅起波浪，以免油溢到锅外着火。

当温度升到 250℃ 时，就要开始试样，其方法是：用搅油棒醮油，将油滴于铲刀上，放在清水中冷却，冷却后取出铲刀，震掉水珠用手指醮油提起，有 3cm 以上不断的油丝时就表示油已基本熬好。丝长油稠，丝短油稀，同时还要观察锅内的表面颜色变化，当油的泡沫由白色变黄而成烧焦状时，说明油已快熬到最高温度了。一般情况下，熬到 260～265℃ 时，加入密陀僧后就应立即起锅。起锅后，因锅内热油的温度还在上升，所以必须将热油倒入事先准备好的空容器内，用长把油勺反复将油盛起倒下，以加快冷却，并吹风出烟，使热油中的烟出清出净，这样熬成的桐油质量才能保证油膜光亮不起雾。冷却后即成光油，然后倒入准备好的容器内备用。这时还应再次试样，将光油涂在干净竹片上或刷过清油的木板上，观察干燥时间和光亮度，以备以后作为涂刷或调配涂料时的依据。

方法二：是以苏子油：生桐油＝2：8 混合后倒入锅，熬炼至八成开，将经整理而干透的土籽放在勺内颠翻浸炸，待土籽炸透，再倒入锅内。待油开锅后即将土籽捞出，再以文火熬炼，同时以油勺扬油放烟，温度不超过 180℃ 避免窝烟，根据用途定稠度。此时应随时试验油的成熟程度。试验方法同上。当油已熬炼成符合稠度要求时即谓之成熟。成熟后出锅，并继续扬油放烟，待其温度降至 50℃ 左右时，再加入密陀僧搅均匀，盖好存放待用。

熬光油所用催干剂的配合比：因所用土籽种类和季节不同、现列参考配合比如下：

春、秋季用油重量比：生桐油：土籽：密陀僧＝100：4：5。

夏季用油重量比：生桐油：土籽：密陀僧＝100：3：5。

冬季用油重量配合比：生桐油：土籽：密陀僧＝100：5：5。

7. 木材的色质和纹理对涂饰有什么影响？

答：木材的细胞结构不同，它所产生的色质和纹理亦不同。某些阔叶材的色质和纹理具有粗细交错的特性，清晰、美观、活泼，经涂饰后，色彩鲜艳悦目，特色鲜明，如水曲柳、花曲柳、檫树、柚木、樟木、花梨木、紫檀木等；有的木材则细致均匀，如桦木、槭木、椴木等。对这些色质鲜艳、纹理美观的木材，表面应采用透明涂饰，使表面色质和纹理进一步得到显现和渲染。这些木材常作为中、高档家具的表面材种，某些针叶材表面有色斑、色质不均匀或带晦暗色调，还有些木材因菌害而变色。因此，装饰性较差，涂饰中常需进行表面处理或改变色调才能基本达到效果。

8. 685 号聚氨酯漆甲、乙两组分各由哪些物质组成？

答：685 号聚氨酯漆甲组分是由羟基聚酯和甲苯二异氰酸酯组成的加成物，带有异氰酸基（–NCO）。乙组分是由精制蓖麻油、甘油、松香、邻苯二甲酸酯缩聚而成的含羟基（–OH）树脂。两组均以醋酸丁酯、环己酮与二甲苯的混合物为溶剂，颜色均为棕黄色或黄色透明液体。

9. 简述硝基漆类的性能特点及用途。

答：硝基漆俗称喷漆，是以硝基纤维为主要成膜物的涂料，是高级建筑中应用很广泛的一种建筑涂料。它的性能特点有：（1）涂料干燥迅速，有利于连续施工，涂膜坚硬有较好的耐摩擦性，可以水磨，上光后涂膜平整光亮装饰性好。（2）有一定耐化学药品性，防霉性较好。（3）固体含量低，溶剂占 2/3 左右，需多次涂饰才可达到需要的涂层厚度且对基层的遮盖力不如其他涂料，因而对基层处理要求较严。（4）施工时溶剂大量挥发，危害施工人员健康，污染环境，又因是一级易燃液体，因此须注意防火。主要用做高级建筑中的高级涂装，可用干燥的水泥、抹灰面、粗糙金属面，经干燥处理的硬木面及不怕溶剂侵蚀的水性涂料表面，但不宜用在软木面或未经干燥处理、性能不稳定的木面上，由于溶剂的渗透侵蚀作用，也不宜涂刷在一般油性涂料上面。

10. 调制有害油漆涂料时操作者应怎样做好个人防护用品？

答：操作者应戴好防毒口罩、护目镜、穿好与之相适应的个人防护用品。

11. 清漆施工工艺有哪些步骤?

答:清理木器表面→磨砂纸打光→上润泊粉→打磨砂纸→满刮第一遍腻子、砂纸磨光→满刮第二遍腻子、细砂纸磨光→涂刷油色→刷第一遍清漆→拼找颜色,复补腻子,细砂纸磨光→刷第二遍清漆、细砂纸磨光→刷第三遍清漆、磨光→水砂纸打磨退光,打蜡,擦亮。

12. 在进行颜料的配制时,应注意哪些事项?

答:(1)各道颜色落色时,应逐层适当减少用胶量,以防前道色发生混淆或剥落现象。

(2)色料配制加胶液不宜过大,以免干后裂纹翘皮脱落。夏季每日应将备用的胶水煎熬开一、二次,以防变质失效。冬季配沥粉材料,可在胶内加适量白酒,以防冻结。

(3)绿、青色加胶后,如当日用不完,易出现变质发黑,故每天须将剩料出胶。方法是加入热水搅拌,待沉淀后将水倾倒出,反复几次即可,次日用时再兑入胶液。

(4)钛内易风化变黄,用时应注意。银朱、樟丹不宜与白垩粉合用,以防白色,红色等浅色颜料发黑。

(5)色料多数有毒,洋绿、藤黄、石黄、铅粉等,毒性较大。操作时必须戴口罩、手套,饭前便前必须洗净手,如接触皮肤某些部位,会产生过敏反应,红肿瘙痒,夏季严禁露膊操作,手有伤破者不宜操作,严禁用嘴舔画笔尖,否则会呕吐,严重者会致命。还应勤换洗工作服、勤洗澡。

13. 简述彩砂喷涂装饰工艺的操作注意事项。

答:(1)新抹水泥砂浆面层的湿度和碱性均较高,抹灰后至少应间隔7d达到干燥后才能喷涂彩砂涂料,否则涂层表面会出现泛白和发花等现象。

(2)由于彩砂涂料是由硬质颗粒和胶质材料组成,用手搅拌不易均匀,最好用手提式电动搅拌机搅拌。涂料过厚时,应按产品规定掺加适量的稀释剂。

(3)喷涂时,喷枪要慢慢移动,使涂层充分盖底,一般以一遍成活。如发现涂层有局部透底时，应在彩砂涂料干燥前喷涂找补。

（4）遇刮风下雨或高温、湿度大的气候不得进行彩喷施工。

（5）喷枪用后需用溶剂将喷道内的残余涂料喷出洗净，以防产生阻塞等现象。

14. 简述聚氨酯各色磁漆的性能和适用范围。

答：性能：涂膜坚硬、光亮、耐磨、耐水、耐碱、耐油性能较好。

适用范围：用于高级装修、木器及各种金属制品、水泥地面等。

15. 醇酸树脂漆有几个品种，其固体分含量是多少？用什么稀释剂来调节其黏度？木家具涂饰常用哪两个品种，其特性、用途是什么？

答：醇酸树脂是由多元醇与多元酸，以及其他单元酸经酯化作用缩聚而成的。醇酸树脂漆的品种很多，有外用醇酸树脂漆、通用醇酸树脂漆、快干醇酸树脂漆、醇酸树脂绝缘漆、醇酸树脂皱纹漆等。目前，用于木家具涂饰的醇酸树脂漆属于通用醇酸树脂漆一类。市场上所出售的醇酸清漆（俗称三宝清漆）和各色醇酸磁漆等，都是用中油度干性醇酸树脂制成的。醇酸树脂漆的固体分含量在50%以上，黏度与酚醛树脂漆相似，可用醇酸稀释剂调节其黏度，这种漆施工方便，刷涂、喷涂和浸涂均可以。木家具涂饰常采用醇酸清漆和醇酸磁漆。醇酸清漆的产品例如C01-1醇酸清漆，是将干性油改性的中油度醇酸树脂溶于松节油、200号溶剂汽油和二甲苯的混合溶剂中，加入适量催干剂调制而成的。这种漆的附着力比酯胶清漆和酚醛清漆都好，韧性和保光性亦很好。能在20℃常温下自然干燥，适用于木家具、车辆、船舶及室内外金属构件的喷刷。另外，可用作醇酸磁漆的罩光，每平方米涂一遍用漆量为40~50克。再例如C01-5醇酸清漆，是将苯乙烯改性醇酸树脂溶于二甲苯有机溶剂中，并加入适量催干剂制成的中油度醇酸清漆。干燥迅速，漆膜光亮有一定的保光和保色性，适供木家具表面和室内外金属表面罩光之用。每平方米一层用量为 40～50 克。

醇酸磁漆由中油度醇酸树脂、颜料、催干剂、有机溶剂调制而成。其漆在常温下干燥快，也可在 60～80℃烘房中干燥。一般宜喷涂施工，喷涂后应先放置 20 分钟左右使涂层流平，再放入烘房中加热烘烤。浅色漆在较低温度下（一般 40～60℃）烘烤，以防漆膜变黄。

醇酸磁漆的漆膜平整光滑，坚韧，机械强度好，光泽性好，保光保色、耐气候性均优于各色酚醛磁漆，但耐水性次于后者。

16. 建筑涂饰在哪些情况下宜采用喷涂施工？

答：（1）大面积的涂饰且喷涂所节省的费用不会被用遮挡周围不需喷涂部位所耗费的费用抵消。（2）采用刷涂会降低施工效率的不规则的复杂物面及必须避免刷痕的物面。（3）当涂饰干燥快的挥发性涂料时。（4）对涂膜表面非常均匀光滑时。

17. 电涂设备主要组成部分有哪些？

答：电涂设备主要由 7 部分组成：（1）机械化运输设备；（2）电泳槽及附属设备；（3）UF 装置；（4）涂料补给装置；（5）直流电源；（6）电泳后冲洗装置；（7）烘干室等。

18. 油漆工的安全操作规程有哪些内容？

答：（1）烤漆房使用前，必须检查电路是否正常，主机是否缺油，灯光是否齐全，通风出气是否良好。

（2）烤漆房使用时，不能离人，调整好温度和时间，在出现故障时，不能强行起动，以免发生爆炸事故。

（3）空压机使用时，必须检查电路是否正常，长时间运转，电机是否过热，要经常检查压缩机机油，储气灌排水。

（4）在使用喷漆枪作业时，必须戴好口罩或防毒面具，保持一定距离，长时间的作业，中间必须稍休息一会，以勉缺氧中毒。

（5）车辆如需在外喷漆时，要注意周围是否有车辆，以防喷漆的飞花飞到周围的车辆上，造成不良后果。

（6）严格按照工艺规范作业，不能有流挂，开裂，颗粒。

（7）烤漆房喷漆使用完后，必须及时清扫，清洗，确保烤漆房干净，喷枪及时保养。

19. 涂料在贮存过程中，其稠度会逐渐增大，甚至会出现胶状体或结块的现象，简述其产生的原因和防治方法。

答：（1）涂料中酸性太高与碱性颜料发生反应后生成盐，使涂料增稠，直至凝结成为冻状。

（2）盛涂料容器未完全密封或涂料未装满桶，而且在 1C 存过程中有、部分溶剂挥发，使涂料浓缩变稠。另外空气中的氧气也能促使胶化，因此，容器一定要密封，开桶使用后应尽早用完。

（3）涂料应贮存在温度适宜的场所，切忌置于阳光下或温度较高的场所。这是因为有热固性树脂的漆基受热后黏度会上升，从而产生胶化。

（4）如采用溶解能力不强的稀释剂也会使涂料黏度增高，所以应选用溶解力强并且配套的稀释剂。

20. 试述水泥地面聚氨酯耐磨涂料施涂工艺如何施涂色浆和罩面涂料？

答：色浆的颜色应按设计样板的要求来选定，色浆一般是由 777 涂料和氯偏涂料按比例调配而成。第一遍色浆的重量配合比为 777 涂料：氯偏涂料 = 8：2～3，搅拌均匀后过 80 目筛，然后用羊毛排笔涂刷。施涂时先刷踢脚板后刷地面，如大面积涂刷，可适当增加人员，排一字行由里向外施涂，相互之间必须保持三个一样，即用料量一样，施涂二直一横一样，施涂方向一样，否则会产生接疤和排笔印痕。待第一遍色浆干燥后，用旧细砂纸打磨平整，再施涂第二遍色浆。第二遍色浆中的氯偏涂料用量可适当增加，调配的重量配合比为 777 涂料：氯偏涂料 = 7：（3～4）。干燥后仍要用旧砂纸打磨平整。

施涂罩面涂料时可用旧羊毛排笔或大号油漆刷。每遍必须按二直一横的操作方法，以使色泽均匀一致。施涂第一遍耐磨漆时，厚度必须适宜，不能太薄，不能显露出刷纹，但要求渗透到色浆层。待第一遍涂膜干燥后，用旧细砂纸打磨光滑后才能施涂第二遍耐磨漆。施涂完毕后需关好门窗，避免灰尘吹粘在涂膜表面上影响光亮度。耐磨清漆涂刷后的干燥时间为 8～24h（视气温湿度而定），待 5～7d 后强度到达要求就可交付使用。

21. 简述 H80 环氧整体地面涂料的特性。

答：（1）涂膜黏结力强，收缩小，不起尘，抗冲击性强，耐磨性好，耐酸碱和耐各种油类腐蚀性能优异；

（2）涂层整体性好，富有弹性及韧性，无接缝，不渗水，防水防潮性优良，色泽多样，装饰效果好；

（3）常温可固化，施工方便。

22. 识读图样的顺序有哪些？

答：识读图样的顺序，必须循序进行，即应按照图样编排次序的先后分类进行，且不能操之过急，应由整体到局部，从粗到细逐步加深理解。

23. 窗台和窗上口节点详图的识读要点有哪些？

答：窗台和窗上口节点详图，其识读要点如下：

（1）了解窗与墙的位置关系，是与内墙面相平还是居中；

（2）了解窗框与墙的固定方法及内外窗台的用料和构造做法；

（3）了解内墙保温材料及保温构造做法；

（4）了解内外墙饰面材料及做法；

（5）了解窗上口窗帘做法。

24. 在高处作业的油漆工，应采取何种有效措施以确保不伤害下面的人员？

答：（1）严禁从高处向下方投掷或者从低处向高处抛掷物料、工具；（2）清理楼内物料时，应设溜槽或使用垃圾桶；（3）手持工具和零星物料应随手放在工具袋内；（4）安装或更换玻璃要有防止玻璃坠落措施，严禁往下扔碎玻璃。

25. 墙面漆的喷漆工艺有哪些？

答：如果墙面是旧墙的，需要先把表层湿水后刮除。干透后滚涂一遍光油。如果是旧房而基质良好，则使用粗砂纸打磨一两遍即可，不需要刮除。

（1）用108胶、熟胶粉和双飞粉调配成灰腻子后批平整个墙面。

（2）干透后用砂纸磨光。

以上工序一般要连续三遍，直至墙面批平为止。

（3）喷第一遍面漆（乳胶漆）。

（4）干透后用细砂纸磨光。

（5）喷第二遍面漆。

26. B22-1型丙烯酸木器清漆有哪些成分？其配比如何？使用时应注意什么？

答：目前，北京、天津等地区应用的B22-1型丙烯酸木器清漆是加交联剂固化的热固体丙烯酸树脂漆，为一种双组分涂料，平时分成两个组分包装。其中甲组分为甲基丙烯酸不饱和聚酯和促进剂环烷酸钴、锌等的甲苯溶液；乙组分为甲基丙烯酸酯改性醇酸树脂和催化剂过氧化二苯甲酰等的二甲苯溶液。两种组分的混合溶液固体分含量为50%左右，在25℃以上常温条件下，上一次涂层表面干燥需3h左右，实际干燥时间需要24h，待干燥48h后才可以磨砂抛光。其配比是：甲组分：乙组分=1:1.5。以甲苯为稀释剂调整其黏度。如涂层干燥太慢，可少量加入过氧化环乙酮。由于价格较贵（每公斤约20元），使用时应注意用多少配多少，随用随配，以免胶化造成浪费。该漆种有效使用时间：20~27℃时为4~5h，28~35℃时为3h。

27. 简述产生"串珠状流坠"问题的原因及防治措施。

答：产生原因：家具线脚内的余漆没有剔出，涂层厚薄不匀。

防治措施：用硬漆刷翘漆，线脚内的漆膜应与平面上的一样厚薄，并剔出余漆，理匀。

28. 试述硝基清漆理平见光工艺的操作工艺顺序。

答：操作工艺顺序：

基层处理→虫胶清漆打底→嵌批虫胶清漆腻子及打磨→润粉及打磨→施涂虫胶清漆→复补腻子及打磨→拼色、修色→施涂虫胶清漆及打磨→施涂硝基清漆二至四遍及打磨→揩涂硝基清漆及打磨揩涂硝基清漆并理平见光→擦砂蜡、光蜡。

29. 玻璃幕墙上部节点详图的识读要点有哪些？

答：玻璃幕墙上部节点详图识读要点如下：

（1）了解节点详图索引的部位；

（2）了解玻璃幕墙上部与屋面交接部位的构造做法；所用材料及玻璃幕墙的固定方法；

（3）玻璃幕墙内侧与室内顶棚交接处所用材料和固定方法；

（4）了解女儿墙外墙面饰面做法及所用材料；女儿墙上部顶端压顶做法；

（5）了解女儿墙与屋面交接处泛水的构造做法；

（6）了解屋顶构造层次及屋面防水措施。

30. 室内装饰立面图的内容包括哪些？

答：室内立面图的内容如下：

（1）房间围护结构的构造形式；

（2）房间内的嵌入项目，如壁柜、壁炉、家具等；

（3）各部位的详细尺寸、图示符号及附加说明；

（4）立面装饰图的图线表示内容。

31. 对油漆工调油有哪些技能要求？

答：（1）能识别和运用色母调漆；

（2）能熟练使用电脑调漆机等设备；

（3）能按产品颜色调配涂料颜色。

32. 油漆工常接触的有害气体有哪几类，对人体有何危害？

答：常接触的有害气体大致有以下几类：（1）苯类：苯、甲苯、二甲苯常作为溶剂或稀释剂用于涂料之中，为无色透明、有芳香气味的易燃液体，沸点为 80.1℃，极易挥发。苯类在涂漆至干结成膜过程中，不断挥发有毒蒸汽并混入空气，经常吸入苯蒸气，会影响人的神经和造血系统。影响神经方面的症状是头昏、头痛、乏力、记忆力减退、牙酿出血、失眠等。在造血方面的损害，通常是先使白细胞减少，以后就会出现血小板和红细胞降低的慢性中毒现象。另外，苯还能引起皮肤干燥、发红、瘙痒。热苯能引起皮肤水泡，有时还会出现脱脂性皮炎。（2）酮类：酮类也是作为溶剂或稀释剂用于涂料 114 中的。它为无色透明液体，易燃、易挥发、略有特殊气味。它的毒性大小，但其蒸汽与空气能形成爆炸性混合物，经常吸入人体会引起头昏。（3）醇类：醇类（如甲醇、乙醇、丙醇、丁醇、戊醇等）是无色透明、有酒味的液体。易燃、易挥发，其中甲醇有毒性，若吸入其大量蒸汽，可产生头昏、头痛、喉痛、失眠、干咳、视力模糊等症状。木家具涂饰施工中用量最多的是乙醇，毒性最小，但严禁入口。（4）甲醛：常温下为气体，有强烈刺激味，其 35% ~45% 的水溶液为福尔马林。主要毒性是对眼及呼吸道产生粘膜刺激，其症状为结膜炎、咽喉炎。（5）汽油：具有挥发性，可经呼吸道、消化道或皮肤进入人体。在超过最高容许的浓度的汽油环境中长期工作，会发生神经和造血系统损害。皮肤接触汽油后，也可能产生皮炎、湿疹或皮肤干燥症状。（6）大漆：漆酚是大漆的主要成分。虽然呼入它引起慢性中毒的可能性不大，但对一些人的皮肤有刺激性，能引起发痒或肿疮等皮肤病。

由于有害气体主要来自涂料中溶剂及稀释剂的挥发，因此这些挥发物质不仅会影响操作者的身体健康，而且会导致火灾和爆炸。

33. 图样会审应注意哪些问题？

答：图样会审应注意以下问题：

（1）设计假定和构造处理方法是否切实可行，有无足够的稳定性；对安全施工有无影响；

（2）基础处理和设计有无问题；

（3）建筑、结构、设备安装之间有无矛盾；

（4）图样说明是否齐全、清楚、明确；

（5）各专业图之间、专业图内以及图表之间的重要数据是否一致；

（6）采用新技术、新材料、新工艺的可能性和必要性。

34. 建筑的艺术效果一般通过哪些方式来体现？

答：建筑的艺术效果一般通过以下方式来体现：

（1）体型和立面处理；

（2）建筑空间的处理；

（3）顶棚的处理；

（4）楼、地面的处理；

（5）墙面处理；

（6）色彩的处理。

35. 主要颜色的反射率各是多少？

答：主要颜色的反射率如下：

（1）白色：反射率为84%；

（2）乳白色：反射率为70.4%；

（3）浅红色：反射率为69.4%；

（4）浅绿色：反射率为64.3%；

（5）米黄色：反射率为54.1%；

（6）深绿色：反射率为9.8%；

（7）黑色：反射率为2.9%。

36. 色彩运用的基本方法有哪些？

答：色彩运用的基本方法有以下几点：

（1）充分考虑功能的要求，并力求体现与功能相适应的品格和特点。以医院为例，色彩要有利于治疗和休养，故常用白色、中性色，这能给人以宁静、柔和与清洁感。

（2）符合构图的要求，正确处理色调的配置、协调与对比、统一与变化、主景与背景、基调与点缀等各种关系。

（3）统一与变化的关系，所有色彩部件构，成一个房次清楚、主次分明，彼此衬托的有机体。

（4）稳定和平衡的关系。采用颜色较浅的顶棚和颜色较深的地面。

37. 去掉木毛的方法有哪几种？

答：去除木毛的方法有：

（1）用清洁湿抹布或含水海绵擦拭木材表面，让木毛吸收水分而膨胀竖起。待表面干燥后（常温下放置 2h 以上），用 1 号新砂纸轻轻研磨，据日本《涂料与涂装》介绍，如果使用 30~50℃ 的温水擦拭木材则木材表面干燥得快，效果会更好。但水分不可过多，特别是木材的端面和接合部位，若水分过多，会引起变形和脱胶。

（2）用浓度 15% 的虫胶清漆涂刷木材表面，待干燥后直立的木毛就会变硬发脆、易于折断，从而有效地消除木毛。

（3）用浓度 3%~5% 的优质骨胶的水溶液涂刷木材表面，也可达到消除木毛的目的。

（4）将海绵蘸满浓度 1.5% 的糊精水溶液，均匀浸湿木材表面，同样可提高研磨效果。但糊精浓度不可过高，否则木材不易吸收着色剂，并影响漆膜的附着力。

38. 给塑料制品喷涂时有哪些技能要求？

答：（1）能根据不同塑料制品选用表面处理方法；

（2）能解决塑料制品表面处理过程中出现的问题。

39. 简述新基面各种颜色棕眼施涂工艺的操作工艺顺序。

答：操作工艺顺序：基层处理→施涂第一、二遍虫胶清漆及打磨→局部嵌批腻子及打磨→揸有色油老粉及打磨→施涂第三遍虫胶清漆及打磨→修色→施涂第四遍虫胶清漆及打磨→施涂罩面涂料。

40. 简述旧涂膜局部配修工艺的操作工艺顺序。

答：旧涂膜局部配修工艺首先要清除掉病态涂膜，经嵌补腻子、调色、拼色、修色后重新全面施涂罩面涂料。

操作工艺顺序：局部清除旧涂膜并对其边缘进行"倒槎"

处理→基层处理→嵌批腻子及打磨→配修部位施涂新涂料→清理全部旧涂膜表面及打磨→全面施涂虫胶清漆或罩面涂料一遍→拼色、修色→全面施涂罩面涂料一至两遍。

41. 温度过高会造成涂膜哪些质量问题？

答：温度过高会造成涂膜质量问题：

（1）可加快涂膜的交链过程和聚合物分子链的破坏过程；

（2）在交变温度作用下，涂膜的老化更为明显，会造成涂膜开裂；

（3）氧化聚合型及挥发型涂料，涂膜会迅速成膜，下层被封闭而难以氧化聚合成膜，易引起起皱、鼓胀以至起壳；

（4）物理-化学变化急剧，成膜过快，涂膜干缩应力来不及调整平衡，从而出现裂纹；

（5）使溶剂挥发过快，会造成涂刷粗糙，搭接明显等疵病。

42. 形成物体色彩变化的因素有哪些？

答：形成物体色彩的变化因素有如下几点：

（1）固有色：指在光线下，看到的有主导地位的色彩，如红衣服、白墙；

（2）光源色：由于光的照射，引起物体受光部的色相变化；各种光源基本上分为暖光和冷光两大类；

（3）环境色：物体周围环境的色彩由于光的反射，作用到物体上，因而引起物体的色彩变化。

43. 试述乳液型内墙防霉涂科及防火涂料施工工艺的操作顺序。

答：（1）防火涂料

操作工艺顺序：基层处理→嵌批腻子→打磨→施涂第一遍防火涂料→打磨→施涂第二遍防火涂料→打磨→施涂第三遍防火涂料。

（2）乳液型的防霉涂料

操作工艺顺序：基层清理→杀菌→施涂封底涂料→嵌批腻子及打磨→施涂防霉涂料。

44. 常用的腻子有哪几种，各有什么优缺点？调配与使用时应注意什么？

答：常用腻子有：（1）虫胶腻子：其组成为（重量比）碳酸钙（老粉）75%，虫胶清漆（浓度为15%～20%）24.2%，着色颜料（铁红、铁黄等）0.8%，调配虫胶腻子时，由于酒精挥发快，所以料不要一次调制过大，需要多少调多少。如果腻子因酒精挥发变稠，使用时可加些酒精调匀后再用。

虫胶腻子干燥快，干后坚硬，附着力好，易于着色，着色前后都可以使用，操作较简便。所以是家具表面局部嵌补应用最普遍的一种填料。

（2）油性腻子：由清油（光油、熟油）或各种油性清漆与厚漆、松香水、石膏粉、体质颜料、少量水和着色颜料等调制而成。它既可用于局部嵌补，也可用于全部填平。其配比为石膏粉（硫酸钙）62.5%，清油15.625%，松香水（200号汽油）18.75%，水3.125%，颜料少量（按样板加）。调制时，先将清油与松香水按比例混合，再加入石膏粉用油灰刀充分调匀，然后加入适量的颜料，调成稠糊状，静止2h（让石膏粉与溶剂充分溶合），使用前再加入定量的水，并搅拌均匀至适当稠度即可。这样，填料吸入足够的水分，一方面稠度适当，便于施工；另一方面填入孔缝后将变得十分坚硬，不易陷入。但如果先将水与石膏粉相混合，填料则不久结成硬块，不便调用，这一点须特别注意。所加水不能过量，水分太大，油则析出，腻子干燥后泛白，形成腻子斑，而影响了产品外观。

油性腻子的优点是附着力好，能充分填塞孔缝不下陷。其缺点是干燥速度较慢。如果用量很少，一般停放3～4h，即可进行下一道工序。

稠厚的油性腻子多用于透明或不透明油漆家具上的局部缺陷嵌补；稍稀者可作为透明油漆的填孔料，也称油性填孔漆，多采用刮涂法；稀薄的油性腻子也称填平漆，多用于不透明油漆的全部填平。

在使用油性腻子过程中，如果觉得腻子有些干硬，切勿往里加清水，只能加清油或稀油基漆，否则腻子就会变得象豆渣一样失去油性，无法作用。用剩的油性腻子应泡入水中保存，以便下次再用。

（3）硝基腻子：也称蜡克腻子或喷漆腻子，用稀硝基清漆、老粉和着色颜料调成。稀硝基清漆一般按 1 份硝基清漆加 2~3 份香蕉水（信那水）混合而成。硝基腻子的调配与虫胶赋子相同。

硝基腻子的特点是干燥快，干后坚硬，不易打磨，所以一般多用于木材染色之后的局部嵌补，如透明涂饰中涂过蜡克后的局部嵌补和不透明涂饰中喷好第一道蜡克色漆后的嵌补。硝基腻子干燥后要用 150 号水砂纸磨平。

使用后多余的硝基腻子，应放在有盖的空瓶中。瓶口要密封，以防止腻子干硬。这样，下次在腻子中加些香蕉水还可使用。

（4）猪血腻子：系加工后的熟猪血与老粉调制而成。使用时，可以加少量颜料与水。腻子的配比为：细老粉 60%，熟猪血 40%，加颜料少量和清水少量。猪血在油漆方面有两种用途。生猪血可用来打底（做红木色），熟猪血可用来拌猪血腻子。生猪血加工成熟猪血的方法是：将新鲜猪血冷却使之凝结成血块。在血块中放上一把稻草，用双手搓稻草把血块挤碎，取出稻草，将血液用 180 目的铜筛过滤，除去渣滓与血丝筋。然后在滤净的血液中加 0.5% 的石灰水点浆，再加 20% 水制成猪血料。

猪血中加入石灰水后，应边搅拌边细心观察，如果颜色红中带绿或呈紫褐色，说明已到火候。石灰水加得过量，就会降低黏接强度。气温高时，40 分钟就可凝结成"熟血"，气温偏低则需 1~2h。天冷可加温以加快凝结速度。

（5）胶性腻子：由老粉与少量着色颜色和胶水（浓度约为 6%）调制而成。因其耐水性差，一般工厂很少使用，仅用于普、中级产品局部嵌补。

45. 漆工在密闭缺氧空间内作业有哪些注意事项？

答：油漆工在密闭缺氧空间内作业（如罐体内油漆，建筑水箱防水等），要有专人监护，有风机不间断送新风，并每隔 1～2h 到室外换气休息。

46. 简述裱糊绸缎墙面工艺中常见质量通病与防治措施。

答：裱糊绸缎墙面工艺存在主要的通病有：粘贴不牢固、空鼓、翘边、皱折等。

防治措施：

（1）绸缎墙面完成后，要认真进行全面检查，有翘边用少量白胶在翘边处涂匀，再粘贴补好。有鼓胶（气泡）用针筒抽出空气，然后用针筒灌注胶液，并压实平整。

（2）有皱纹处要用刮板刮平，有离缝处应重作处理。

（3）绸缎墙面留有胶迹，用干净的毛巾把胶擦净，毛巾勤洗、水要勤换。

47. 试述绝缘涂料的涂膜一般应具备得性能。

答：（1）良好的绝缘性；

（2）良好的耐热性；

（3）良好的机械性能，也就是附着力和柔韧性好，硬度高、耐摩擦；

（4）良好的耐化学性，并能耐油和耐热；

（5）良好的耐水性，由于水不能渗入绝缘涂料内，因而不会降低绝缘性能。

48. 建筑艺术通过色彩处理有哪些效果？

答：建筑艺术通过色彩处理有如下效果：

（1）能满足视觉美感；

（2）能表现人的心理反应；

（3）能调节室内光线的强弱；

（4）能调整室内空间。

49. 色彩对人的视觉的物理感应和心理感应有哪些？

答：色彩对人的视觉物理感应和心理感应表现如下：

（1）色彩的物理感应；

1）温度感应：人们看到太阳和火时自然地产生一种温暖感，久而久之，一看到红色、橙色和黄色也会相应地产生温暖感，而海水、月光常给予人们一种凉爽的感觉，于是人们看到青、蓝、绿也会产生凉爽感。

2）体量感应：如空间过大时可以适当采用收缩色（即冷色），以减弱空间的空旷感。当空间过小时，则可采用膨胀色（即暖色）以减弱其压抑感。

3）重量感应：在室内装饰中采用上轻下重的色彩配制，可以起到稳重的视觉效果。

4）距离感应：按光色排列从前进到后退的秩序是黄、橙、红、绿、青、紫。因此可以把黄、橙、红列为前进色，绿、青、紫列为后褪色，前进色有误近的感觉，后褪色有误远的感觉。

（2）色彩的心理感应：色彩可影响和刺激人的情绪。不同的颜色，对人有不同的情绪反应。不同场所人们对色彩有不同要求。

50. 涂料施工与湿度有什么关系？

答：涂料施工与湿度的关系：

（1）相对湿度过高或过低，对涂膜都会带来很多影响。如大漆涂装时相对湿度必须高一些；硝基涂料涂装时；相对湿度要偏低些；

（2）在湿热的施工环境中，涂膜容易吸水膨胀，可使水溶性物质溶解出来，当光线照射时，水溶性物质会部分失去，从而造成涂膜结构的破坏；

（3）在施工中，环境的相对湿度不宜大于60%，对某些品种也不宜超过80%。

51. 选择玻璃钢地面、墙面胶料配合比时应注意哪几方面的问题？

答：（1）为满足使用要求和保证工程质量，在选择各种不同原材料所制得的玻璃钢以前，必须充分了解防腐地面、墙面的使用要求和各种树脂的防腐蚀性能及物理机械性能，然后根据使用要求来选择合适的树脂和配合比。

（2）冬季施工时，固化剂宜多用一些，夏季稀释剂宜多用些。

（3）酚醛树脂的稀释剂为酒精，不可用丙酮。

（4）酚醛玻璃钢与混凝土或水泥浆面粘贴时，须用环氧树脂胶料打底做隔离层。

（5）正式施工之前，必须根据气候情况做小型试样，以选定合理的固化剂掺入量。

（6）采用硫酸乙酯为固化剂的配合比为：

浓硫酸：无水乙醇 = 2 ~ 2.5 : 1。

52. 油漆主要分为几类及主要用途？

答：主要分为墙面漆、木器漆和金属漆三类。

墙面漆又称乳胶漆或涂料，主要用于涂刷墙面与屋顶。施工时可以在打磨平整的墙面与屋顶进行涂刷，一般最少涂刷三遍，在施工中可以加入适量清水。

木器漆主要用于涂刷木制家具等，分为底漆与面漆两种，共同组成一套。施工时可以在打磨好的家具表面先涂刷底漆三遍，再涂刷面漆两遍，最后打蜡。如果油漆过稠，可加入适量稀释剂或香蕉水或汽油也可。

金属漆又称为调和漆，主要用于涂刷铁质或金属材料表面。施工时可以在打磨除锈后的金属表面先刷防锈漆，待干后再涂刷金属漆，如果油漆过稠，可加入适量稀释剂或香蕉水或汽油也可。一般涂刷两遍即可。

53. 古建筑油漆和彩画常用哪几种胶料？其性能如何？

答：在油彩画兑大色时常采用的胶料有聚醋酸乙烯乳液和107胶。过去所用的胶料全部是骨胶、牛皮胶、桃胶、龙须菜、血料等天然胶料。

（1）骨胶：呈金黄色半透明体，系用牛、马、驴等动物筋骨制成，古建彩画均用，但黏性不如牛皮胶。

（2）牛皮胶：一般呈黄色或褐色的半透明或不透明体，是用牛、马、驴等动物的皮及筋骨制成，在彩画中以采用黄色半透明体为宜。

（3）桃胶：又名树胶。呈微黄色透明珠状，外似松香，是天然树脂胶-黏结力很强，是上等彩画用胶，但因价格贵，不宜用于兑大色。

（4）龙须菜：又名石花菜、鸡脚菜。它是一种海生低级生物，经熬制后成糊状物，黏性很大，用作彩画的胶料，但熬制成胶后须在一、二日内用完，否则失去黏性。

（5）猪血（血料）：用新鲜生猪血，以石灰水点浆，随点随搅拌至适当稠度，静置冷却后过滤，即制成具有良好性能的胶粘物，可作地仗胶料使用，与油满、砖瓦灰配制灰腻子，在古建筑彩画中使用广泛。夏季易发臭变质，须当天配制用完。

54. 涂料施工中如何降低室内湿度？

答：涂料施工中降低室内湿度的具体方法如下：

（1）自然干燥；

（2）人工通风干燥；

（3）加热干燥，封闭户室，施加热源，提高室温，加速水分蒸发，排出室内的湿气；

（4）关门闭户，放置吸湿材料，如新鲜生石灰等。

55. 适宜在油漆中使用的树脂要具备什么样的性能？

答：适宜在油漆中使用的树脂应具备以下性能：

（1）树脂能赋予涂膜以一定的保护与装饰的特性，如光泽、硬度、弹性、耐水性、耐酸性等；

（2）多种树脂合用，或树脂与油漆合用，互补性能，树脂要有很好的混溶性；

（3）树脂要在溶剂中溶解才能在油漆中使用。

56. 简述涂料施涂过程中，产生"失光"质量疵病的原因及防治方法。

答：失光又称倒光。是指涂膜形成后表面无光或光泽不足，或有一层白色雾状凝聚在涂膜表面上。

（1）产生原因

1）涂料内加入过多的稀释剂或掺入不干性稀释剂。

2）涂料施涂后遇到大量烟熏或天冷水蒸气凝聚于涂膜表面，或有灰尘粘附。

3）表面处理不当，油污、树脂未清除干净。

4）底漆或腻子未干透，或底层未处理好吸收面层光泽。

5）涂料本身的耐候性差，经日光暴晒失光，或底层粗糙不平造成光泽不足。

（2）防治方法

1）适量掺加稀释剂，不得超过允许掺入量，同时应尽量不掺或少掺不干性稀释剂。

2）可用软布蘸清水擦洗或用胡麻油、醋和甲醇的混合溶液揩擦并清洗。

3）可在失光面层上用砂纸轻轻打磨后重新施涂面漆。

57. 简述涂料施涂过程中，产生"皱纹"质量疵病的原因及防治方法。

答：皱纹又称皱皮，是指涂层表面出现许多弯曲棱脊的现象，有皱纹的地方会使涂层失去光泽。

（1）产生原因

1）施涂时或施涂后，遇高温或太阳暴晒，施工现场环境条件差。

2）干燥快和干燥慢的涂料掺合使用。

3）施涂不匀或过厚。

4）气候骤冷或受煤气、二氧化碳的影响。

5）催干剂掺量太多，外表干燥太快，致使外干内不干。

6）涂料黏度过高。

（2）防治方法

1）当涂层附着力较好时，可将面层磨平磨光，重新施涂面层涂料。当附着力较差时，应将面层彻底清除，打磨平整后，重新施涂面层涂料。

2）在施涂中避免高温日晒，防止骤冷。当气候较低时，可加入适量催干剂。

58. 喷涂操作应遵循哪些要点？

答：使用喷枪喷涂应遵循下列要点：（1）喷嘴的大小和空气压力的高低，必须与涂料的黏度相适应。喷涂低黏度的涂料时，应用直径小的喷嘴和较低的空气压力，如喷涂虫胶漆和水溶液等常选用 $24.5 \sim 29.4 N/cm^2$；喷涂黏度较高的涂料，则需直径较大（2.5mm）的喷嘴和较高的空气压力，如喷涂硝基漆、油性漆时常选用 $29.4 \sim 33.3 N/cm^2$ 的压力。适宜的喷涂黏度（一般为 $25 \sim 30s$）（涂-4）。（2）喷涂距离要适当。喷嘴至被涂表面的距离将明显影响漆膜的质量，如果喷嘴过于接近被涂面，涂料喷出过浓，就会造成涂层厚度不均和流挂；如果喷嘴距离被涂面过远，则涂料微粒将四处飞散，油漆的损耗也就越大。较适当的喷涂距离，既能保证涂层的均匀，不产生大量的漆雾，又能喷覆最大的面积。一般小型喷枪为 $150 \sim 200mm$，大型喷枪为 $200 \sim 250mm$。（3）喷枪应与涂饰面保持等距离并沿直线移动，即喷嘴中心线始终垂直喷涂表面，这样涂层均匀喷嘴倾斜或呈弧形移动会使涂层厚度不匀。（4）喷涂顺序应预先喷涂两端部分，再自上而下往复喷涂。第一条喷路要对准被涂表面的边缘，喷枪移出两端应放松扳机；往返移动时，移至喷路内，再扣动扳机。要求喷路搭接能相互重叠一半，如此操作喷一次即可，不必重复。

59. 退光漆磨退工艺具体可分为哪几类？简述其各自的操作工艺顺序。

答：退光漆磨退工艺具体可分为油灰麻绒打底退光漆磨退工艺、油灰褙布打底退光漆磨退工艺和漆灰褙布打底退光漆磨退工艺。

各操作工艺顺序如下：

（1）油灰麻绒打底退光漆磨退操作工艺顺序：准备工作→

嵌批腻子→打磨→褙麻绒→麻上嵌批第一遍腻子→打磨→褙云皮纸→打磨→嵌批第二遍腻子→打磨→嵌批第三遍腻子→打磨→嵌批第四遍腻子→打磨→施涂生漆一遍→打磨→嵌批第五遍腻子→水磨→上色→施涂第一遍退光漆→水磨→施涂第二遍退光漆→破粒→水磨退光→上蜡及抛光。

（2）油灰褙布打底退光漆磨退操作工艺顺序：准备工作→嵌批腻子→打磨→褙布→打磨→布上嵌批第一遍腻子→打磨→嵌批第二遍腻子→打磨→嵌批第三遍腻子→打磨→嵌批第四遍腻子→水磨→施涂生漆一遍→打磨→嵌批第五遍腻子→水磨→上色→施涂第一遍退光漆→水磨→施涂第二遍退光漆→破粒→水磨退光→上蜡及抛光。

（3）漆灰褙布打底退光漆磨退操作工艺顺序：准备工作→嵌批腻子→打磨→褙布→打磨→布上嵌批第一遍腻子→打磨→嵌批第二遍腻子→打磨→嵌批第三遍腻子→打磨→嵌批第四遍腻子→打磨→嵌批第五遍腻子→水磨→上色→施涂第一遍退光漆→水磨→施涂第二遍退光漆→破粒→水磨退光→上蜡及抛光。

60. 门窗及各种小型.构配件涂料工程的冬季施工技术措施有哪些？

答：先将其安装妥当，然后再编上号码，再将其拆卸下来，送至事先装备好的房间，采用加热法调整室内温度，进行涂料涂饰及干燥。涂膜彻底干燥后，再装好玻璃，嵌好油灰。待油灰干透后即可"对号入座"，重新安装妥当。

61. 水溶性涂料有哪些优点？

答：水溶性涂料，由于以水作溶剂，因而具有以下优点：

（1）水来源易得，净化容易；

（2）在施工过程中无火灾危险；

（3）无苯类等有机溶剂的毒性气体，保护环境，可节省大量的有机溶剂；

（4）涂饰的工具可用水清洗；

（5）采用电沉积法涂饰，使涂施工作自动化，效率高于通常采用的喷、刷、流、浸等施工方法；

（6）用电沉积法涂出的涂膜质量好，没有厚边、流挂等弊病，工件的棱角、边缘部位的涂膜基本上厚薄一致，狭缝、焊接部位亦能使涂膜均匀。

62. 简述木地板喷灯烫蜡法中烫蜡的操作工艺要点。

答：用喷灯烫蜡时，喷灯与地板也要保持一定的距离，来回匀速移动，使蜡能均匀地散布在地板表面上，并迅速溶化渗入地板木材和拼缝内。但喷烫时应注意不能将地板烘烫焦。待地板全部喷烫完成后，要检查是否有漏烫及蜡涂膜是否均匀，如有较明显的缺陷，要用热蜡进行复补和烫平整。然后再用喷灯对全部地板重新喷烫一遍。

63. 简述古建筑贴金法的操作方法。

答：（1）打金胶油：金胶油是专作贴金底油之用，金胶油是由光油加入适量调和漆或浓光油加酌量"糊粉"配成。将竹筷子削成筷子笔作工具，蘸金胶油涂布于贴金部位，涂布宽窄要整齐，厚薄要均匀，不得流挂和皱皮。彩画贴金宜涂两道金胶油，框线、云盘线、三花寿带、挂落、环套等贴金，均涂道金胶油。

（2）贴金：当金胶油将干未干时，将金箔撕成需要尺寸，用竹片制成的金夹子，夹起金箔，轻轻贴于金胶油上，再以花揉压平伏，操作熟练者，不用金夹子，而可直接用手敏捷地贴金操作。如遇花活，可用"金肘子"肘金，即用柔软羊毛制成的小刷子，在线脚凹陷处仔细地将金箔粘贴密实。

（3）扣油：金箔贴好后，以油枪扣原色油一道（金上不着油，称为扣油）。如金线不直时，可用色油找直，称为"齐金"。

（4）罩清油：扣油干后，满刷一遍清油，本道工序罩不罩清油，以设计要求为准。

64. 聚氨酯色漆怎样施工？

答：聚氨酯色漆是一种新产品。它的施工方法应包括下列工序：白坯表面清净（掸去灰尘）→砂光（1号木砂纸）→刮油腻子（醇酸清漆、石膏粉、200号汽油、水）→干燥（室温停放12h）→砂光（1号木砂纸）→刷两道虫胶液→干燥（30分钟）→砂光（0号木砂纸）→刷一道聚氨酯色漆→干燥（30分钟）→再刷一道聚氨酯色漆→干燥（停放24h）→水磨（用320～400号水砂纸砂磨）→抛光→上蜡→整理（修理局部小毛病）。

65. 涂料施工采用红外线干燥的设备和方式有哪些？

答：目前应用最广泛的是红外线干燥，其设备和方式如下：

（1）红外线灯泡；

（2）碘钨灯；

（3）电热器；

（4）远红外线干燥：远红外线辐射板、立体辐射型长波远红外线干燥器、陶瓷复合远红外线干燥器等。

66. 颜料怎样分类？

答：颜料可作如下分类：

（1）从颜料在制漆过程所起的作用分，可分为着色颜料、防锈颜料和体质颜料；

（2）从颜料的性质分，又可将颜料分为矿物颜料和有机颜料；

（3）矿物颜料又分为天然颜料和人工合成颜料。

67. 新型氟树脂涂料有什么特点？

答：新型氟树脂涂料有以下特点：

（1）耐候性、耐久性好，老化试验表明，使用寿命可达15～20年；

（2）耐污染性强，化学稳定性好，雨水冲刷后，涂层如同新刷一样；

（3）附着力强，不用底涂可直接涂刷；

（4）施工方便，可常温干燥。

68. 苯中毒的途径是什么？

答：苯中毒途径主要是由呼吸道吸入和人体与苯溶剂直接

接触所致。

69. 铅中毒的途径是什么？

答：铅中毒途径主要是在这类涂料干燥后进行打磨时，形成的粉尘通过呼吸道而吸入肺部，也可通过口腔和食物进入体内以及皮肤伤口进入到血液里。

70. 简述彩画基本工艺的操作工艺顺序。

答：丈量、起谱子→作彩画地仗→分中使图案对称→打谱子→沥大小粉→涂底色→包黄胶、打金胶→贴金→拉晕色→拉大粉→压黑老→整修。

71. 试述在硬地板虫胶清漆打蜡工艺中存在的质量通病及防治措施。

答：（1）在环境气温低、湿度大的情况下虫胶清漆不能施工，否则会泛白、脱皮。如确因工期需要，可采用提高环境气温或提高虫胶清漆浓度的相应措施。

（2）硬木地板虫胶清漆施涂后，虽然能获得较理想的保护和装饰效果，但其涂膜的耐磨强度还存在一定的缺陷，所以在使用过程中不能用水冲洗，或经常用湿拖把拖揩，防止地板受潮变形和起壳。另外，还应定期保养和打蜡，使地板更加光亮、光滑、耐用，从而获得更好的使用和装饰效果。

72. 检验颜料的优劣主要有哪些项目？

答：检验颜料的优劣主要检验以下项目：颜色、比重、分散度、吸油量、着色力、遮盖力、含水量、耐候性、纯度、水溶性盐、酸碱度等。

73. 推广新材料的科学程序是什么？

答：推广新材料的科学程序如下：

（1）认真阅读新材料说明书，了解和弄清该材料的成分、性能、用途和各项技术标准。掌握使用的方法、要求和注意事项等。同时编制出初步工艺程序。

（2）选择适当场所，进行小面积试验，记录每道工序试验中出现的问题及解决的方法。总结归纳后列出每道工序的施工标准。编制出整个涂刷工艺过程的标准，作为最终的施工工艺设计。

（3）在大面积推广使用时，操作过程中应严格执行工艺设计标准，并有完整的施工日记，施工完毕，应进行严格地质量检查和建立跟踪观察档案，以不断地总结完善。

74. 木工向油漆工交出工作面时的交接鉴定内容是什么？

答：木工向油漆工交出工作面时的交接鉴定主要是对一切木装修制品，包括木门窗、木地板和其他细木制品的交接鉴定。

75. 木地板制作安装验收标准是什么？

答：木地板制作安装标准如下：

（1）木地板应平整、光滑、无刨痕、清洁；

（2）木地板应牢固结实，无松动、空鼓、翘边、翘角现象，无"通天缝"；

（3）钉子冒头应低于木面，不应有露头钉。

76. 简述多彩内墙涂料的操作工艺顺序。

答：施工准备→基层处理→嵌批腻子→打磨→复补腻子→施涂底涂料→施涂中涂料→遮盖→喷涂面涂料→清理、修正及保养。

77. 简述以水泥为主要基料的弹涂装饰工艺的操作工艺顺序及操作要点。

答：（1）操作工艺顺序：基层处理→嵌批腻子→打磨→涂刷色浆二遍→弹花点→压花纹→涂刷防水涂料罩面。

（2）操作工艺要点：1）基层处理：用油灰刀把基层表面的灰砂、杂质等铲平整，缝洞里的灰砂也要清理干净。如果物面上沾有不干性油的污渍，可用汽油揩擦。

2）嵌批腻子：先把洞、缝用清水润湿，然后用水泥、黄砂、石灰膏腻子嵌平。其腻子配合比可与基层抹灰相同。如果洞、缝过大、过深，可分多次嵌补。嵌补腻子要做到内实外平，四周干净。

3）打磨：凡嵌补过腻子的部位都要用 1 号砂布打磨平整。

4）涂刷色浆二遍：色浆的配合比详见相关书籍。把各种材料混合配成色浆后，要用 80 目筛过滤，并要求 2h 内用完。涂刷顺序应自上而下地进行，刷浆厚度应均匀一致，正视无排笔接槎。

5）弹花点：弹点用料的配合比详见相关书籍。调配时先把白水泥与石性颜料拌匀，过筛配成色粉。107 胶和清水配成稀胶溶液，然后再把两者调拌均匀，并经过 60 目筛过滤后，即可使用，但要求材料现配现用，配好后 4h 要用完。弹花点操作前先要用遮盖物把分界线遮盖住。电动彩弹机使用前应按额定电压接线。操作时要做到弹料口与墙面的距离以及弹点速度始终保持相等，以达到花点均匀一致。

6）压花纹：待弹上的花点有两成干，就可用钢皮批板压成花纹。压花时用力要均匀，批板要刮直，批板每刮一次就要擦干净一次。

7）涂刷防水涂料罩面：由于以水泥为主要基料的弹涂装饰主要适用于外墙面，为了保持墙面弹涂装饰的色泽，可按各地区的气候等情况来选用如甲机硅或聚乙烯醇缩丁醛等（缩丁醛：酒精 = 1:15）防水涂料罩面。如能选用苯丙烯酸乳液罩面其效果则更佳。大面积的外墙面可采用机械喷涂的施涂方法。

78. 影响颜料遮盖力的因素有哪些？

答：影响颜料遮盖力的因素有如下几点：

（1）受颜料和色漆基料折光率的影响，二者折光率相等，显得是透明的，颜料的折光率越大，遮盖力越强，反之即弱；

（2）颜料的遮盖力，不仅取决于它的反射光的光景，而且也取决于对照射在它上面的光的吸收能力；

（3）颜料的颗粒大小、分散程度影响遮盖力；

（4）颜料的晶体结构差异影响遮盖力。

79. 在涂料装饰工程的施工中，就其质量检验可分为哪几类？

答：在涂料装饰工程的施工中，尽管所用材料不胜枚举，操作方法也各有不同，但就其质量检验可分为：混色漆工程、清漆工程、刷喷涂料工程、美术刷浆工程、玻璃安装工程、裱糊装饰工程等几大类。

在工程质量的检验中分为保证项目：是指工程成品中不应出现的疵病；基本项目是根据工程的不同等级又有不同的检验标准。

80. 木门窗的制作安装标准是什么？

答：木门窗的制作安装标准如下：

（1）目测整个木门窗的平面光滑平整。对胶合板制品的内门如做清水活时，木质颜色应均匀一致，无明显色差，无明显刨痕、锤痕，不允许脱胶，不允许刨穿面层薄皮。

（2）木门窗的接榫必须平整。窗框的玻璃槽必须平整，框槽接口呈垂直90°，对角线误差在3mm以内。

（3）木门窗与边框应垂直整齐，留缝宽度应符合规范要求。

（4）木门窗安装必须牢固，框架内侧与墙平齐。

（5）小五金安装齐全，符合要求，合页的安装不能高出木面。

81. 细木制品标准是什么？

答：细木制品标准如下：

（1）刨光面光滑平整，接头对缝严密整齐，拼角整齐而无高差；

（2）木构件整体牢固，无翘裂和松动；

（3）高级木工装修，木质颜色均匀一致；

（4）钉子的冒头应低于木面。

82. 涂料施涂后，涂膜出现颗粒状的形同痱子般的凸起物，分布于整个或局部表面，产生这种现象的原因是什么？及防治的方法？

答：（1）产生的原因

1）施工现场不清洁，或涂料施涂时遇刮风，灰尘飞扬黏结在物面上。

2）涂料中颜料过粗，含有凝结的油料，涂料结皮及杂质未去净。

3）基层处理不彻底。

4）施涂时油漆刷粘沾起地面或物面上的灰砂，再施涂到物面上。

5）喷涂施工时喷涂与被涂面距离太远或涂料黏度大，或风压过大。

（2）防治方法

1）在灰土飞扬的环境中，不宜施涂面涂料。施涂时必须经常搅拌涂料，防止涂料沉淀结块。

2）涂料中有破碎结皮和砂粒等杂质时，应用筛过滤后方可使用。

3）使用油漆刷施涂时，应注意油漆刷不与地面和其他物面上的灰砂接触，或施涂前应先将周围的灰尘等清除干净。

83. 试述油色仿木纹墙裙和水色仿木纹墙裙涂饰工艺的操作工艺顺序。

答：（1）油色仿木纹墙裙：

操作工艺顺序：施工准备→基层处理→嵌批腻子1~2遍、打磨→复补腻子、打磨→施涂底层涂料、打磨→弹分隔线→施涂面层涂料、绘木纹→划分隔线→施涂罩面涂料。

（2）水色仿木纹墙裙：

操作工艺顺序：施工准备→基层处理→嵌批腻子1~2遍、打磨→复补腻子、打磨→施涂底层涂料、打磨→弹线→绘木纹→画线→施涂罩面涂料。

84. 染料按它们的性质和用途可分为哪几种？

答：染料按它的性质和用途可分为以下几种：碱性染料、碱性嫩黄、碱性橙、碱性品红、碱性艳蓝、碱性绿、碱性棕、碱性紫等。

85. 混色油漆工程质量保证项目，质量要求是什么？

答：混色油漆工程质量保证项目，质量要求：不允许出现脱皮、漏刷、失光、反锈。

86. 抹灰面的外观质量应符合哪些规定？

答：抹灰面的外观质量，应符合下列规定：

（1）普通抹灰，表面光滑、洁净、接槎平整，无明显凹凸；

（2）中级抹灰，表面光滑、洁净、接槎平整，灰线清晰顺直；

（3）高级抹灰，表面光滑、洁净、颜色均匀、无抹纹，抹灰平直方正，清晰美观。

87. 一麻五灰操作工艺，怎样做好扫荡灰（满批灰或叫做批粗灰）？

答：一麻五灰操作工艺，扫荡灰，这是第二道灰，是使麻的基础。作法是一人用橡皮刮板刮涂油灰，接着后面的人用木制灰板将灰刮平刮直，第三人则用平板钢板打找抹灰并整好表面，同时将阴阳角及接头处找补平顺。灰面干后，用铁砂纸包木头块打磨平整，清理干净。

88. 四道灰操作工艺流程有哪些？

答：四道灰操作工艺流程见第 88 题图。四道灰多用于一般建筑物的下架柱子和上架连檐、瓦口、椽头、博风挂檐等处，较经济，但耐久性较差。

89. 列举石膏拉毛涂饰工艺中拉毛腻子的种类、重量配合比及适用范围。

答：（1）石膏胶油腻子：

其重量配合比为：熟石膏粉∶107 胶∶老粉∶油基清漆∶水 = 2∶1.2∶1∶1∶3.2。

适用范围：这种腻子适用于混凝土面、抹灰面及石膏板面。

清扫油浆面 → 捉缝灰 → 打 磨 → 清 扫 → 修 整 → 清 扫 → 作扫荡灰 → 打 磨 → 清 扫 → 作中灰 → 打 磨 → 清 扫 → 作细灰 → 磨细钻生 → 打 磨 → 清 扫

第 88 题图　四道灰
操作工艺流程

（2）石膏油腻子：

其重量配合比为：熟石膏粉：白厚漆：熟桐油：松香水：水 =
11：4. 3：3. 2：1：13. 8。

适用范围：这种腻子适用于木材面及金属面。

（3）乳胶漆石膏腻子：

其重量配合比为：乳胶漆：熟石膏粉：老粉 =5. 3：2：1。

适用范围：这种腻子也适用于抹灰面。

90. 多彩涂料通常可分为哪四种类型？

答：多彩涂料通常分为以下四种类型：

（1）水包油型（O/W）：在水溶性的分散介质中，将带色的
有机溶剂瓷漆分散成可用肉眼识别大小的不连续分散物；

（2）油包水型（W/O）：与水色油型相反，分散介质是油性
的。在此分散介质中，着色水性分散相分散成不连续的分散物；

（3）油包油型（O/O）：使油性分散介质有机瓷漆，在分散
介质中将不相溶的着色溶胶物分散成不连续的分散物；

（4）水包水型（W/W）：在水性分散介质中，将水性着色
溶胶物分散成不连续的分散物。

91. 清漆工程质量基本项目"木纹"高级油漆质量要求是
什么？

答：清漆工程质量基本项目"木纹"，高级油漆质量要求：
合格品为棕眼刮平，木纹清楚；优良品为棕眼刮平，木纹清晰。

92. 大漆有哪些不足？

答：大漆的不足之处如下：

（1）不耐强碱及强氧化剂；

（2）大漆本身的漆膜颜色较深，不宜作浅色涂饰；

（3）漆膜干燥条件苛刻，要有合适的气温（15 ~30℃）和
较高的湿度（80% ~85%）；

（4）施工工艺复杂，保养时间长，一般要有 2 ~3 个月才能
使用；

（5）毒性大，易发生漆中毒，还会使皮肤溃烂。

93. 用大漆涂饰红木制品有什么特点？

答：用大漆涂饰的红木制品，具有漆膜薄而均匀，漆膜坚硬耐磨、色泽均匀、纹理清晰、光滑细腻、光泽柔和等特点。同时还具有独特的耐腐蚀、耐霉蛀、耐酸碱、耐高温等优良的性能，其使用寿命可达几百年之久，故有家具魁首之称，是我国特有的传统工艺之一。

94. 红木揩漆施工如何满批第一遍生漆石膏腻子？

答：满批第一遍生漆石膏腻子：

（1）生漆石膏腻子是由纯生漆加熟石膏粉和水调拌而成；

（2）大平面满批时要"一摊、二横、三收"，对洞缝等缺陷处要嵌批坚实；

（3）对雕刻花纹凹凸处或线脚处，可用牛尾抄漆刷或短毛旧漆刷蘸腻子满涂均匀，并用老棉絮或旧毛巾揩擦洁净；

（4）线角处堆积的腻子，用剔脚刀或剔筷挑剔干净。

总之，满批腻子要求批刮完整，收刮洁净，无腻子堆积。

95. 杂木仿红木揩漆施工生漆石膏腻子如何调配？

答：腻子调配时，应根据选用材料的质量、气候、温度、湿度及各地对色彩的习惯确定其配合比。一般杂木仿红木揩漆腻子的质量配合比约为生漆:熟石膏粉:氧化铁黑:酸性大红上色水（即第一遍上色水）=43:34:5:18。调制时，先将熟石膏粉放在洁净的拌板上，中间留成涡形，把生漆挑入涡形处与熟石膏粉拌和，然后将少量的熟石膏粉放在拌板边角，加入上色水，再和漆、石膏粉混合后加入氧化铁黑拌匀。

96. 酸性染料常用的品种有哪些？

答：酸性染料常用的品种有酸性橙、酸性紫红、酸性红、酸性嫩黄、酸性棕、酸性黑、黄纳粉和黑钠粉。

97. 刷喷涂料（水溶性）工程质量保证项目，质量要求是什么？

答：刷喷涂料（水溶性）工程质量保证项目，质量要求：不允许起皮、漏刷（喷）、透底、掉粉。

98. 退光漆的特点和使用范围是什么？

答：退光漆是由优质纯生漆经过滤、脱水精制而成。

（1）特点：它颜色特黑而无杂色，干燥性、流平性好，成膜后漆膜坚韧，具有良好的抗水性、抗潮性、抗热性、耐磨、耐久及耐化学腐蚀等优良性能。

（2）使用范围，如木器、乐器、工艺美术品以及其他装饰或防腐蚀用涂装，但操作工艺复杂，施工期较长。

99. 绸缎裱糊怎样调配浆糊？

答：绸缎裱糊浆糊调配，浆糊作绸缎加工用。先把标准面粉放入干净的桶内，用冷清水把面粉调拌成均匀的稠黏糊状，然后用100℃沸水，中速冲入，高速调拌均匀，冷却至40℃时，加预热好的苯酚或明矾(以防浆糊滋生霉菌)，调拌均匀，待冷却后即可使用。面粉：冷水：沸水：苯酚或明矾的比例为1：1.4：5.4：0.01。

100. 绸缎裱糊怎样进行褙衬加工？

答：绸缎裱糊褙衬加工有两种，一种是衬纸，一种是衬布。传统的纸衬用纸大多为宣纸或牛皮纸。由于工艺复杂，技术要求较高，已很少采用。现有的衬纸大多为墙纸生产用的成品衬纸。用布褙衬大多选用白纱布。

101. 涂料在施工中出现各种疵病的因素主要有哪些？

答：涂料在施工中出现的各种疵病，主要因素有原料性能、配合使用、操作方法、施工技术、环境气候等，无论哪一方面不符合要求，都可能使涂膜质量受到影响。

102. 生漆的成膜机理是什么？

答：生漆的成膜原理如下：

（1）氧化聚合成膜：第一阶段漆酚分子中的两个酚基在有氧的存在及漆液中漆酶的作用下，被氧化成邻醌结构的化合物。第二阶段邻醌类化合物相互氧化聚合成为长链或网状的高分子化合物。第三阶段的氧化聚合反应是在第二阶段的基础上，进一步形成三维空间的网状体型结构的化合物而固化成膜。

（2）缩合聚合成膜：当温度达70℃以上时，漆酶就失去了活性，所以在隔绝空气高温条件下的烘烤干燥成膜，是以不吸氧的缩合反应和不吸氧的聚合反应为主形成的。

103. 刷喷涂料（水溶性）工程质量基本项目，"喷点刷纹"，优良品，高级油漆质量要求是什么？

答：刷喷涂料（水溶性）工程质量基本项目"喷点刷纹"，优良品，高级油漆质量要求：1m 正视喷点均匀，刷纹通顺。

104. 广漆的配制方法是什么？

答：广漆的配制方法：选择优质生漆，经过严格的数次过滤与脱水后与坯油（桐油熬炼之后即成还油）混合。其配方根据气候条件和生漆的优劣而定。当气候温度和潮湿度或生漆质量较好时，它的配方为 45%生漆，55%坯油。当气候干燥或生漆质量较低劣时，它的配方为 55% ~ 60%生漆，40% ~ 45%坯油。

105. 贴金施工工艺如何进行"过金"？

答：过金，即把金箔固定在裹金纸的一面。过金常用方法有两种，一种是过早金，一种是过水金。

（1）过早金的方法是，将夹金纸展开一面，用圆形白蜡烛在金箔上轻轻滚动几下，使金箔粘有微量蜡质，再将展开的夹金纸复塂盖在金箔上，用手掌在纸上轻压几下，使金箔沾附在夹金纸上，放入瓷盘中盖上小毛巾待用。

（2）过水金即将夹有金箔的纸上用小排笔刷上水，然后用刀砖或圆瓦将水吸干，放入盘中待用。

过金的目的是让金箔稳定地吸附于一面纸上，这样在贴金过程中可防止"飞金"。

106. 贴金施工包黄胶的目的是什么？

答：贴金施工包黄胶，也称打底油，即在贴金的部位刷一道填光油。包黄胶的材料由金胶油加黄色颜料调制而成，材料应配得稀一点。

包黄胶的目的：一是为贴金衬底色，二是起封闭作用，防止以后涂上去的金底油被吸收，造成金胶油面的黏度不均。黄胶干后用细砂纸轻轻打磨，掸清灰尘。

107. 扫青、扫绿的颜料如何选用？

答：扫青、扫绿的颜料的选用对字的质量有很大关系，以选用遮盖力强、颗粒细腻并带有绒感的佛青或洋绿颜料为佳。目前市场上有一种涤纶闪光片的新型材料可代替佛青或洋绿，涤纶闪光片有金色、紫红色、青色、绿色等多种色彩，用它装饰的字闪闪发光，效果不错。

108. 纯丙烯酸乳胶涂料有哪些特点？

答：纯丙烯酸乳胶涂料主要有以下特点：

（1）是一种性能优异而全面水性涂料；

（2）耐水性好，遇碱不易水解，在硬度相同的条件下与聚醋酸乙烯相比，伸长率大；

（3）具有较高的原始光泽、优良的保光、保色性及户外耐久性、良好的抗污性、耐碱性及耐擦洗性；

（4）可制成有光、半光、平光等各种内、外用乳胶涂料，更适宜温度变化较大的室外涂装使用；

（5）但其成本偏高，故多用作高档外墙的装饰。

109. 美术刷浆工程质量保证项目，质量要求是什么？

答：美术刷浆工程质量保证项目，质量要求：图案、花纹、颜色必须符合设计要求；不允许起皮、透底、漏刷。

110. 大漆磨退上头道退光漆如何具体操作？

答：大漆磨退上头道退光漆具体操作如下：

用短毛漆刷蘸取退光漆敷于物面，随后用劲推赶均匀，涂刷时以纵横交叉反复推刷，不论大面或小面都要斜刷、横刷、竖刷，这样反复多次，使漆液达到全面均匀。然后用牛角翘将漆刷内的余漆刷净，再从台面长度轻理拔直出边，侧面也同样操作。

111. 涂料调配的基本要求是什么？

答：涂料调配的基本要求如下：

（1）原则上只有同一品种和型号范围内，涂料才能在一起进行调配。

（2）调配各色涂料是按照涂料样板颜色来进行，先做小样，然后才是配大样的依据。

（3）配色过程中把握循序渐进的原则。在配色中以用量大、着色力小的颜色为主，再以着色力较强的颜色为副慢慢地、间断地加入，并不断搅拌，随时观察颜色的变化。

（4）加入着色力强的颜色时切忌过量。

（5）油性涂料湿时颜色较浅，干后会变深，配色时比样板色要略淡一些，水性涂料则相反。

（6）颜色常有不同的色头，如要配正绿色时，一般采用绿头的、黄头的蓝；配紫红色时，应采用红头的蓝和带蓝头的红。

（7）调配颜色以简单为原则，以红、黄、蓝、白、黑为基料，能用原色则不用间色，能用间色则不用复色。

112. 沥粉施工工艺流程有哪些？

答：沥粉施工工艺流程如第112题图所示：

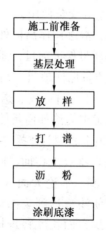

施工前准备

基层处理

放　样

打　谱

沥　粉

涂刷底漆

第112题图　沥粉施工工艺流程

113. 什么是退晕，退晕所用的颜料有哪些？

答：所谓退晕，就是使用图案中的色彩逐层由深变浅。经过退晕处理后的图案，层次分明，色彩艳丽。

退晕所用的颜料按材料不同可分为：

（1）水性颜料，一般采用浓缩广告画颜料，适用于乳胶漆基层的物面；

（2）油性颜料采用油画颜料，适用于以油漆作为底色的物面；

（3）矿物颜料是将广胶与颜料调和（如铅粉、银朱、铬青、砂绿等）；

传统彩画工艺以矿物颜料为主，但广胶易变质，一两天内就会变黑，夏天还会发霉，应由专人掌管、使用为宜。

114. 多彩涂料的发展方向是什么？

答：多彩涂料发展方向有如下几点：

（1）努力开发不同树脂的 O/W 型多彩涂料，提供更多的花色品种。克服 O/W 型多彩涂料使用多种有机溶剂所带来的气味、毒性等弊病，保持其优雅、华丽、带有光泽的独特装饰效果。

（2）积极开发 W/W 型无毒、无味、健康型的多彩涂料新品种，不断丰富其装饰效果。

（3）开发耐候性好、装饰效果优异、适用于室外，特别是一些屋、廊柱等部位装修的外用多彩涂料，以扩大其应用范围。

（4）发展多功能多彩涂料，如防水、防火、防潮、防静电等多种功能，以适应不同的装饰要求。

115. 玻璃工程质量"保证项目"，质量要求是什么？

答：玻璃工程质量"保证项目"的内容是裁割尺寸正确，安装平整牢固，无松动现象。

116. 硝基清漆磨退为什么要进行润粉？

答：润粉是为了填平管孔和物面着色。通过润粉这道工序，可以使木面平整，也可调节木面颜色的差异，使饰面的颜色符合指定的色泽。

117. 建筑彩画哪些常用颜料需要加工配制？

答：建筑彩画色彩的加工配制的颜料有：洋绿、佛青、楮丹、石黄、银朱、黑烟子、红土子等。

118. 建筑彩画的材料与色彩配制应注意哪些？

答：建筑彩画的材料与色彩的配制应注意以下几点：

（1）色料加胶液不宜过大，地仗生油必须干透。

（2）夏天每日将胶液熬开一两次，冬季胶液内适量加白酒，以防凝固。

（3）色料多系矿物质，毒性较重，要采取防毒措施。

（4）在各道颜色落色时，应逐层减少胶量。

（5）彩画易受雨淋部位，应在成画后，罩光油一道。

注意各种颜料的合理调配。银朱、樟丹不宜与白垩粉合用，因易变黑。

119. 什么是苏式彩画？

答：苏式彩画起源于苏州，因而得名。苏式彩画有金琢墨苏式彩画、金线苏式彩画、黄线苏式彩画、海漫苏式彩画、和玺加苏式彩画、金线大点金和苏式彩画等多种形式。与和玺彩画、旋子彩画主要不同点在枋心，并且是以檩、垫、枋三者合为一组。

120. 墙壁上进行静电植绒施工工艺流程有哪些？

答：墙壁上进行静电植线施工工艺流程如第 120 题图所示。

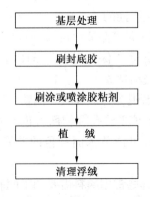

第 120 题图　墙壁上进行静电植线施工工艺流程

121. 玻璃工程质量基本项目，"油灰填抹"优良品，质量要求是什么？

答：玻璃工程质量基本项目，油灰填抹优良品。质量要求：底灰饱满；油灰与玻璃裁口黏结牢固，边缘与裁口齐平，四角成八字形，表面光滑，无裂缝、麻面和皱皮。

122. 硝基清漆磨退工艺，手工抛光可分哪三个步骤？

答：硝基清漆磨退工艺，手工抛光可分以下三个步骤：

（1）擦砂蜡。用回丝蘸砂蜡，顺木纹方向来回擦拭，直到表面显出光泽。要注意不能在一个局部地方擦拭时间过长，以免因摩擦产生过高热量将漆膜软化受损。

（2）擦煤油。当漆膜表面擦出光泽后，用回丝将残留的砂蜡，揩净，再用另一团回丝蘸上少许煤油顺相同方向反复揩擦，直至透亮。最后用干净回丝揩净。

（3）用清洁回丝涂抹上光蜡。随即用清洁回丝揩擦，此时漆膜会变得光亮如镜。

123. 混凝土面、抹灰面二道灰地仗处理操作工艺流程有哪些？

答：混凝土面、抹灰面二道灰地仗处理操作工艺流程见第123题图。

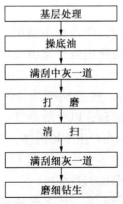

基层处理

操底油

满刮中灰一道

打　磨

清　扫

满刮细灰一道

磨细钻生

第123题图　混凝土面、抹灰面二道灰地仗处理操作工艺流程

124. 三道油操作工艺流程有哪些？

答：三道油操作工艺流程见第124题图。我国古建筑油漆，除南方有一些大木架上常用黑色退光漆的梁、柱、枋外，其余基本上都是以光油为主，油漆光亮饱满，久不变色。

125. 裱糊工程质量基本项目，"各幅拼接"，优良品的质量要求是什么？

答：裱糊工程质量基本项目，各幅拼接，优良品，质量要求：横平竖直，图案端正，拼缝隙处图案、花纹吻合，距墙1.5m处正视不显拼缝，阴角处搭接顺光，阳角处无接缝。

126. 墙壁上进行静电植绒施工工艺的注意事项有哪些？

答：墙壁上进行静电植级施工应注意以下事项：

（1）胶粘剂一定要刷涂均匀，否则会造成植绒饰面厚薄不均，影响装饰效果。

（2）在进行植绒前，应进行小面积试验，以确保胶粘剂的使用效果及植绒干燥后的质量要求。

（3）墙体植绒后，在胶粘剂未干前，不能用手触摸或擦碰，以免敏毛黏结不牢，或绒毛被碰倒而产生不均痕迹。

（4）植绒干燥后将多余绒毛清理干净时，动作要轻，不可用力过度。

（5）绒毛应置于通风、干燥的场所，避免受潮。绒毛受潮后会结块，直

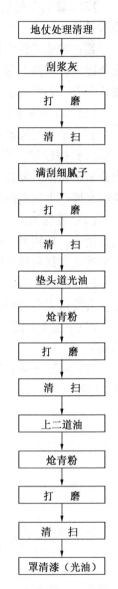

第124题图 三道油操作工艺流程

接影响植绒的效果和质量。

127. 裱糊工程质量保证项目，质量要求是什么？

答：裱糊工程质量保证项目，质量要求：粘贴牢固，无空鼓、翘边、折皱、倒花、错花。

128. 涂料在施工前出现沉淀的原因和防治方法是什么？

答：涂料在施工前出现沉淀的原因和防治方法分述如下：

（1）病态原因：

1）填充料颗粒粗，存放时间过长；

2）稀释剂加入太多，涂料黏度下降。

（2）防治方法：

1）定期将涂料桶倒置；

2）稀释剂加入适量，使用时经常搅拌。

129. 涂料在施工前出现变色的原因和防治方法是什么？

答：涂料在施工前出现变色的原因和防治方法分述如下：

（1）病态的原因：

1）虫胶清漆放入铁制容器中；

2）加入已水解的溶剂；

3）金粉、银粉与调制的清漆发生酸蚀作用。

（2）预防的方法：

1）严禁虫胶清漆放入铁制容器中；

2）溶剂使用后，必须封盖严密，以防与空气中的水气混合；

3）随调随用，选择酸性小的胶结剂（如丙烯酸）。

130. 涂料在成膜后出现返粘现象，其原因是什么？

答：涂料在成膜后出现返粘现象其主要原因如下：

（1）涂料在配方中采用了挥发性很差的溶剂或干燥性差的油类。在干性油中掺有鱼油等半干性油或不干性油的油类。

（2）干燥后遇风不足，湿度高。主要是湿气影响涂膜从空气中吸收氧气，使其没有充分氧化成膜。

（3）水泥砂浆、混凝土制件的碱质使油性漆皂化而软化。

131. 扫青、扫绿施工操作工艺流程有哪些？

答：扫青、扫绿施工工艺流程如第131题图所示。

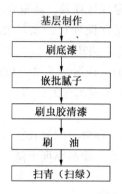

第131题图 扫青、扫绿施工工艺流程

132. 退晕工艺流程有哪些？

答：退晕工艺流程见第132题图。

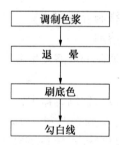

第132题图 退晕工艺流程

133. 建筑彩画使用哪些材料？

答：建筑彩画使用的材料有：矿物质颜料、植物质颜料、油料、血料、骨胶、兑矾水、砖灰、纤维。建筑彩画的几种配制的材料：如灰油的熬制、油满的配制、各种颜料的加工和配制、粗、中、细灰腻子和沥粉材料的配制等。

134. 目前有哪几种新式彩画？

答：新式彩画有沥粉贴金、沥粉不贴金、沥粉刷色、有攒色、着色、退晕等；有带枋心盒子和不带枋心盒子，有带枋心无花纹和不带彷心有花纹等多种做法。

135. 建筑彩画木基层处理有哪四道工序？

答：（1）斩砍见木，痕深 1～1.5mm，相互间隔 2mm 左右，旧活应砍净挠白。起皮应钉牢或去掉，局部腐杇应剜除、修补。

（2）撕缝，洞或缝顶应护扩成 V 字形。

（3）下竹钉，在木缝内打入竹钉，两钉之间相隔约 15mm，木钉或竹片表面应涂一层聚醋乙烯乳液。

（4）汁浆（表面刷浆）涂刷一道由乳化桐油（油满）、血料与水调成的油浆。其配比油满：血料：水 = 1:1:20。

（5）油浆必须调制均匀，且不宜过稠，刷浆必须满刷，对洞缝深处也应刷到、刷足，不得有漏刷之处。平面的余浆应及时刮除。

136. 二道灰操作工艺流程有哪些？

答：找补二道灰操作工艺流程见第 136 题图。用于旧活个别部位损坏时的局部修补。

137. 绸缎如何上墙裱糊？

答：绸缎上墙裱糊，第一幅上墙从不明显的阴角开始，从左到右，上墙一般以两人上下配合操作，一人站立于高凳，用两手将绸缎上端两角抓

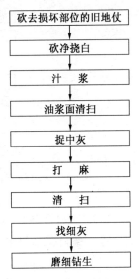

第 136 题图 找补二道灰操作工艺流程

至墙面上端；另一人立于地面，用两手抓住绸缎中间，按垂线上下对齐，粘贴刮平。贴第二幅时，由下面一人以绸缎的中间花型对齐，左手向第一幅花型对齐，右手向横线与花型对齐，然后将绸缎拼缝对花，再用刮板整理平整。在刮平过程中，尽可能不要将粘贴剂沾于绸缎上，如有，应及时用清水擦掉。

138. 花梨木揩漆施工工艺流程有哪些?

答:花梨木揩漆施工工艺流程见第138题图。

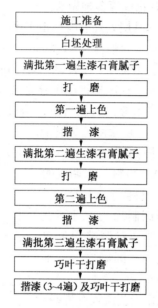

施工准备

白坯处理

满批第一遍生漆石膏腻子

打　磨

第一遍上色

揩　漆

满批第二遍生漆石膏腻子

打　磨

第二遍上色

揩　漆

满批第三遍生漆石膏腻子

巧叶干打磨

揩漆(3~4遍)及巧叶干打磨

第138题图　花梨木揩漆施工工艺流程

139. 颜料在基料中的分散过程大致可分为哪三个阶段?

答:颜料在基料中的分散过程,大致可分为三个阶段:

(1) 润湿:即使颜料颗粒被漆料所润湿;

(2) 分散:利用手工和机械能,把颜料的聚集体打开;

(3) 稳定:分散后的颜料,保持良好的分散状态,不重新聚集、漂浮、沉淀等。

140. 建筑彩画色彩小色的配制如何进行?

答:建筑彩画色彩小色的配制:

(1) 硝红:将配好的银朱,再兑入适当白粉,比银朱要浅一个色阶,比粉红要深一个色阶,即为硝红;

(2) 粉紫:银朱加佛青、白粉,即为粉紫;

（3）杏色：将调好的石黄，再兑入一些调好的银朱、佛青，即为杏色；

（4）其他：毛蓝、藤黄、桃红、赭石等以及用量小者，均为小色，其配制方法均可直接入胶。

3.4 计算题

1. 称取 2g 电泳漆槽液放置在自重 2g 的坩埚中，烘干后称其总重量为 2.4g，求电泳槽液的固体分为多少？

解：$W0 = 2g$

$\qquad$ $W1 = 2 + 2 = 4g$

$\qquad$ $W2 = 2.4g$

固体分：$NV\% = (W2 - W0)/(W1 - W0) \times 100\%$

$\qquad\qquad\qquad = (2.4 - 2)/(4 - 2) \times 100\% = 20\%$

答：电泳槽液的固体分为 20%。

2. 某宾馆用随机取样方法对 143 个房间 PVC 塑料壁纸进行外观检查，共检查 1287 个点，其中不合格点为 125 个，合格率为 90.3%，不合格项目中，高低误差 34 个，空鼓翘边 23 个，皱折 21 个，不平直 27 个，长度误差 4 个，拼缝差 6 个，污迹 10 个。分析造成质量缺陷的主要原因？

解：对 7 个不合格项目进行计算并列表，如下表。

不合格项目计算

序号	影响因素	频数	频率（%）	累计频率（%）
1	高级误差	34	27.2	27.2
2	空鼓翘边	23	18.4	45.6
3	皱折	21	16.8	62.4
4	不平直	27	21.6	84

序号	影响因素	频数	频率（%）	累计频率（%）
5	长度误差	4	3.2	87.2
6	拼缝差	6	4.8	92
7	有污迹	10	8	100
	合计	125	—	100

从上表可以看出，125 个不合格点的主要因素是高低误差、空鼓翘边、皱折、不平直 4 项，如果采取措施解决这 4 个因素，不合格率就可以减少 84%。

3. 绸缎墙面裱糊所用胶油腻子是由熟石膏粉、老粉、油基清漆、108 胶和水组成，其重量配合比为 3.2∶1.6∶1∶2.5∶5，现需 200kg 胶油腻子，需各种材料多少公斤？

解：设油基清漆为 x。

由题意得：$3.2x + 1.6x + x + 2.5x + 5x - 200$

$x = 15.04$kg

需石膏粉：$3.2x = 48.12$kg

老粉：$1.6x = 20.06$kg

油基清漆：$x = 15.04$kg

108 胶：$2.5x = 37.60$kg

水：$5x = 75.19$kg

答：需石膏粉 48.12kg，需老粉 20.06kg，需油基清漆 15.04kg，需 108 胶 37.60kg，需水 75.19kg。

4. 某工程木门窗刮腻子，刷底油，调和漆涂料两遍，工程量为 834m²，如油漆工对这种施工操作每工日产量为 4.91m²，问需多少工日完成此项施工，操作定额是多少？

解：$834 \div 4.91 = 171.69$ 工日

$100 \div 4.91 = 20.36$ 工日/100m²

答：需 171.69 工日完成此项任务，此项操作定额为 20.36 工日/100m²。

5. 某工程钢窗需安玻璃 489m²，查此项工程定额为 9.87 工日/100m²，问完成此项玻璃安装需要多少工日？每个工日产量为多少？

解：489 × 9.87/100 = 48.27 工日

100 ÷ 9.87 = 10.13m²/工日

答：需 48.27 工日，每个工日产量为 10.13m²。

6. 某宾馆室内层高 2.8m，长 7.5m，宽 3.6m，共 25 间需用规格 10.5m × 0.53m 的壁纸裱糊，如壁纸消耗系数为 8%，问需多少卷壁纸？

解：工程量：7.5 × 3.6 × 2 × 2.8 × 25 = 1554m²

壁纸用量：1554 ÷ (10.5 × 0.53) × (1 + 8%) = 302 卷

答：需 302 卷壁纸。

3.5　实际操作题

1. 硝基清漆磨退工艺技能考核。

（1）材料、工具

1）材料：硝基清漆、香蕉水、虫胶清漆、酒精、老粉、化学浆糊、颜料、砂蜡、煤油、上光蜡、0 号及 1 号木砂纸、400～600 号水砂纸、肥皂等，并提供成品样板一块。

2）工具：腻子刮板、12～16 管羊毛排笔、纱布、回丝、小楷羊毛笔、50mm 漆刷、容器、揩布等。

（2）操作内容

在本项工艺考核中，可选用单件的木制家具，有条件的可结合生产实际进行，数量可按实际考核条件而定。采取按实际涂刷面积限额用料。材料配制和整个工艺操作过程要求独立完成。

（3）时间要求

根据国家或地方劳动定额，如工作面较少，可按每道工序所耗用的时间累计计算。

（4）操作要点

1）清理和打磨基层，达到清洁光滑。

2）自行配制各种所用材料。

3）涂刷第一道虫胶清漆：如木色要求较浅可配制白虫胶清漆涂刷，虫胶清漆以稀一点为宜，要求涂刷均匀。

4）虫胶清漆干后用旧木砂纸将物面打磨平整光滑，扫净灰尘。

5）润粉：润粉要均匀，收粉要净，木纹清晰，棕眼饱满。

6）刷第二遍虫胶清漆：要求薄而均匀。干后用旧木砂纸轻轻打磨一遍，掸净灰尘。

7）刷水色、修色、拼色：刷水色可视实际要求而定，清水活不必刷水色，只作必要的修色、拼色即可。

8）刷第三遍虫胶清漆。

9）刷、揩硝基清漆。先用排笔刷 3～5 遍硝基清漆，然后用棉球揩、圈、理 30～50 遍，直至漆面平滑，无棕眼。

10）用 600 号水砂纸打磨倒光。

11）擦砂蜡出光。

12）上油蜡。

（5）操作要点及评分标准见下表。

考核内容及评分标准

2. 杂木仿红木揩漆工艺技能考核

（1）材料、工具

1）材料：大漆或成品改性大漆、熟石膏粉、嫩豆腐、颜料（酸性品红、酸性大红、黑钠粉、氧化铁黑等）、溶剂汽油、豆油、老棉絮、木砂纸、水砂纸等。

2）工具：大小漆刷、大小牛角翘、铲刀、铜筛、排笔、容器、揩布等。

（2）操作内容

对本项工艺操作的全部过程包括所用材料（大漆除外）配

制要求独立完成。有条件的可结合生产实际进行，数量可按实际条件而定，对大漆应限额领料。

（3）时间要求

由于木制品的类型不同，又无明确的国家定额，施工环境要求较高，在考核中对时间的要求各地可按实际情况而定，主要考察学员对每道工序的熟练程度。

（4）操作要点

1）施工准备：对所用的材料、工具和场地应达到可操作的要求。

2）白木处理：对胶迹、油污必须清除干净，对木面棱角必须仔细打磨至光滑、平整并掸抹干净。

3）刷第一遍色：配色要准确，可作小样试验。刷色要均匀，顺木纹理通拔直。

4）满批第一遍生漆腻子：腻子颜色应同基色一致，满批腻子应刮平收净。

5）打磨：待生漆腻子干燥后进行打磨，不得磨穿底色和磨白。打磨后掸净灰尘。

6）刷第二遍色：方法和要求与上第一遍相同。

7）满批第二遍石膏腻子：待干后进行打磨。方法和要求与第一遍相同。

8）上第三遍色和批第三遍石膏腻子：这道工序可视物面情况而定。如已达到要求可以不做。对棱角处磨穿、磨白的做必要的修色。如达不到要求就应上第三遍色和满批第三遍石膏漆腻子，石膏漆腻子比前两道略稀一些。待腻子干燥后进行打磨。对打磨后的物面用潮布揩抹干净，如发现磨白处应及时进行修色。

9）揩漆 2～4 遍，揩漆的材料有纯生漆或成品改性大漆和配漆（广漆）三种，配漆可根据不同的气候调制一般生漆:熟桐油为3:1。配漆的优点是做好较光亮，而纯生漆需一个较长的出光过程，但纯生漆的耐酸、耐碱和耐磨性能比配漆佳，成品的改性大漆可直接使用，且无毒，但成膜后的性能不如大漆。在揩漆中第一、二遍可用漆刷将漆液涂平、理直，后几遍在刷涂、理涂的基础上用砂布将棉花包成球状进行揩涂，也可直接用棉球浸漆液揩涂。揩涂必须均匀。揩漆时当气候的湿度达不到要求时，应有专用的窨房。将揩涂好的物体放在窨房中，待干燥后进行打磨，揩抹干净后进行下一遍揩涂，直至达到要求。

（5）考核内容及评分标准见下表。

考核内容及评分标准

序号	考核项目	考核时间	考核要求	标准得分	实际得分	评分标准
1	白木基层处理	因无国家统一定额，各地可按实际情况酌情而定，主要考核学员对该项工艺技能掌握的熟练程度	打磨必须达到光、平、滑、无横砂纹，木面清洁无胶迹	5	—	1. 符合要求，得满分； 2. 打磨达不到要求，扣1分； 3. 有横砂痕一处，扣1分； 4. 木面不洁，扣1分
2	刷色满批腻子		配色正确，刷色均匀、无刷纹。腻子批刮技能熟练无腻子迹、疤	15	—	1. 符合要求，得满分； 2. 配色欠佳，扣3分； 3. 刷色有刷纹，扣5分； 4. 有腻子色疤，扣5分
3	打磨腻子		打磨物面平整光滑不得磨穿、磨白	10	—	1. 符合要求，得满分； 2. 打磨达不到要求，扣1～3分； 3. 磨穿、磨白一处，扣1分
4	揩涂大漆		每遍揩涂应均匀，打磨不得出白	40	—	1. 符合要求，得满分； 2. 每遍揩涂中，出现不均匀漏揩，扣1～5分； 3. 打磨出白一处，扣2分
5	成活后的外观效果		颜色正确，色泽一致、均匀，表面光滑，平整，木纹清晰	30	—	1. 符合要求，得满分； 2. 配色欠正确，扣1～5分； 3. 色泽不一致，扣1～5分； 4. 有颜色刷痕，扣5～10分； 5. 表面欠光滑，平整，扣1～5分； 6. 木纹混浊，扣5分

学员号　　　姓名　　　年　月　日　　　教师签名

3. 古建筑彩画工艺技能考核

（1）材料、工具

1）材料：佛青、洋绿、钛白粉、光油、血料、骨胶、明矾、石膏粉、牛皮纸、扎针、颜色粉袋等。

2）工具：铲刀、刮板、享尺、铜箩筛、漆刷、美工笔、容器等。

（2）操作内容

本项工艺考核可用适当大小的"模块"板一块，可用三合板或九合板，根据图案适当放大，也可另选图案，作为建筑彩画的工艺技能考核内容，要求框线做青色，框心做浅绿色，花齐的扣线做洋绿色。其余部位的着色可另定，除统一配色外其余要求独立完成。

（3）时间要求

因无国家统一定额，时间自行决定，主要考核学员对该项工艺掌握的正确和熟练程度。

（4）操作要点

1）基层处理：如是木夹板，只需将木面打磨平整光滑，再批刮腻子。待腻子干燥后打磨光滑，涂刷三遍乳胶漆即可。如基色要求是浅绿色，可将乳胶漆配成浅绿色涂刷。

2）放样起谱子：按照教师的图样并按规定的倍数自行进行放样，绘好图案，按照要求打好谱子。

3）复样：将起好的谱子覆于做好底色的"模块"上。

4）彩绘：按照要求将各种颜色有序地填入图案，扣线可最后进行。如需对框心外做退晕工艺，可在扣线前进行。扣线应仔细、认真，对直线可供助靠尺进行绘制。

5）"压老"和检查修补："压老"在考核中可不作要求，检查修补必须进行，即对遗漏、溢浅、缺损、弄脏和着色不均匀处应逐一进行仔细的修补，以达到要求，这样彩画才算全部完工。

（5）考核内容及评分标准见下表。

考核内容及评分标准

序号	考核项目	考核时间	考核要求	标准得分	实际得分	评 分 标 准
1	基层处理及制作	可根据实际操作内容而定	如在木夹板上彩画，理论上应知道在实际操作中基层处理的程序。要求将"模块"做得色泽一致、平整、光滑	10	—	1. 符合要求，得满分； 2. 对基层处理的理论回答不全，扣1～3分； 3. 色泽、平整、光滑达不到要求各项，扣1～2分
2	放样、起谱子、复样		放样正确、扎谱规范，复样完整	20	—	1. 符合要求，得满分； 2. 放样欠正确、图样线条粗细不均，扣3～6分； 3. 扎谱欠规范、扎孔大小不均、间距不均，扣2～4分； 4. 复样欠完整，扣3～6分
3	彩绘		彩绘颜色均匀线条粗细一致，线条边缘齐整，花卉扣线自然流畅	70	—	1. 符合要求，得满分； 2. 彩绘颜色欠均匀，扣3～10分； 3. 线条粗细不均，扣2～4分； 4. 线条边缘欠齐整，扣3～10分； 5. 扣线欠自然流畅，且粗细不均，扣3～10分

学员号　　　姓名　　　年　月　日　　　教师签名

4. 大漆磨退工艺技能考核

（1）材料、工具

1）材料：退光漆或成品改性大漆、血料、石膏粉、粗、

286

中、细砖瓦灰或瓷粉、夏布、麻绒。溶剂汽油、清水、墨汁、$1 \sim 1\frac{1}{2}$号木砂纸、180～600号水砂纸、纱头、绒布、砂蜡或绿油、上光蜡等。

2）工具：大中号牛角翘、嵌刀、钢皮批板、木刮尺、调腻子板、美工刀、1m钢直尺、牛尾漆刷、陶钵盛器等。

（2）操作内容

大漆磨退在建筑装饰中已很少使用，而且有的材料品种已很难买到，如各种型号的砖瓦灰。如能与实际生产相结合，一般以两人一组为宜，如没有结合生产的项目，可选0.5m²的木质拼板一块进行模拟技能考核。

（3）时间要求

由于大漆磨退没有定额可依，操作工序又多，时间长，施工环境与条件要求较高，在考核中可根据具体情况而定。

（4）操作要点

在考核操作中对一些大宗材料，如大漆、漆灰、血料，可统一配制，但必须是学员进行操作。

1）白木处理：打磨木面、撕缝、下竹钉。

2）捉灰缝：对洞缝嵌密实。对整个木面用漆灰批刮一遍，漆灰可稀一点，使漆液渗入木质。

3）批头道粗灰：要求均匀、平整。

4）褙麻绒：铺麻绒要均匀，用生漆或血料都要使麻绒浸透扎实。

5）批二道灰：要求厚度适当，均匀平整。待干后进行打磨平整，没有凹陷。

6）褙夏布：要平整、绷紧、平服、边角包裹严实，浆要汁透、麻面要扎实。

7）批第三道灰：要求均匀、平整，待干后用砂纸包木块打磨。

8）批第四道中细灰：方法与第三道灰相同，干后用180号水砂纸带水打磨至平整，并将物面揩擦干净。

9）批第五道细灰：此道灰因基层已平整，不要"映灰"，以刮平收净为宜。干后用220号水砂纸打磨平整，并揩擦干净。

10）批第六道灰即灰浆：批第五道灰要略稀一些，通批刮将微孔浆平填实，批刮后表面达到光滑平整。干后用280号水砂纸打磨平整并揩擦干净。若还有细小缺陷，可补灰修整。

11）上底色：底色配制好后必须过滤，染色均匀一致。

12）上头道大漆：可用牛角翘先将大漆铺开，再用漆刷纵横交错反复推刷，最后轻理，拔直出边，使漆液均匀敷于物面。大漆涂刷好后应将物置于达到一定湿度的房间，使其自然干燥。待干燥后用400号水砂纸顺木纹方向打磨，打磨应仔细，以防磨穿，打磨后应揩擦干净。

13）上第二道大漆：方法与前道同。

14）破子：待第二遍大漆基本干后，用400号水砂纸顺木纹轻磨一遍，将漆膜表面的颗粒磨破，使其充分干燥。

15）水磨退光：用600号水砂纸顺木纹打磨完全失光，再用"头发把子"打磨出光。也可经水磨倒光后用砂蜡或绿油打磨出光。

16）上油蜡：上错均匀，收净蜡迹。

（5）考核内容及评分标准见下表。

考核内容及评分标准

序号	考核项目	考核时间	考核要求	标准得分	实际得分	评　分　标　准
1	白木基础处理	根据实际情况灵活掌握	撕缝、下竹钉符合要求，打磨平整、光滑，木面清洁	5	—	1. 全部符合要求，得满分； 2. 下竹钉太紧或太松，扣1～2分； 3. 木面光滑、平整和清洁达不到要求，扣1分

序号	考核项目	考核时间	考核要求	标准得分	实际得分	评 分 标 准
2	批1~6道灰其中包括褙麻绒和褙夏布及打磨的要求		每道批灰必须规范，达到要求，褙麻绒和夏布必须黏结牢固，打磨应按要求进行	40	—	1. 符合规范要求（全部），得满分； 2. 批灰达不到要求，每项扣1~2分； 3. 褙绒和夏布有松动或"白丝"，一处扣2分； 4. 打磨达不到要求，每次扣1~2分
3	涂刷大漆	根据实际情况灵活掌握	涂刷均匀，无明显丝纹，打磨不穿底	35	—	1. 全部符合要求得满分； 2. 基本符合要求，扣5分；有丝纹，扣10分； 3. 磨穿，一处扣2分
4	水磨退光		水磨倒光无丝纹，出光明亮柔和	20	—	1. 全部符合要求，得满分； 2. 磨穿，一处扣5分； 3. 目测有丝纹，扣5分； 4. 光亮达不到要求，扣3分

学员号　　　姓名　　　年　月　日　　　教师签名：

5. 调制样板色工艺技能考核

（1）材料、工具

1）材料：黑纳粉、碱性品红、熟血料、墨汁、石膏粉、光油、清漆、白水性涂料、水溶性红、黄、蓝颜料、两小块三合板（与样板所用材料性质相同）、砂纸等。

2）工具：铲刀、笔、揩布和容器等。

（2）操作内容

该项工艺主要考核识别某一样板色的色素组成能力和调配颜色的技能。考核中向学员提供仿红木色色板和水溶性涂料的成品色板（色板颜色自定）各一块，考核中首先要求学员识别色板的主色、副色和冷色的色素组成，然后根据样板色自行配制完成（教师做样板所用材料与学员仿配所用材料必须一致）。

（3）时间要求

根据实际操作内容自行决定。

（4）操作要点

1）基层处理：仿红木色和水性涂料色板的基层处理应按各自的要求处理。

2）配制红木色和水性有色涂料：

A. 仿制红木色的样板色一般应刷两遍色，中间还应批刮有色腻子，在配制染色材料中，首先应注意黑钠粉、碱性品红与墨汁的比例。并对照样板色作小样试涂，观察其配色的正确性。同时应充分估计两遍染色和腻子颜色混合后成色的正确性，经常对照样板色，以调整所用染料加入的比例。其次还应注意所染颜色在涂刷清漆后的转色的情况，进一步分析色素组成，以调整染色料，以求达到与样板色一致。

B. 在配制有色水性涂料时，可以将样板的一角用清水浸湿，以对照其颜色，这样便于观察所配材料干后的成色差。

（5）考核内容及评分标准见下表。

考核内容及评分标准表

序号	考核项目	考核时间	考核要求	标准得分	实际得分	评 分 标 准
1	对照样板配制红木色	可根据实际操作内容而定	对照样板色，要求颜色及着色均匀度、木纹、棕眼的平整度等是否与样板色一致	50	—	1. 符合要求，得满分； 2. 存在色差度，酌情扣 5~15 分； 3. 着色欠均匀，酌情扣 3~10 分； 4. 木纹的清晰度比样板欠缺，酌情扣 1~5 分； 5. 棕眼欠平整，酌情扣 1~5 分
2	对照样板配制水性涂料色板		对照样板色，要求颜色一致，涂膜的平整光洁度一致	50	—	1. 符合要求，得满分（即在 1m 处观察颜色一致）； 2. 在 1m 处观察颜色基本一致，扣 5 分；尚一致，扣 10 分；欠一致，扣 20 分； 3. 表面的平整度和光洁度有欠缺，酌情扣 1~5 分

学员号　　　姓名　　　年　月　日　　　教师签名：

6. 绸缎裱糊工艺技能考核

（1）材料、工具

1）材料：绸缎（彩缎式素缎）、衬布或衬纸、胶粘剂、清油、石膏粉、老粉、108 胶等。

2）工具：油灰刀、腻子刮板、排笔、双梯、工作台板、钢直尺、裁刀、电吹风、电熨斗、毛巾、容器等。

（2）操作内容

本项工艺考核有条件的可以结合生产实际进行，数量可视实际考核条件而定。裱糊基层处理要求独立完成，绸缎加工可分组配合完成，上墙裱糊可配助手，但助手不得参与裱糊工艺的技术性操作。基层处理和胶粘剂材料应自行配制，所用主要材料限额领用。

（3）时间要求

除绸缎加工外，可参与国家和地方的裱糊劳动定额乘以适当的难度系数来确定耗用时间，如工作面较少，可按每道工序所耗用的实际时间累计计算。

（4）操作要点

1）裱糊面的基层处理：绸缎裱糊的基层有木结构基层、石膏装饰板基层和抹灰面基层等，它的基层处理要求比一般的壁纸裱糊要求略高，一般需要批刮腻子两遍，要求经批刮腻子和打磨后的墙面平整无凹凸，最后刷清胶一遍，如遇基层由于修补造成部分色差较大时，可刷水溶性白涂料一遍。待干后方可裱糊。

2）绸缎加工：绸缎加工可分组集体进行，浆糊可集中调制。绸缎加工的方法应视实际所用的材料而定，两种方法任选一种。缩水、上浆、裱衬、熨烫、开幅、裁边均应达到要求。

3）裱糊绸缎：

A. 弹垂线和横线。要求色线线迹略细为好。

B. 墙面刷胶粘剂要求均匀一致，一般胶粘剂涂刷略大于幅宽，涂刷一块贴一幅。

C. 绸缎裱棚。裱糊时可有助手帮助，但主要技术工作必须独立完成，要求拼缝严密整齐，对花无误，边口不毛，严禁胶液沾污绸面。

D. 整理裱糊面。对空鼓、翘边、气泡、拼缝等不符合要求的要及时进行修整。

（5）考核内容及评分标准见下表。

考核内容及评分标准表

序号	考核项目	考核时间	考核要求	标准得分	实际得分	评 分 标 准
1	裱糊基层处理	可按裱糊普通墙纸乘以适当的系数。工作面较少时可将每道工序累计计算	基层平整阴阳角垂直底胶涂刷均匀	5	—	1. 符合要求，得满分； 2. 墙面凹凸，扣 1~3 分； 3. 阴阳角不垂直，扣 1 分； 4. 底胶涂刷欠均匀，扣 1 分
2	绸缎加工		对绸缎加工的每道工序可轮流操作，在小组成员的协助下完成主要技术操作，要求上浆均匀、熨烫平整、边口整齐裱衬牢固	35	—	1. 符合要求，得满分； 2. 上浆欠均匀，酌情扣 1~5 分； 3. 裱衬有空鼓一处扣 3 分； 4. 边口整齐达不到要求，酌情扣 1~5 分
3	裱糊绸缎		弹线正确，拼缝紧密平实，无空鼓、翘边对花正确，绸面无胶迹沾污	60	—	1. 符合要求，得满分； 2. 2m 处目测如有拼缝，酌情扣 3~8 分； 3. 空鼓一处扣 3 分； 4. 对花不正确，扣 1~5 分； 5. 翘边，一处扣 2 分； 6. 绸面沾污胶迹，一处扣 5 分